U0174051

仿生扑翼运动的非定常流体力学

吴 杰 林星箭 著

科学出版社

北 京

内 容 简 介

本书涵盖了作者近十年有关仿生扑翼运动的研究成果，主要包含仿生扑翼推进运动和仿生扑翼能量采集系统两部分。第一部分包含扑翼的悬停和前飞运动、扑翼自主推进运动和扑翼集群运动。第二部分包含单扑翼能量采集系统和多扑翼集群的能量采集系统。本书的研究成果是基于数值模拟完成的，因此书中还介绍了采用的数值计算方法。

本书可作为从事非定常流体力学研究的科研人员、研究生、高年级本科生的参考书，也可作为仿生扑翼飞行器/潜航器和扑翼能量采集系统的设计人员、工程技术人员和相关从业人员的参考书。

图书在版编目(CIP)数据

仿生扑翼运动的非定常流体力学 / 吴杰，林星箭著. —北京：科学出版社，2022.10

ISBN 978-7-03-073277-4

Ⅰ. ①仿⋯　Ⅱ. ①吴⋯　②林⋯　Ⅲ. ①扑翼机-非定常流动-流体力学　Ⅳ. ①V276

中国版本图书馆CIP数据核字(2022)第181530号

责任编辑：刘宝莉 / 责任校对：任苗苗
责任印制：吴兆东 / 封面设计：蓝正设计

科 学 出 版 社 出版
北京东黄城根北街 16 号
邮政编码：100717
http://www.sciencep.com

北京九州迅驰传媒文化有限公司印刷
科学出版社发行　各地新华书店经销
*
2022 年 10 月第　一　版　开本：720 × 1000 1/16
2023 年 4 月第二次印刷　印张：15 3/4
字数：318 000

定价：118.00 元
(如有印装质量问题，我社负责调换)

前　　言

　　近年来，微型飞行器和潜航器因在环境监测、灾害搜救等方面表现出巨大的应用前景而备受关注。其中，仿生扑翼在低雷诺数下具有优越的推进性能，逐渐被应用于微型飞行器和潜航器的设计中。由于机体的不断微型化和任务的复杂化，如何提高推进能力和组织协同能力是仿生扑翼微型飞行器和潜航器在未来发展中面临的重要问题之一。自然界的大部分鸟类/鱼类都采用扑翼推进，在复杂的环境中具有极高的飞行/游动性能，同时具有良好的组织协同能力(如鸟群/鱼群的规律队形)，这为仿生扑翼微型飞行器和潜航器的优化设计提供了启示。然而，鸟类/鱼类的扑翼飞行/游动和集群运动通常涉及复杂的非定常流体力学，其中的机理至今依然有很多存疑之处。目前，有关仿生扑翼的研究是流体力学领域和仿生机器人领域最为活跃的研究热点方向之一。

　　随着国家碳达峰、碳中和目标的提出，发展清洁可再生能源是社会进步的必然选择。其中，对风能的开发利用催生了风电行业的快速发展。除了传统的水平轴和垂直轴风力机，基于扑翼运动的新型能量采集装置吸引了众多研究者的关注，它是人们受到鸟类/鱼类通过拍动翅膀/鱼鳍从流场获得能量的启发而提出来的。相比大型的传统风力机，扑翼能量采集装置具有噪声低、寿命长、适用范围广等优势。为了提高它的能量采集效率，深入研究其中蕴含的物理机理变得尤为重要。

　　本书针对低雷诺数下仿生扑翼运动的非定常流体力学问题，结合国内外相关的最新研究工作，整理汇总了作者近十年来取得的研究成果。本书内容主要包括仿生扑翼推进运动和仿生扑翼能量采集系统两部分。第一部分包含扑翼悬停、前飞运动和自主推进运动两类，围绕如何增加扑翼悬停、前飞和推进的效能，详细介绍包括壁面效应、合成射流、弹性变形、集群运动等多方面的优化方法，以及其中蕴含的非定常流动控制机理。第二部分包含单扑翼能量采集系统和多扑翼能量采集系统两类，围绕如何提高扑翼的能量采集效率，详细介绍多种不同类型的优化方法。

　　本书的主要研究工作是在国家自然科学基金项目(11302104、11622219、12072158)的资助下完成的，在研究过程中还得到了江苏省自然科学基金项目(BK20191271)、机械结构力学及控制国家重点实验室自主研究课题(MCMS-I-0120G02)等的资助，以及江苏省风力机设计高技术研究重点实验室和非定常空气动力学与流动控制工信部重点实验室的大力支持。

特别感谢机械结构力学及控制国家重点实验室对本书出版的资助！同时，感谢课题组杨德武、李美萱、江斓等的参与和协作。

限于作者的水平，书中难免存在不足之处，敬请读者和专家批评指正。

目　　录

第1章 绪 论

1.1 仿生扑翼运动研究现状

冬去春来、夏隐秋至，随着一年四季的更迭交替，地球上的许多生物都会为了更好地生存和繁衍，踏上各自的迁徙之旅。其中，当属鸟类和鱼类的集群迁徙最为引人瞩目，每一次迁徙都浩浩荡荡、蔚为壮观。通过观察，可以发现鸟类/鱼类的集群迁徙往往呈现出多尺度、多模态的特点。它们不仅可以保持特定规律的队形，而且当受到外部扰动时还能够迅速变换队形[1-3]。例如，当遭遇天敌时，鸟类/鱼类集群往往会迅速切换队形或者分裂成不同的子队形以躲避天敌的进攻；待危机解除后，鸟类/鱼类集群又会迅速地恢复成特定规律的队形[1,3]。

对鸟类/鱼类集群而言，虽然群体中包含了大量的具有自主意识和运动能力的个体，但是它们的集群行为却表现出非常强的规律性和协同性，如图1.1(a)和(b)所示。其中不仅涉及个体卓越的运动能力，也涉及个体之间高效的组织协同能力。

(a) 鸟类集群

(b) 鱼类集群

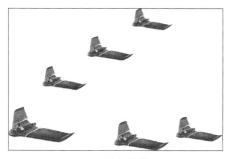

(c) 无人机集群

(d) 机器鱼集群

图 1.1 鸟类集群、鱼类集群、无人机集群和机器鱼集群示例图

受此启发，近年来仿生微型飞行器和潜航器发展迅速，其在军事侦察、环境监测、灾害搜救等方面表现出非常大的应用前景[4,5]，如图 1.1(c) 和 (d) 所示。然而，目前的仿生微型飞行器/潜航器依然存在效率低、任务完成能力弱、集群协同能力弱等不足。随着机器个体的微小型化和任务的复杂化，对仿生微型飞行器/潜航器的推进效能和集群协同能力提出了更高的要求。

1.1.1　仿生扑翼的个体推进

为了更深入地理解鸟类/鱼类个体飞行/游动的流体力学机理，基于试验观测的数据，众多应用数学家和流体力学家利用简化模型和数学方法开展了理论分析研究。在鸟类飞行方面，Rayner[6,7]将鸟类尾迹简化为一系列椭圆形涡环，提出了一种旋涡理论，用于计算鸟类飞行时的升力及消耗的能量。Minotti[8]基于二维无黏理论和附着前缘涡效应，提出了一种二维扑翼理论，用于计算鸟类扑翼的升力。基于线性势流理论，von Kármán 等[9]认为鸟类扑翼的升力主要由三部分组成：翼面涡产生的准定常升力、翼面涡变化引起的附加质量升力和尾迹旋涡产生的升力。

在鱼类游动方面，早期的经典理论有阻力模型[10]、细长体理论[11]和二维波动板理论[12]。1991 年，Cheng 等[13]在二维波动板理论的基础上，进一步提出了更符合鱼类实际情况的三维波动板理论，它能更准确地评估和预测鱼类的游动性能。2008 年，Alben[14]基于小振幅弹性扑翼模型分析了鱼类躯体弹性变形对游动效能的影响。2014 年，Moore[15]发展了一种小振幅理论。理论分析研究为人们提供了对鸟类/鱼类个体运动的基础性理解。但是，理论研究以数学简化和各种假设为前提，往往难以研究自然界鸟类/鱼类的复杂运动行为[16,17]。

自然界的鸟类/鱼类大都采用拍动翅膀/鳍来产生推进力，即扑翼推进。因此，鸟类/鱼类个体的身体可以简单地分为两个部分：产生推进力的扑翼和产生阻力的躯干[18]。为了探究鸟类/鱼类个体运动的流体力学机理，人们通常忽视躯干部分，从而将鸟类/鱼类个体简化为扑翼模型，如图 1.2 所示。通过试验观测发现，扑翼的推力与尾迹中的反卡门涡街有关[19-21]。此外，扑翼的推力还受多方面因素影响，包括扑翼运动参数、扑翼外形、拍动形式和运动轨迹、俯仰轴位置、弹性变形等，它们之间的影响关系往往是复杂的、非线性的。

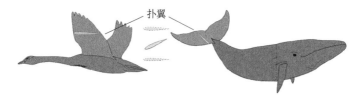

图 1.2　鸟类和鱼类的扑翼简化模型示意图

扑翼运动参数主要包括运动的频率和振幅，它们可以表征为一个无量纲参数，即斯特劳哈尔数(Sr)[22]。Schouveiler 等[23]的试验研究表明，Sr 和扑翼攻角对扑翼推进效能的影响均呈现非线性变化；在合适的 Sr 和扑翼攻角情况下，扑翼的推进效率可以高达 70%以上。此外，Floryan 等[24]指出，大振幅有利于扑翼获得更大的推力和更高的效率。Rohr 等[22]的研究表明，对于自然界的鸟类/鱼类，扑翼推进的最佳效能出现在 $Sr = 0.2\sim0.4$ 的区间。

扑翼外形主要包括厚度、弯度、平面形状和展弦比等参数，它对扑翼推进效能具有重要影响。Zhang 等[25]详细研究了二维扑翼厚度对其推进效能的影响，发现扑翼的推进速度随厚度的减小而显著增加。Ramananarivo 等[26]详细研究了翼型形状对扑翼推进效能的影响，发现当扑翼前缘圆滑而后缘细长时，其推进速度和效率最佳。van Buren 等[27]发现，外凸形后缘扑翼具有最佳的推进效能。此外，Raspa 等[28]数值模拟研究了展弦比对扑翼尾涡和推进效能的影响，发现增加展弦比可以减小扑翼的阻力，提高扑翼的推进效能。

扑翼运动形式和拍动轨迹对其推进效能也有显著影响。Andersen 等[29]分别研究了沉浮运动和俯仰运动扑翼的推力变化，结果表明，沉浮运动比俯仰运动更利于扑翼产生推力。对于扑翼拍动轨迹的影响，Hover 等[30]的研究发现，锯齿形轨迹可以使扑翼产生最大的推力。Dash 等[31]的研究表明，在保证有效攻角不变的情况下，简谐波形拍动轨迹更适用于低频率的扑翼，非简谐波形拍动轨迹更适用于高频率的扑翼。此外，Floryan 等[32]的研究指出，相比连续拍动，间歇性拍动可以明显减少扑翼的能量消耗，从而显著提高扑翼的推进效率。

此外，俯仰轴位置对扑翼的推进效能也有显著的影响。Mackowski 等[33]的试验研究表明，当俯仰轴位于扑翼重心前端时，可以显著提高扑翼的推进效能。Tian 等[34]的试验研究表明，俯仰轴后移将削弱扑翼的推力，俯仰轴前移则有利于扑翼产生更大的推力。

考虑到鸟类/鱼类的扑翼具有可变形的特点[35]，弹性变形通常也是影响扑翼推进效能的因素之一。David 等[36]的试验研究表明，相比刚性扑翼，弹性尾梢可以显著提高扑翼的推力和效率。Olivier 等[37]的研究指出，弹性扑翼的变形可以分为两类，即惯性主导的变形和流场压力主导的变形，其中流场压力主导的变形可以显著提高扑翼的推进效率。此外，Floryan 等[38]研究了非均匀弹性分布对扑翼推进效能的影响，发现将弹性变形集中在扑翼前缘可以显著提高扑翼的推力。

1.1.2 仿生扑翼的集群运动

近年来，关于鸟类/鱼类集群运动的理论研究通常采用两种模型：连续模型和粒子模型[39]。在连续模型中，生物集群被看成一个整体，集群的时空动力学特性用对流-扩散方程表示。在粒子模型中，生物集群被离散为若干具有独立运动能力的粒子，通过粒子集群的随机运动来模拟鸟类/鱼类的集群运动。研究表明，鸟类/

鱼类等生物的集群运动可能是一种由局部个体相互作用引起的相变行为。

此外，Muijres 等[40]进行了简单的理论分析，认为鸟类在保持 V 形队形的飞行过程中，下游个体可以利用上游个体产生的上洗气流来获得额外的升力，从而实现减少能量消耗的目的。Weihs[41]基于鱼类集群可以获得流体动力学收益的假设，提出菱形队形假设，认为保持菱形队形可以使集群中的个体获得最佳的节能效果。然而，该理论模型过于简单，没有在实际的鱼类集群中得到验证[42]。Bastien 等[43]指出，视觉在鸟类/鱼类集群运动中具有重要作用，并提出基于视觉的集群模型。Oza 等[44]考虑到个体推进产生的旋涡效应，提出一种新的自推进扑翼集群模型。Filella 等[45]综合考虑集群中个体视觉感知效应和流体力学作用，提出一种全新的粒子模型。他们发现，受流体力学作用的影响，粒子集群会呈现四种不同的集群行为，分别是无规则的集群运动、沿相同方向前进的集群运动、滚转运动和沿特定方向的偏航运动。因此，鸟类/鱼类的集群运动受流体力学作用的影响显著。

然而，传统的理论模型研究往往忽视或简化了流体力学在鸟类/鱼类集群运动中的作用，同时把鸟类/鱼类的集群运动看成简单的先验行为规则作用的结果[46]，这显然与自然界鸟类/鱼类集群运动的实际情况存在很大的差异。

为了进一步理解鸟类/鱼类集群运动中的流体力学机理，同时考虑到鸟类/鱼类扑翼推进的特点，可以将鸟类/鱼类集群简化为规律布置的多扑翼集群。以两个扑翼组成的最简单集群单元为例，可以组成串列、并列和斜排队形。在串列队形中，影响扑翼集群推进效能的因素主要有双扑翼间距和运动相位差。当双扑翼间距较小时，上游扑翼的尾涡在充分发展脱落之前将会被下游扑翼撕裂[47]，这将导致上游扑翼推力增加[48]，并且其推力增加的优势将随着双扑翼间距的增加而减小[49]。当双扑翼间距较大时，上游扑翼的尾涡能够得到充分的发展，双翼间的流固耦合作用只对下游扑翼有影响[50]。Muscutt 等[51]分析指出，当下游扑翼规避旋涡运动时，实际上是逆着旋涡的侧向诱导速度运动，这将导致扑翼的有效攻角增大，从而使其推力和效率增大；而当下游扑翼撞击旋涡运动时，实际上是顺着旋涡的侧向诱导速度运动，这将导致扑翼的有效攻角减小，从而使其推力和效率减小。Gao 等[52]详细研究了串列双扑翼间的流固耦合作用，结果表明，相比单个扑翼，串列队形中下游扑翼的效率能够提高 90%。此外，串列双扑翼的相位差也对其推进效能有显著影响。Boschitsch 等[53]的研究表明，当下游扑翼的前缘涡被上游扑翼的尾涡诱导脱落时，下游扑翼的推力和效率显著降低；当下游扑翼能够捕获上游扑翼的尾涡时，下游扑翼的推力和效率显著提高。同时，Kurt 等[54]的研究表明，对于串列布置的两个俯仰运动扑翼，存在整体推力和效率最佳的运动相位差($2\pi/3$)。

在并列队形中，双扑翼的推进效能受侧向间距和运动相位差的显著影响。Dewey 等[55]的研究表明，当两个扑翼同步运动时，其推进效率显著增加，但是其推力将减小；当两个扑翼异步运动时，其推力显著增加，同时其推进效率保持不变；当两个扑翼以任意相位差运动时，其中一个扑翼的推力和效率将增加，同时另一个扑翼的推力和效率将减小。此外，Dong 等[56]的研究表明，并列双扑翼间的流固耦合作用会随着间距的增加而显著减弱。对于斜排布置的两个扑翼，Huera-Huarte[57]的研究表明，两个扑翼无论是同步运动还是异步运动，其推力和效率均低于单扑翼，这是因为斜排布置的两个扑翼之间存在不对称的流固耦合作用。此外，考虑到更多扑翼个体组成的规律队形，Hemelrijk 等[58]详细研究了菱形、长方形等多种规律队形对扑翼集群推进效能的影响，结果表明，扑翼集群在多种规律队形中的推进效能均优于单扑翼。Han 等[59]的研究表明，菱形队形中扑翼集群的推进效率最佳，并且位于菱形队形末尾位置个体的推进效率最高。

上述研究表明，当扑翼集群以合适的规律队形排列时，其推力和推进效率显著优于单扑翼，这表明鸟类/鱼类集群运动可以获得流体动力学收益。然而，上述研究中扑翼集群的排列都是固定不变的，忽略了队形稳定性的问题，集群保持规律队形的原因仍不得而知。在鸟类/鱼类的集群运动中，个体具有多自由度，即个体可以沿多个方向(包括纵向和侧向)自主运动。当周围流场发生扰动时，鸟类/鱼类集群中的个体会主动调整其位置以应对扰动的影响[60]。因此，如果考虑扑翼的自主运动，扑翼集群中个体的位置将会随流固耦合作用而发生改变。此时，就需要研究人为设置的规律队形还能否保持稳定，如果能保持稳定，还需要判断扑翼集群是否依然有流体动力学收益。同时，扑翼集群维持规律队形的机理仍有待探索。这些问题无法通过固定扑翼模型进行研究和解答。对此，Lighthill[61]提出了一个非常巧妙的猜想，认为鸟类/鱼类集群中的个体可以仅依靠流固耦合作用实现并保持集群的规律队形，被后人称为 Lighthill 猜想。这个猜想吸引了许多研究者的注意，因为它一旦被证实，不仅可以从全新的角度认识鸟类/鱼类的集群运动，还可以为人造飞行器/航行器的集群队形控制提供全新的策略，即利用流固耦合作用就能实现集群的规律队形。

为了进一步理解鸟类/鱼类集群中的非定常流体力学和流动控制机理，同时也为了证明 Lighthill 猜想的准确性，有些研究者将鸟类/鱼类集群简化为具有自主推进能力的扑翼集群，探究扑翼集群在自主推进过程中的集群行为。对于由两个扑翼组成的最简单的集群单元，Zhu 等[62]的研究指出，串列的两个扑翼在自主推进的过程中会自发地形成两种稳定的规律队形：紧凑队形和稀疏队形。在紧凑队形中，两个扑翼的推进速度明显大于单扑翼，且需要消耗更多的能量；在稀疏队形中，两个扑翼的推进速度与单扑翼相似，下游扑翼的能量消耗显著低于单扑翼。这里特别需要指出的是，在稀疏队形中，下游扑翼是在上游扑翼尾涡中进行穿涡运动，这种现象中蕴含的机制称为涡锁机制，与前述固定扑翼的研究结果显然相悖[51]。这一现象随后被 Ramananarivo 等[63]通过试验证实。Peng 等[64]对并列队形中两个扑翼的自主推进运动进行了详细的研究。研究表明，并列的两个扑翼在自主推进运动过程中会形成三种稳定的规律队形：当两个扑翼同步运动时，存在斜排队形和动态交替队形两种稳定队形；当两个扑翼异步运动时，存在并列队形和动态交替队形两种稳定队形。此外，Newbolt 等[65]的研究指出，具有不同振幅的两个扑翼依然能够形成稳定的串列队形。这些研究成果表明，个体间的流固耦合作用可以诱导集群的自组织行为，使集群自发地形成稳定的规律队形。

此外，考虑到鸟类/鱼类集群个体数量较大的特点，有学者研究了多扑翼的自组织集群运动。Park 等[66]研究了三个和四个扑翼集群的自主推进运动，发现多扑翼在自主推进过程中能够自发地形成多种稳定的规律队形，包括三角队形和菱形队形。王亮等[67]的研究指出，在稳定的倒三角形队形中，上游两个并列个体形成的槽道效应可以显著提高下游个体的推进效能。此外，Dai 等[68]在更大的参数空间中研究了多扑翼集群的自组织行为，发现了更加丰富的集群规律队形，并且大部分规律队形都可以使个体获得流体动力学收益。具体而言，两个扑翼可以形成并列、斜排、串列三种稳定的队形，三个扑翼可以形成并列、斜排、三角形、倒三角形四种稳定的队形，四个扑翼可以形成矩形、菱形两种稳定的队形。

1.1.3　仿生扑翼能量采集系统的基本特性

电能以方便转换、可以集中生产分散使用、易于实现工业生产自动化等优势广泛应用于科研生产、工农业等各行各业。随着经济的发展，我国电力的需求量也越来越大。传统的化石能源发电(如燃煤发电)由于不可再生的特点以及对生态环境的破坏，已经不能满足社会可持续发展的要求，发展清洁可再生能源是社会进步的必然选择。

传统风力机按照主轴的方向可分为垂直轴风力机和水平轴风力机。垂直轴风力机的转轴与叶片平行，一般与地面垂直，具有发电效率高、对风的转向没有要求、不需要偏航系统、叶片转动空间小等优点。但由于技术研究水平相对滞后，在自启动和失速控制方面还不成熟，其在兆瓦级大型风力机市场占有率不高。水平轴风力机的转轴与叶片垂直，一般与地面平行。由于叶片旋转空间大、转速高、风能利用率高、加工工艺成熟，这种风力机适合大型风力发电厂。但其选址一般都是偏远山区或者远海区域，不仅安装不便、维修不易，而且成本也高昂。此外，另一个不容忽视的问题是它对周围生态环境，特别是动物的生存环境造成了一定的影响。

水生动物、昆虫和鸟类通过拍动它们的鱼鳍或者翅膀从周围的流场中获得能量来实现自身的运动。受此启发，研究者发明了一种新型的基于机翼振动的能量收集装置，并对它们进行了深入的研究。这种能量收集装置最初的概念设计是由Wu[69]在 1972 年提出的，他发现一个振动的机翼(扑翼)可以从自由水面的波浪中提取能量。而 McKinney 等[70]在研究中指出，扑翼可以从均匀来流中采集能量，进一步拓展了扑翼的应用范围。

　　与传统风力机相比，扑翼式能量转换装置具有以下特点：①由于翼尖速度小，能减小气动噪声，并减少对周围动物生存的威胁；②由于没有旋转叶片，应力集中的现象得到有效缓解，因此这种装置从结构上来说更健壮；③扑翼能在流场中扫过一个矩形的范围，单个装置扫过的面积可以很宽并且是浅水区，这样就使得大型装置在浅水区的安装成为可能，无形中降低了安装的成本。因此，可以在流量变化范围很广的潮汐流资源区安装大型的风(水)力机装置，这样能高效合理地利用资源。

　　随着扑翼能量采集系统的不断发展，为了提高其能量采集的效率，关于它们背后的物理机理研究变得尤为重要。根据运动机理的不同，现有的扑翼能量采集系统主要分为三类：主动俯仰与沉浮(全主动系统)、主动俯仰与被动沉浮(半主动系统)、被动俯仰与沉浮(全被动系统)。

　　由于易于实现，全主动系统的研究尤为常见，也是现今研究得最为全面的一种。在这种装置中，翼型的运动是给定的，分别由俯仰运动方程和沉浮运动方程控制。在大多数现有的研究中，运动方程是给定的正弦函数。为了定量描述这个问题，运动方程中会有几个运动学参数，包括沉浮与俯仰的幅值、拍动频率及沉浮与俯仰之间的相位差，这些参数都会影响到系统能量采集的效率。

　　当其他运动参数保持不变时，扑翼能量采集的效率最初随着约化频率的增加而单调增加。当效率达到一个峰值时，如果约化频率继续增加，效率就会开始降低。Xiao 等[71]指出，当效率达到峰值时，约化频率通常位于0.1~0.15。为了使扑翼工作在能量采集的状态，由沉浮引起的攻角必须小于俯仰幅值。而为了获得有效的能量输出，沉浮幅值一般选择与翼型的弦长在一个数量级。根据现有的研究，如果其他参数固定，能量采集系数随着沉浮幅值的增加而线性增加[72]。然而，由于沉浮幅值不仅影响拍动速度，还会改变后缘扫过的面积，它对效率的影响是错综复杂的。因此，这一趋势对能量采集效率不一定成立。但这里可以得到一个通用的结论：当沉浮幅值较低时，效率随着幅值的增加而增加；当沉浮幅值达到一倍弦长时，翼型后缘扫过的面积增加，而攻角却在某种程度上减小，这样就导致能量采集的效率降低。

　　扑翼的能量采集效率除受上述参数影响外，还会跟随其他参数变化。Simpson等[73]通过对三种不同展弦比(AR=4.1、5.9、7.9)的 NACA0012 机翼进行力/载荷的水洞试验，发现随着展弦比的减小，扑翼的能量采集效率也明显减小。当扑翼的展弦比达到7.9时，能量采集效率峰值可以达到43%。Kinsey 等[74]通过对两种不同展弦比(AR=5.0、7.0)的机翼进行数值模拟，研究了三维效应对扑翼能量采集效率的影响。结果表明，在一个运动周期内，机翼的能量采集效率低于翼型的能量采集效率。在给定相关参数后，能量采集效率的峰值在 AR=7.0 为28%，在 AR=5.0

时减小到 21%。此外，Kinsey 等[75]的研究指出，随着雷诺数的增加，能量采集效率从 32.7%增加到 36.4%。

除了这些基本运动参数，研究者还从其他因素出发，研究提高能量采集效率的方法。Ashraf 等[76]在对 NACA0014 翼型进行数值模拟时发现，与相同参数下的正弦运动相比，非正弦运动的能量输出增加了 17%，能量采集效率提升了 15%。受蜻蜓翅膀上褶皱结构的启发，Le 等[77]提出了一种带有波纹的翼型。数值模拟发现，翼型的波纹会影响涡产生的位置、生成的时间和速度，从而影响能量采集的效率。与传统的 NACA0012 翼型相比，优化过的带有波纹与翘起的翼型能将能量采集效率提高 6%。

相比全主动式扑翼运动系统，半主动式扑翼运动的方案提供了工业应用的可能性。在半主动系统中，扑翼的俯仰运动一般都是给定的，从而得到周期性的攻角，而沉浮运动是根据作用在扑翼上的周期性流体力决定的，能量采集也是通过周期性的沉浮运动来实现的。英国工程商务有限公司的装机容量为 150kW 的全尺寸试验装置正是基于这一原理发明的。然而，该系统的能量采集效率还是比理论预测的峰值低很多。Huxham 等[78]通过水洞模型试验发现，半主动式扑翼的最大能量采集效率约为 27%。Teng 等[79]通过控制扑翼做非正弦的俯仰运动，使得扑翼迎角峰值能保持较长的时间，从而达到提高升力、增加能量采集效率的目的。

为了减小机械复杂性，全被动式扑翼是一种有效的选择。扑翼的俯仰和沉浮运动完全由作用在翼型上的周期性力控制，它也被称为自激系统。Peng 等[80]模拟了全被动式扑翼在流场中的动态响应，翼型的沉浮自由度通过弹簧阻尼控制，俯仰自由度通过旋转弹簧控制。通过数值模拟，他们确认了四种响应状态：①静止状态，发生在旋转中心位于翼型前缘或者旋转刚度太大而足以抵抗扭矩时；②周期性的俯仰和沉浮运动，这也是扑翼从流场中采集能量、稳定工作的状态；③混乱状态；④翻滚状态，容易发生在旋转中心位于翼型后缘时。对第二种状态的进一步研究发现，当旋转弹簧刚度和俯仰中心位置的组合在某个合适的范围内时，扑翼运动的约化频率位于 0.12~0.15，相应的能量采集效率较高。Šidlof 等[81]通过风洞试验，获得了全被动式扑翼稳定的周期运动。在他们的模型中，随着来流速度的增大，沉浮的幅值会增加，同时运动的频率也会增加，而俯仰与沉浮之间的相位差会减小。

1.2　数值模拟方法

本书研究的问题是涉及动边界的流固耦合问题，这类问题的研究主要有三个关键点，即流场模拟、动边界处理和流固耦合。对于流场模拟，传统的方法是对欧拉方程或 Navier-Stokes (N-S) 方程进行离散求解，主要包括有限差分法 (finite difference method, FDM)、有限体积法 (finite volume method, FVM) 和有限元法 (finite element method, FEM) 等。除此之外，基于连续 Boltzmann 方程的数值模拟方法近三十年来经历了快速发展，这类方法通常统称为气体动理学格式 (gas kinetic scheme, GKS)[82]。相比传统的流场模拟方法，基于连续 Boltzmann 方程的数值模拟方法具有很多优势，如算法一致性好、并行效率高等。气体动理学格式已发展出多种形式，本书采用基于简化圆函数的气体动理学格式 (simplified circular function-based gas kinetic scheme, CGKS)[83]对流场进行数值模拟，该方法不仅具有很好的数值稳定性，而且计算精度和计算效率高。

对于动边界处理，传统的方法包括贴体网格技术、重叠网格技术、动网格技术等。但是，这些方法往往存在处理过程烦琐、网格质量低等劣势，尤其是对于具有复杂外形的动边界问题，传统的动边界处理方法往往难以胜任。而浸入边界法 (immersed boundary method, IBM)[84]在处理复杂外形的动边界问题时表现出了卓越的性能。在浸入边界法中，物体边界被离散成一系列拉格朗日节点，同时流场被离散在一套固定的欧拉网格中。和传统的动边界处理方法相比，浸入边界法不仅省去了大量的网格生成时间，而且在处理复杂外形动边界问题时具有简洁高效的优势。目前，浸入边界法已经获得了充分的发展[85]。本书采用基于隐式速度修正的浸入边界法[86]求解动边界问题，该方法可以精确满足固体表面的无滑移边界条件。

此外，本书还涉及流体和固体运动之间的相互耦合作用，即流体和固体的运动存在相互影响。对于这类流固耦合问题，常用的求解方法是分块求解，即将流体和固体的控制方程分别单独求解，再根据物体边界条件求解流体和固体的相互耦合作用。这类耦合处理方式可以分为强耦合[87]和弱耦合[88]两种类型。在强耦合方法中，流体方程和固体运动方程的每一个时间步求解中都必须加入内迭代，以保证流场和固体运动的准确耦合。因此，强耦合方法往往需要较大的计算量，这将导致整体计算效率降低。在弱耦合方法中，流体方程和固体运动方程交替求解，两者相差一个时间步。因此，与强耦合方法相比，弱耦合方法无须加入内迭代，具有操作简洁、计算效率高等优势。本书使用弱耦合方法来求解流体和扑翼之间的流固耦合作用。

1.2.1　气体动理学算法

对于仿生扑翼运动问题，流体运动的控制方程为

$$\frac{\partial \rho}{\partial t} + \nabla \cdot (\rho \boldsymbol{u}) = 0 \tag{1.1a}$$

$$\frac{\partial \rho \boldsymbol{u}}{\partial t} + \nabla \cdot (\rho \boldsymbol{u}\boldsymbol{u}^{\mathrm{T}} + p\boldsymbol{I}) = \mu \nabla \cdot \left[\nabla(\rho \boldsymbol{u}) + \nabla(\rho \boldsymbol{u})^{\mathrm{T}} \right] \tag{1.1b}$$

式中，t 为时间；ρ、$\boldsymbol{u}$、p 和 μ 分别为流体的密度、速度矢量、压强和动力黏性系数；$\boldsymbol{I}$ 为单位张量。

为了数值求解流动控制方程，采用有限体积法离散式(1.1)。本书研究二维流动，离散后的流动控制方程为

$$\frac{\mathrm{d}\boldsymbol{W}}{\mathrm{d}t} = -\frac{1}{\Omega}\sum_{i=1}^{N}\boldsymbol{F}S_i \tag{1.2a}$$

$$\begin{cases} \boldsymbol{W} = \begin{bmatrix} \rho & \rho v_x & \rho v_y \end{bmatrix}^{\mathrm{T}} \\ \boldsymbol{F} = \begin{bmatrix} F_\rho & F_{\rho v_x} & F_{\rho v_y} \end{bmatrix}^{\mathrm{T}} \end{cases} \tag{1.2b}$$

式中，$\boldsymbol{W}$ 为守恒变量；$\boldsymbol{F}$ 为通量；Ω 为控制体的体积；N 为控制体包含面的数量；S_i 为控制体第 i 个面的面积；v_x 和 v_y 分别为笛卡儿坐标系下流场的 x 方向速度和 y 方向速度；F_ρ、$F_{\rho v_x}$ 和 $F_{\rho v_y}$ 分别为通量 $\boldsymbol{F}$ 中与 ρ、ρv_x 和 ρv_y 相关的分量。

为了便于计算控制单元界面的通量 $\boldsymbol{F}$，可以在单元界面上引入局部坐标系。在该坐标系中，x_1 为单元界面的外法线方向，x_2 为单元界面的切线方向。在局部坐标系中，守恒变量和通量分别为

$$\begin{cases} \bar{\boldsymbol{W}} = \begin{bmatrix} \rho & \rho v_1 & \rho v_2 \end{bmatrix}^{\mathrm{T}} \\ \bar{\boldsymbol{F}} = \begin{bmatrix} F_\rho & F_{\rho v_1} & F_{\rho v_2} \end{bmatrix}^{\mathrm{T}} \end{cases} \tag{1.3}$$

式中，v_1 和 v_2 分别为流体的速度矢量在局部坐标系中的法向分量和切向分量；F_ρ、$F_{\rho v_1}$ 和 $F_{\rho v_2}$ 分别为通量 $\bar{\boldsymbol{F}}$ 中与 ρ、ρv_1 和 ρv_2 相关的分量。

局部坐标系和全局坐标系之间的关系为

$$\boldsymbol{F} = \begin{bmatrix} F_\rho & n_x F_{\rho v_1} - n_y F_{\rho v_2} & n_x F_{\rho v_2} + n_y F_{\rho v_1} \end{bmatrix}^{\mathrm{T}} \tag{1.4}$$

式中，$\boldsymbol{n} = (n_x, n_y)$ 为单元界面在全局坐标系中的法向量。

因此，只要计算出局部坐标系中控制单元界面的通量 $\bar{\boldsymbol{F}}$，就能获得全局坐标系中控制单元界面的通量 $\boldsymbol{F}$。接下来将介绍采用 CGKS 计算通量 $\bar{\boldsymbol{F}}$ 的方法。

采用 BGK(Bhatnagar-Gross-Krook) 碰撞模型的 Boltzmann 方程为

$$\frac{\partial f}{\partial t} + \boldsymbol{\xi} \cdot \nabla f = \frac{g - f}{\tau_v} \tag{1.5}$$

式中，f 为气体分布函数；g 为 f 经过碰撞时间 τ_v 后的平衡态；ξ 为粒子速度矢量。

在二维空间中，分布函数的平衡态 g 可简化为圆函数 g_c，即

$$g_c = \begin{cases} \dfrac{\rho}{2\pi}, & (\xi_1 - v_1)^2 + (\xi_2 - v_2)^2 = \gamma^2 \\ 0, & (\xi_1 - v_1)^2 + (\xi_2 - v_2)^2 \neq \gamma^2 \end{cases} \tag{1.6}$$

式中，γ 为圆函数的半径；ξ_1 和 ξ_2 分别为粒子速度矢量在局部坐标系中的法向分量和切向分量。

如图 1.3 所示，粒子速度法向分量 ξ_1 和切向分量 ξ_2 为

$$\begin{cases} \xi_1 = v_1 + \gamma\cos\theta \\ \xi_2 = v_2 + \gamma\sin\theta \end{cases} \tag{1.7}$$

式中，θ 为 γ 与 ξ_1 方向的夹角。

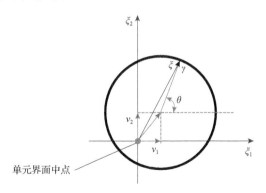

图 1.3　圆函数的分布示意图

令 $\gamma_1 = \gamma\cos\theta$ 和 $\gamma_2 = \gamma\sin\theta$，则有 $\xi_\alpha = v_\alpha + \gamma_\alpha$（$\alpha = 1$ 和 2），圆函数各阶矩的守恒关系式为

$$\begin{cases} \displaystyle\int_0^{2\pi} g_c \mathrm{d}\theta = \rho \\[2mm] \displaystyle\int_0^{2\pi} g_c \xi_\alpha \mathrm{d}\theta = \rho v_\alpha \\[2mm] \displaystyle\int_0^{2\pi} g_c \xi_\alpha \xi_\beta \mathrm{d}\theta = \rho v_\alpha v_\beta + p\delta_{\alpha\beta} \\[2mm] \displaystyle\int_0^{2\pi} g_c \xi_\alpha \xi_\beta \xi_\chi \mathrm{d}\theta = \rho v_\alpha v_\beta v_\chi + p\left(v_\alpha \delta_{\beta\chi} + v_\beta \delta_{\chi\alpha} + v_\chi \delta_{\alpha\beta}\right) \end{cases} \tag{1.8}$$

式中，ξ_α、ξ_β 和 ξ_χ 分别为 α、β 和 χ 方向上的粒子速度；v_α、v_β 和 v_χ 分别为 α、

β 和 χ 方向上的流体速度；$\delta_{\alpha\beta}$、$\delta_{\beta\chi}$、$\delta_{\chi\alpha}$ 是二次克罗内克符号。

基于式(1.8)，通过 Chapman-Enskog 分析，可以建立分布函数 f 与守恒变量 $\bar{W}$ 和通量 $\bar{F}$ 的关系，即

$$\begin{cases} \bar{W} = \displaystyle\int_0^{2\pi} \boldsymbol{\varphi}_\alpha f \mathrm{d}\theta \\ \bar{F} = \displaystyle\int_0^{2\pi} \xi_1 \boldsymbol{\varphi}_\alpha f \mathrm{d}\theta \end{cases} \tag{1.9}$$

式中，$\boldsymbol{\varphi}_\alpha$ 为碰撞不变量，$\boldsymbol{\varphi}_\alpha = [1 \quad \xi_1 \quad \xi_2]^\mathrm{T}$。

此外，碰撞时间为

$$\tau_\mathrm{v} = \frac{2\mu}{\rho\gamma^2} \tag{1.10}$$

计算通量 $\bar{F}$ 的关键是计算控制单元界面上的分布函数 f 和碰撞不变量 $\boldsymbol{\varphi}_\alpha$。假设单元界面在 $\boldsymbol{r}=\boldsymbol{0}$ 处，则单元界面上的分布函数由两部分组成，即

$$f(\boldsymbol{0}, t) = g_\mathrm{c}(\boldsymbol{0}, t) + \tau_\mathrm{v}^* \left[g_\mathrm{c}(-\boldsymbol{\xi}\delta t, t-\delta t) - g_\mathrm{c}(\boldsymbol{0}, t) \right] \tag{1.11}$$

式中，$g_\mathrm{c}(\boldsymbol{0}, t)$ 为单元界面上的平衡态分布函数；$g_\mathrm{c}(-\boldsymbol{\xi}\delta t, t-\delta t)$ 为圆周上的平衡态分布函数；τ_v^* 为无量纲碰撞时间，$\tau_\mathrm{v}^* = \tau_\mathrm{v}/\delta t$；$\delta t$ 为时间步长。

为了简化符号，将 $(\boldsymbol{0}, t)$ 记为 face，$(-\boldsymbol{\xi}\delta t, t-\delta t)$ 记为 cir，将式(1.11)代入式(1.9)的 $\bar{F}$ 表达式，可得

$$\bar{F} = \int \xi_1^{\mathrm{face}} \boldsymbol{\varphi}_\alpha^{\mathrm{face}} g_\mathrm{c}^{\mathrm{face}} \mathrm{d}\theta + \tau_\mathrm{v}^* \left(\int \xi_1^{\mathrm{cir}} \boldsymbol{\varphi}_\alpha^{\mathrm{cir}} g_\mathrm{c}^{\mathrm{cir}} \mathrm{d}\theta - \int \xi_1^{\mathrm{face}} \boldsymbol{\varphi}_\alpha^{\mathrm{face}} g_\mathrm{c}^{\mathrm{face}} \mathrm{d}\theta \right) \tag{1.12}$$

令

$$F_\mathrm{I} = \int \xi_1^{\mathrm{face}} \boldsymbol{\varphi}_\alpha^{\mathrm{face}} g_\mathrm{c}^{\mathrm{face}} \mathrm{d}\theta, \quad F_\mathrm{II} = \int \xi_1^{\mathrm{cir}} \boldsymbol{\varphi}_\alpha^{\mathrm{cir}} g_\mathrm{c}^{\mathrm{cir}} \mathrm{d}\theta$$

式(1.12)可写为

$$\bar{F} = F_\mathrm{I} + \tau_\mathrm{v}^* \left(F_\mathrm{II} - F_\mathrm{I} \right) \tag{1.13}$$

由式(1.13)可知，单元界面上的通量包含两部分。通量 F_I 由单元界面上的平衡态分布函数和不变量组成，通量 F_II 由圆周上的平衡态分布函数和不变量组成。为计算 F_I 和 F_II，需要求得 $\boldsymbol{\varphi}_\alpha^{\mathrm{face}}$、$g_\mathrm{c}^{\mathrm{face}}$、$\boldsymbol{\varphi}_\alpha^{\mathrm{cir}}$ 和 $g_\mathrm{c}^{\mathrm{cir}}$。对于上述变量，其沿圆周的值可以通过线性插值获得。

$$\phi^{\mathrm{cir}} = \begin{cases} \phi_{\mathrm{L}} - \nabla\phi_{\mathrm{L}} \cdot \boldsymbol{\xi}^+ \delta t, & \xi_1^+ \geqslant 0 \\ \phi_{\mathrm{R}} - \nabla\phi_{\mathrm{R}} \cdot \boldsymbol{\xi}^+ \delta t, & \xi_1^+ < 0 \end{cases} \tag{1.14a}$$

$$\boldsymbol{\xi}^+ = \begin{bmatrix} \xi_1^+ & \xi_2^+ \end{bmatrix}^{\mathrm{T}} = \begin{bmatrix} v_1^+ + \gamma^+ \cos\theta & v_2^+ + \gamma^+ \sin\theta \end{bmatrix}^{\mathrm{T}} \tag{1.14b}$$

式中，ϕ_{L} 和 ϕ_{R} 分别为变量 ϕ 在单元界面左右两侧的值；$\nabla\phi_{\mathrm{L}}$ 和 $\nabla\phi_{\mathrm{R}}$ 分别为变量 ϕ 在界面左右两侧单元上的梯度；$\boldsymbol{\xi}^+$ 为粒子在界面上的预测速度；v_1^+ 和 v_2^+ 分别为预测的界面法向速度和切向速度，可以通过 Roe 平均计算获得[89]；γ^+ 为有效特征速度，对于不可压流体，$\gamma^+ = \sqrt{2}\,U_{\mathrm{ref}}/Ma$。其中，$U_{\mathrm{ref}}$ 是参考速度，Ma 是马赫数。在本书中，$U_{\mathrm{ref}}=1$，$Ma=0.1$。

以 $\xi_1^+ \geqslant 0$ 为例，在圆周上的粒子速度及其平衡态分布函数为

$$\begin{cases} \xi_{1,\mathrm{L}}^{\mathrm{cir}} = v_{1,\mathrm{L}} - \dfrac{\partial v_{1,\mathrm{L}}}{\partial x_1}\left(v_1^+ + \gamma^+ \cos\theta\right)\delta t - \dfrac{\partial v_{1,\mathrm{L}}}{\partial x_2}\left(v_2^+ + \gamma^+ \sin\theta\right)\delta t + \gamma^+ \cos\theta \\[2mm] \xi_{2,\mathrm{L}}^{\mathrm{cir}} = v_{2,\mathrm{L}} - \dfrac{\partial v_{2,\mathrm{L}}}{\partial x_1}\left(v_1^+ + \gamma^+ \cos\theta\right)\delta t - \dfrac{\partial v_{2,\mathrm{L}}}{\partial x_2}\left(v_2^+ + \gamma^+ \sin\theta\right)\delta t + \gamma^+ \sin\theta \\[2mm] g_{\mathrm{c,L}}^{\mathrm{cir}} = g_{\mathrm{c,L}} - \dfrac{\partial g_{\mathrm{c,L}}}{\partial x_1}\left(v_1^+ + \gamma^+ \cos\theta\right)\delta t - \dfrac{\partial g_{\mathrm{c,L}}}{\partial x_2}\left(v_2^+ + \gamma^+ \sin\theta\right)\delta t \end{cases} \tag{1.15}$$

对于 $\xi_1^+ < 0$ 的情况，只需要将式(1.15)中变量的下标 L 换成 R 即可。为了方便表述，式(1.15)可以写为

$$\begin{cases} \xi_{1,\mathrm{L}}^{\mathrm{cir}} = a_{0,\mathrm{L}} + a_{1,\mathrm{L}} s_1 + a_{2,\mathrm{L}} s_2 \\ \xi_{2,\mathrm{L}}^{\mathrm{cir}} = b_{0,\mathrm{L}} + b_{1,\mathrm{L}} s_1 + b_{2,\mathrm{L}} s_2 \\ g_{\mathrm{c,L}}^{\mathrm{cir}} = g_{0,\mathrm{L}} + g_{1,\mathrm{L}} s_1 + g_{2,\mathrm{L}} s_2 \end{cases} \tag{1.16}$$

式中，

$$\begin{cases} s_1 = \cos\theta \\ s_2 = \sin\theta \end{cases}$$

$$\begin{cases} a_{0,\mathrm{L}} = v_{1,\mathrm{L}} - \dfrac{\partial v_{1,\mathrm{L}}}{\partial x_1} v_1^+ \delta t - \dfrac{\partial v_{1,\mathrm{L}}}{\partial x_2} v_2^+ \delta t \\[2mm] a_{1,\mathrm{L}} = \gamma^+ - \dfrac{\partial v_{1,\mathrm{L}}}{\partial x_1} \gamma^+ \delta t \\[2mm] a_{2,\mathrm{L}} = -\dfrac{\partial v_{1,\mathrm{L}}}{\partial x_2} \gamma^+ \delta t \end{cases}$$

$$\begin{cases} b_{0,\mathrm{L}} = v_{2,\mathrm{L}} - \dfrac{\partial v_{2,\mathrm{L}}}{\partial x_1} v_1^+ \delta t - \dfrac{\partial v_{2,\mathrm{L}}}{\partial x_2} v_2^+ \delta t \\[2ex] b_{1,\mathrm{L}} = -\dfrac{\partial v_{2,\mathrm{L}}}{\partial x_1} \gamma^+ \delta t \\[2ex] b_{2,\mathrm{L}} = \gamma^+ - \dfrac{\partial v_{2,\mathrm{L}}}{\partial x_2} \gamma^+ \delta t \end{cases}$$

$$\begin{cases} g_{0,\mathrm{L}} = g_{\mathrm{c,L}} - \dfrac{\partial g_{\mathrm{c,L}}}{\partial x_1} v_1^+ \delta t - \dfrac{\partial g_{\mathrm{c,L}}}{\partial x_2} v_2^+ \delta t \\[2ex] g_{1,\mathrm{L}} = -\dfrac{\partial g_{\mathrm{c,L}}}{\partial x_1} \gamma^+ \delta t \\[2ex] g_{2,\mathrm{L}} = -\dfrac{\partial g_{\mathrm{c,L}}}{\partial x_2} \gamma^+ \delta t \end{cases}$$

由式(1.9)可知，单元界面的守恒变量可以表述为

$$\bar{W}^{\mathrm{face}} = \int \varphi_\alpha^{\mathrm{cir}} g_{\mathrm{c}}^{\mathrm{cir}} \mathrm{d}\theta = \int_{\xi_1^+ \geqslant 0} \varphi_{\alpha,\mathrm{L}}^{\mathrm{cir}} g_{\mathrm{c,L}}^{\mathrm{cir}} \mathrm{d}\theta + \int_{\xi_1^+ < 0} \varphi_{\alpha,\mathrm{R}}^{\mathrm{cir}} g_{\mathrm{c,R}}^{\mathrm{cir}} \mathrm{d}\theta \tag{1.17}$$

式(1.17)的积分域由 ξ_1^+ 决定。一般情况下，式(1.17)可写为

$$\bar{W}^{\mathrm{face}} = \int_{-\theta_0}^{\theta_0} \varphi_{\alpha,\mathrm{L}}^{\mathrm{cir}} g_{\mathrm{c,L}}^{\mathrm{cir}} \mathrm{d}\theta + \int_{\theta_0}^{2\pi-\theta_0} \varphi_{\alpha,\mathrm{R}}^{\mathrm{cir}} g_{\mathrm{c,R}}^{\mathrm{cir}} \mathrm{d}\theta \tag{1.18}$$

式中，$\theta_0 = \arccos\left(-v_1^+ / \gamma^+\right)$。

对于不可压流体，γ^+ 的值远大于 v_1^+，故有 $\theta_0 \approx \pi/2$。式(1.18)可以简化为

$$\bar{W}^{\mathrm{face}} = \int_{-\pi/2}^{\pi/2} \varphi_{\alpha,\mathrm{L}}^{\mathrm{cir}} g_{\mathrm{c,L}}^{\mathrm{cir}} \mathrm{d}\theta + \int_{\pi/2}^{3\pi/2} \varphi_{\alpha,\mathrm{R}}^{\mathrm{cir}} g_{\mathrm{c,R}}^{\mathrm{cir}} \mathrm{d}\theta \tag{1.19}$$

式(1.19)表明，对于不可压流动，圆域可以认为是关于单元界面对称分布。将式(1.16)代入式(1.19)，可得

$$\bar{W}^{\mathrm{face}}(1) = (\pi g_0 + 2g_1)_{\mathrm{L}} + (\pi g_0 - 2g_1)_{\mathrm{R}} \tag{1.20a}$$

$$\bar{W}^{\mathrm{face}}(2) = \left[\pi a_0 g_0 + 2(a_1 g_0 + a_0 g_1) + \frac{\pi}{2}(a_1 g_1 + a_2 g_2)\right]_{\mathrm{L}}$$
$$+ \left[\pi a_0 g_0 - 2(a_1 g_0 + a_0 g_1) + \frac{\pi}{2}(a_1 g_1 + a_2 g_2)\right]_{\mathrm{R}} \tag{1.20b}$$

$$\overline{W}^{\text{face}}(3) = \left[\pi b_0 g_0 + 2(b_1 g_0 + b_0 g_1) + \frac{\pi}{2}(b_1 g_1 + b_2 g_2) \right]_{\text{L}}$$

$$+ \left[\pi b_0 g_0 - 2(b_1 g_0 + b_0 g_1) + \frac{\pi}{2}(b_1 g_1 + b_2 g_2) \right]_{\text{R}} \tag{1.20c}$$

式中，$\overline{W}^{\text{face}}(i)$ 为 $\overline{W}^{\text{face}}$ 的第 i 个分量。

当求得单元界面的守恒变量 $\overline{W}^{\text{face}}$ 之后，便可计算 $\varphi_\alpha^{\text{face}}$ 和 $g_{\text{c}}^{\text{face}}$，然后可计算通量 F_{I}：

$$F_{\text{I}} = \begin{bmatrix} \rho v_1 \\ \rho v_1 v_1 + \dfrac{1}{2} \rho \gamma^+ \gamma^+ \\ \rho v_1 v_2 \end{bmatrix}^{\text{face}} \tag{1.21}$$

根据式 (1.19)，通量 F_{II} 为

$$F_{\text{II}} = \int_{-\pi/2}^{\pi/2} \xi_{1,\text{L}}^{\text{cir}} \varphi_{\alpha,\text{L}}^{\text{cir}} g_{\text{c,L}}^{\text{cir}} \mathrm{d}\theta + \int_{\pi/2}^{3\pi/2} \xi_{1,\text{R}}^{\text{cir}} \varphi_{\alpha,\text{R}}^{\text{cir}} g_{\text{c,R}}^{\text{cir}} \mathrm{d}\theta \tag{1.22}$$

将式 (1.16) 代入式 (1.22)，可得

$$F_{\text{II}}(1) = \left[\pi a_0 g_0 + 2(a_0 g_1 + a_1 g_0) + \frac{\pi}{2}(a_1 g_1 + a_2 g_2) \right]_{\text{L}}$$

$$+ \left[\pi a_0 g_0 - 2(a_0 g_1 + a_1 g_0) + \frac{\pi}{2}(a_1 g_1 + a_2 g_2) \right]_{\text{R}} \tag{1.23a}$$

$$F_{\text{II}}(2) = \left[a_0 g_0(\pi a_0 + 2a_1) + \left(2a_0 + \frac{\pi a_1}{2} \right)(a_0 g_1 + a_1 g_0) + \frac{\pi a_2}{2}(a_0 g_2 + a_2 g_0) \right.$$

$$\left. + \left(\frac{\pi a_0}{2} + \frac{4a_1}{3} \right)(a_1 g_1 + a_2 g_2) + \frac{2}{3} a_2 a_2 g_1 \right]_{\text{L}}$$

$$+ \left[a_0 g_0(\pi a_0 - 2a_1) - \left(2a_0 - \frac{\pi a_1}{2} \right)(a_0 g_1 + a_1 g_0) + \frac{\pi a_2}{2}(a_0 g_2 + a_2 g_0) \right.$$

$$\left. + \left(\frac{\pi a_0}{2} - \frac{4a_1}{3} \right)(a_1 g_1 + a_2 g_2) - \frac{2}{3} a_2 a_2 g_1 \right]_{\text{R}} \tag{1.23b}$$

$$F_{\text{II}}(3) = \left[b_0 g_0(\pi a_0 + 2a_1) + \left(2a_0 + \frac{\pi a_1}{2} \right)(b_0 g_1 + b_1 g_0) + \frac{\pi a_2}{2}(b_0 g_2 + b_2 g_0) \right.$$

$$\left. + \left(\frac{\pi a_0}{2} + \frac{2a_1}{3} \right)(b_1 g_1 + b_2 g_2) + \frac{2}{3} a_2(b_1 g_2 + b_2 g_1) + \frac{2}{3} a_1 b_1 g_1 \right]_{\text{L}}$$

$$+\left[b_0g_0(\pi a_0 - 2a_1) - \left(2a_0 - \frac{\pi a_1}{2}\right)(b_0g_1 + b_1g_0) + \frac{\pi a_2}{2}(b_0g_2 + b_2g_0)\right.$$

$$\left.+\left(\frac{\pi a_0}{2} - \frac{2a_1}{3}\right)(b_1g_1 + b_2g_2) - \frac{2}{3}a_2(b_1g_2 + b_2g_1) - \frac{2}{3}a_1b_1g_1\right]_R \tag{1.23c}$$

式中，$F_{\mathrm{II}}(i)$ 为 $\boldsymbol{F}_{\mathrm{II}}$ 的第 i 个分量。

将式(1.21)和式(1.23)代入式(1.13)，即可获得单元界面通量 $\bar{\boldsymbol{F}}$ 的完全展开形式。在本算法中，时间步长 δt 为

$$\delta t = 0.4\frac{\min(\Delta l, \Delta r)}{\max(v_1^+, v_2^+) + \gamma^+} \tag{1.24}$$

式中，Δl 和 Δr 分别为单元界面左右两侧单元边界的最短长度。

CGKS 的计算流程如下：

(1)计算守恒变量的导数并重构单元界面两侧单元中守恒变量的初始值。

(2)计算单元界面上的 v_1^+ 和 v_2^+，以及 γ^+。

(3)利用式(1.24)计算 δt，并利用式(1.10)计算 τ_v，从而计算 τ_v^*。

(4)利用式(1.16)计算不变量和圆函数的系数。

(5)利用式(1.20)计算单元界面的守恒变量 $\bar{\boldsymbol{W}}^{\mathrm{face}}$，用式(1.21)计算通量 $\boldsymbol{F}_{\mathrm{I}}$。

(6)根据式(1.13)计算单元界面的通量 $\bar{\boldsymbol{F}}$。

(7)依据式(1.4)将局部坐标系中的通量转换成全局坐标系中的通量。

(8)使用三阶龙格-库塔方法求解式(1.2a)，更新单元中心的守恒变量值。

(9)重复步骤(1)～(8)直至结果收敛。

1.2.2　浸入边界法

为了处理流固耦合问题，可采用浸入边界法。在浸入边界法中，流场用欧拉(直角)网格离散，物体边界用一系列拉格朗日点离散，如图 1.4 所示。

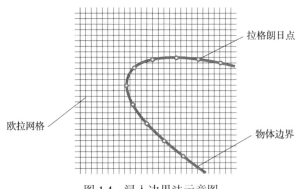

图 1.4　浸入边界法示意图

本书采用基于隐式速度修正的浸入边界法求解动边界的流固耦合问题，该方法能精确满足无滑移边界条件。它的核心包括预测和修正两个步骤：

（1）预测。利用 CGKS 求解 N-S 方程(1.1)，获得流场 $n+1$ 时刻的密度 ρ^{n+1} 和流场速度的预测值 $\boldsymbol{u}^*$。

（2）修正。基于流场预测速度 $\boldsymbol{u}^*$ 和物体边界速度 $\boldsymbol{U}_\text{B}$ 修正流场速度。

利用动量方程，流场速度的修正为

$$\frac{\partial \rho \boldsymbol{u}}{\partial t} = \boldsymbol{f} \tag{1.25}$$

式中，$\boldsymbol{f}$ 为物体边界施加给周围流体的作用力。

式(1.25)的离散形式为

$$\frac{\rho^{n+1}\left(\boldsymbol{u}^{n+1} - \boldsymbol{u}^*\right)}{\delta t} = \frac{\rho^{n+1}\delta \boldsymbol{u}}{\delta t} = \boldsymbol{f} \tag{1.26}$$

式中，$\delta \boldsymbol{u}$ 为流场速度的修正量。

因此，流场速度可以更新为

$$\boldsymbol{u}^{n+1} = \boldsymbol{u}^* + \delta \boldsymbol{u} \tag{1.27}$$

在基于隐式速度修正的浸入边界法中，先把流场速度的修正量 $\delta \boldsymbol{u}$ 设为未知。由无滑移边界条件可知，用欧拉网格点上的流场速度插值得到的拉格朗日点上的速度应该与边界速度相等。

利用 Dirac delta 插值函数，可以用流场速度插值获得拉格朗日点的速度。

$$\boldsymbol{u}^{n+1}(\boldsymbol{X}_{\text{B},i}) = \sum_{j=1}^{M_\text{E}} \boldsymbol{u}^{n+1}(\boldsymbol{x}_j) D(\boldsymbol{x}_j - \boldsymbol{X}_{\text{B},i})(\Delta h)^2, \quad i = 1, 2, \cdots, M_\text{L} \tag{1.28}$$

式中，$\boldsymbol{X}_{\text{B},i}$ 为拉格朗日点坐标矢量，$i = 1, 2, \cdots, M_\text{L}$；$\boldsymbol{x}_j$ 为欧拉网格点坐标矢量，$j = 1, 2, \cdots, M_\text{E}$；$D(\cdot)$ 为插值函数；M_E 为浸入边界周围欧拉网格点的数量；M_L 为拉格朗日点的数量。

由于浸入边界周围采用的网格是均匀的，不同方向上的网格步长相同，均为 Δh。插值函数的表达式为[90]

$$D(\boldsymbol{x}_j - \boldsymbol{X}_{\text{B},i}) = D_{ij} = \delta(x_{1,j} - X_{1,\text{B},i})\delta(x_{2,j} - X_{2,\text{B},i}) \tag{1.29}$$

式中，$\delta(r)$ 为四点分段函数，表达形式为

$$\delta(r) = \begin{cases} \dfrac{3}{8} + \dfrac{\pi}{32} - \dfrac{r^2}{4}, & |r| \leqslant 0.5 \\[2mm] \dfrac{1}{4} + \dfrac{1-|r|}{8}\sqrt{8|r|-2-4r^2} - \dfrac{1}{8}\arcsin\left[\sqrt{2}\left(|r|-1\right)\right], & 0.5 < |r| \leqslant 1.5 \\[2mm] \dfrac{7}{16} - \dfrac{\pi}{64} - \dfrac{3|r|}{4} + \dfrac{r^2}{8} + \dfrac{|r|-2}{16}\sqrt{16|r|-14-4r^2} + \dfrac{1}{16}\arcsin\left[\sqrt{2}\left(|r|-2\right)\right], & 1.5 < |r| \leqslant 2.5 \\[2mm] 0, & |r| > 2.5 \end{cases}$$

(1.30)

式中，$r = \dfrac{x_{1,j} - X_{1,B,i}}{\Delta h}$ 或 $\dfrac{x_{2,j} - X_{2,B,i}}{\Delta h}$。

欧拉网格点上的速度修正量 $\delta \boldsymbol{u}(\boldsymbol{x}_j)$ 可写为

$$\delta \boldsymbol{u}(\boldsymbol{x}_j) = \sum_{i=1}^{M_L} \delta \boldsymbol{u}(\boldsymbol{X}_{B,i}) D_{ij} \Delta s_i \tag{1.31}$$

式中，$\delta \boldsymbol{u}(\boldsymbol{X}_{B,i})$ 为拉格朗日点上的速度修正量；Δs_i 为对应的弧长。

由物面的无滑移边界条件可知，拉格朗日点上的速度 $\boldsymbol{U}_B(\boldsymbol{X}_B)$ 应与相同位置处流场的速度 $\boldsymbol{u}(\boldsymbol{X}_B)$ 相同，因此有

$$\boldsymbol{U}_B^{n+1}(\boldsymbol{X}_{B,i}) = \sum_{j=1}^{M_E} \boldsymbol{u}^*(\boldsymbol{x}_j) D_{ij}(\Delta h)^2 + \sum_{j=1}^{M_E}\sum_{i=1}^{M_L} \delta \boldsymbol{u}(\boldsymbol{X}_{B,i}) D_{ij} \Delta s_i D_{ij}(\Delta h)^2 \tag{1.32}$$

式 (1.32) 的矩阵形式为

$$\boldsymbol{AX} = \boldsymbol{B} \tag{1.33}$$

式中，

$$\boldsymbol{X} = \begin{bmatrix} \delta \boldsymbol{u}(\boldsymbol{X}_{B,1})\Delta s_1 & \delta \boldsymbol{u}(\boldsymbol{X}_{B,2})\Delta s_2 & \cdots & \delta \boldsymbol{u}(\boldsymbol{X}_{B,M_L})\Delta s_{M_L} \end{bmatrix}^{\mathrm{T}} \tag{1.34a}$$

$$\boldsymbol{A} = (\Delta h)^2 \begin{bmatrix} D_{11} & D_{12} & \cdots & D_{1M_E} \\ D_{21} & D_{22} & \cdots & D_{2M_E} \\ \vdots & \vdots & & \vdots \\ D_{M_L 1} & D_{M_L 2} & \cdots & D_{M_L M_E} \end{bmatrix} \begin{bmatrix} D_{11} & D_{12} & \cdots & D_{1M_L} \\ D_{21} & D_{22} & \cdots & D_{2M_L} \\ \vdots & \vdots & & \vdots \\ D_{M_E 1} & D_{M_E 2} & \cdots & D_{M_E M_L} \end{bmatrix} \tag{1.34b}$$

$$\boldsymbol{B} = \begin{bmatrix} \boldsymbol{U}_B(\boldsymbol{X}_{B,1}) \\ \boldsymbol{U}_B(\boldsymbol{X}_{B,2}) \\ \vdots \\ \boldsymbol{U}_B(\boldsymbol{X}_{B,M_L}) \end{bmatrix}^{n+1} - (\Delta h)^2 \begin{bmatrix} D_{11} & D_{12} & \cdots & D_{1M_E} \\ D_{21} & D_{22} & \cdots & D_{2M_E} \\ \vdots & \vdots & & \vdots \\ D_{M_L 1} & D_{M_L 2} & \cdots & D_{M_L M_E} \end{bmatrix} \begin{bmatrix} \boldsymbol{u}^*(\boldsymbol{x}_1) \\ \boldsymbol{u}^*(\boldsymbol{x}_2) \\ \vdots \\ \boldsymbol{u}^*(\boldsymbol{x}_{M_E}) \end{bmatrix} \tag{1.34c}$$

求解式(1.33)可得拉格朗日点上的速度修正量 $\delta\boldsymbol{u}(\boldsymbol{X}_{\mathrm{B},i})$。在此基础上,利用式(1.31)可得浸入边界周围流场的速度修正量 $\delta\boldsymbol{u}(\boldsymbol{x}_j)$。最后,利用式(1.27)可得流场在 $n+1$ 时刻的速度 $\boldsymbol{u}^{n+1}$。

此外,利用式(1.26)可以计算物体对周围流体的作用力

$$f(\boldsymbol{x}_j)=\frac{\rho^{n+1}(\boldsymbol{x}_j)\delta\boldsymbol{u}(\boldsymbol{x}_j)}{\delta t} \tag{1.35}$$

由牛顿第三定律可知,流体对物体的作用力与物体对周围流体的作用力大小相等、方向相反。因此,流体对物体的作用力 $\boldsymbol{F}_{\mathrm{f}}$ 为

$$\boldsymbol{F}_{\mathrm{f}}=-\sum_{i=1}^{M_{\mathrm{L}}}\sum_{j=1}^{M_{\mathrm{E}}}f(\boldsymbol{x}_j)D_{ij}(\Delta h)^2\Delta s_i \tag{1.36}$$

参 考 文 献

[1] Bajec I L, Heppner F H. Organized flight in birds. Animal Behaviour, 2009, 78(4): 777-789.

[2] Sumpter D J T. The principles of collective animal behaviour. Philosophical Transactions of the Royal Society B, 2006, 361(1465): 5-22.

[3] Larsson M. Why do fish school? Current Zoology, 2012, 58(1): 116-128.

[4] Mirzaeinia A, Hassanalian M, Lee K, et al. Energy conservation of V-shaped swarming fixed-wing drones through position reconfiguration. Aerospace Science and Technology, 2019, 94: 105398.

[5] Berlinger F, Gauci M, Nagpal R. Implicit coordination for 3D underwater collective behaviors in a fish-inspired robot swarm. Science Robotics, 2021, 6(50): eabd8668.

[6] Rayner J M V. A vortex theory of animal flight. Part 1. The vortex wake of a hovering animal. Journal of Fluid Mechanics, 2006, 91(4): 697-730.

[7] Rayner J M V. A vortex theory of animal flight. Part 2. The forward flight of birds. Journal of Fluid Mechanics, 2006, 91(4): 731-763.

[8] Minotti F O. Unsteady two-dimensional theory of a flapping wing. Physical Review E, 2002, 66(5): 051907.

[9] von Kármán T, Sears W R. Airfoil theory for non-uniform motion. Journal of Aeronautical Sciences, 1938, 5(10): 379-390.

[10] Taylor G I. Analysis of the swimming of long and narrow animals. Proceedings of the Royal Society A, 1952, 214(1117): 158-183.

[11] Lighthill M J. Large-amplitude elongated-body theory of fish locomotion. Proceedings of the Royal Society B, 1971, 179(1055): 125-138.

[12] Wu T Y. Swimming of a waving plate. Journal of Fluid Mechanics, 1961, 10(3): 321-344.

[13] Cheng J Y, Zhuang L X, Tong B G. Analysis of swimming three-dimensional waving plates. Journal of Fluid Mechanics, 1991, 232: 341-355.

[14] Alben S. Optimal flexibility of a flapping appendage in an inviscid fluid. Journal of Fluid Mechanics, 2008, 614: 355-380.

[15] Moore M N J. Analytical results on the role of flexibility in flapping propulsion. Journal of Fluid Mechanics, 2014, 757: 599-612.

[16] Wu T Y. Fish swimming and bird/insect flight. Annual Review of Fluid Mechanics, 2011, 43: 25-58.

[17] 童秉纲, 余永亮, 王智慧. 应用流体力学领域采用的理论建模方法及流动物理分析的探索. 气体物理, 2016, 1(5): 1-8.

[18] Floryan D, van Buren T, Smits A J. Efficient cruising for swimming and flying animals is dictated by fluid drag. Proceedings of the National Academy of Sciences of the United States of America, 2018, 115(32): 8116-8118.

[19] Triantafyllou M S, Triantafyllou G S, Gopalkrishnan R. Wake mechanics for thrust generation in oscillating foils. Physics of Fluids, 1991, 3: 2835-2837.

[20] Lai J C S, Platzer M F. Jet characteristics of a plunging airfoil. AIAA Journal, 1999, 37(12): 1529-1537.

[21] Godoy-Diana R, Aider J L, Wesfreid J E. Transitions in the wake of a flapping foil. Physical Review E, 2008, 77(1): 016308.

[22] Rohr J J, Fish F E. Strouhal numbers and optimization of swimming by odontocete cetaceans. Journal of Experimental Biology, 2004, 207(10): 1633-1642.

[23] Schouveiler L, Hover F S, Triantafyllou M S. Performance of flapping foil propulsion. Journal of Fluids and Structures, 2005, 20(7): 949-959.

[24] Floryan D, van Buren T, Smits A J. Large-amplitude oscillations of foils for efficient propulsion. Physical Review Fluids, 2019, 4: 093102.

[25] Zhang X, Ni S, Wang S, et al. Effects of geometric shape on the hydrodynamics of aself-propelled flapping foil. Physics of Fluids, 2009, 21: 103302.

[26] Ramananarivo S, Mitchel T, Ristroph L. Improving the propulsion speed of a heaving wing through artificial evolution of shape. Proceedings of the Royal Society A, 2019, 475(2221): 20180375.

[27] van Buren T, Floryan D, Brunner D, et al. Impact of trailing edge shape on the wake and propulsive performance of pitching panels. Physical Review Fluids, 2017, 2: 014702.

[28] Raspa V, Ramananarivo S, Thiria B, et al. Vortex-induced drag and the role of aspect ratio in undulatory swimmers. Physics of Fluids, 2014, 26: 041701.

[29] Andersen A, Bohr T, Schnipper T, et al. Wake structure and thrust generation of a flapping foil in two-dimensional flow. Journal of Fluid Mechanics, 2017, 812: R4.

[30] Hover F S, Haugsdal Ø, Triantafyllou M S. Effect of angle of attack profiles in flapping foil propulsion. Journal of Fluids and Structures, 2004, 19(1): 37-47.

[31] Dash S M, Lua K B, Lim T T, et al. Enhanced thrust performance of a two dimensional elliptic airfoil at high flapping frequency in a forward flight. Journal of Fluids and Structures, 2018, 76: 37-59.

[32] Floryan D, van Buren T, Smits A J. Forces and energetics of intermittent swimming. Acta Mechanica Sinica, 2017, 33(4): 725-732.

[33] Mackowski A W, Williamson C H K. Effect of pivot location and passive heave on propulsion from a pitching airfoil. Physical Review Fluids, 2017, 2: 013101.

[34] Tian W, Bodling A, Liu H, et al. An experimental study of the effects of pitch-pivot-point location on the propulsion performance of a pitching airfoil. Journal of Fluids and Structures, 2016, 60: 130-142.

[35] Lucas K N, Johnson N, Beaulieu W T, et al. Bending rules for animal propulsion. Nature Communications, 2014, 5: 3293.

[36] David M J, Govardhan R N, Arakeri J H. Thrust generation from pitching foils with flexible trailing edge flaps. Journal of Fluid Mechanics, 2017, 828: 70-103.

[37] Olivier M, Dumas G. A parametric investigation of the propulsion of 2D chordwise-flexible flapping wings at low Reynolds number using numerical simulations. Journal of Fluids and Structures, 2016, 63: 210-237.

[38] Floryan D, Rowley C W. Distributed flexibility in inertial swimmers. Journal of Fluid Mechanics, 2020, 888: A24.

[39] Nguyen P T, Lee S H, Ngo V T. Effect of vision angle on the phase transition in flocking behavior of animal groups. Physical Review E, 2015, 92(3): 032716.

[40] Muijres F T, Dickinson M H. Fly with a little flap from your friends. Nature, 2014, 505: 295-296.

[41] Weihs D. Hydromechanics of fish schooling. Nature, 1973, 241: 290-291.

[42] Partridge B L, Pitcher T J. Evidence against a hydrodynamic function for fish schools. Nature, 1979, 279: 418-419.

[43] Bastien R, Romanczuk P. A model of collective behavior based purely on vision. Science Advances, 2020, 6(6): eaay0792.

[44] Oza A U, Ristroph L, Shelley M J. Lattices of hydrodynamically interacting flapping swimmers. Physical Review X, 2019, 9(4): 041024.

[45] Filella A, Nadal F, Sire C, et al. Model of collective fish behavior with hydrodynamic interactions. Physical Review Letters, 2018, 120(19): 198101.

[46] Lopez U, Gautrais J, Couzin I D, et al. From behavioural analyses to models of collective motion in fish schools. Interface Focus, 2012, 2(6): 693-707.

[47] Zhang N, Zheng Z C. Flow/pressure characteristics for flow over two tandem swimming fish. Computers & Fluids, 2009, 38(5): 1059-1064.

[48] Khalid M S U, Akhtar I, Dong H. Hydrodynamics of a tandem fish school with asynchronous undulation of individuals. Journal of Fluids and Structures, 2016, 66: 19-35.

[49] Deng J, Shao X M, Yu Z S. Hydrodynamic studies on two traveling wavy foils in tandem arrangement. Physics of Fluids, 2007, 19: 113104.

[50] Lua K B, Lu H, Zhang X H, et al. Aerodynamics of two-dimensional flapping wings in tandem configuration. Physics of Fluids, 2016, 28: 121901.

[51] Muscutt L E, Weymouth G D, Ganapathisubramani B. Performance augmentation mechanism of in-line tandem flapping foils. Journal of Fluid Mechanics, 2017, 827: 484-505.

[52] Gao A, Triantafyllou M S. Independent caudal fin actuation enables high energy extraction and control in two-dimensional fish-like group swimming. Journal of Fluid Mechanics, 2018, 850: 304-335.

[53] Boschitsch B M, Dewey P A, Smits A J. Propulsive performance of unsteady tandem hydrofoils in an in-line configuration. Physics of Fluids, 2014, 26: 051901.

[54] Kurt M, Moored K W. Flow interactions of two- and three-dimensional networked bio-inspired control elements in an in-line arrangement. Bioinspiration & Biomimetics, 2018, 13: 045002.

[55] Dewey P A, Quinn D B, Boschitsch B M, et al. Propulsive performance of unsteady tandem hydrofoils in a side-by-side configuration. Physics of Fluids, 2014, 26: 041903.

[56] Dong G J, Lu X Y. Characteristics of flow over traveling wavy foils in aside-by-side arrangement. Physics of Fluids, 2007, 19: 057107.

[57] Huera-Huarte F J. Propulsive performance of a pair of pitching foils in staggered configurations. Journal of Fluids and Structures, 2018, 81: 1-13.

[58] Hemelrijk C K, Reid D A P, Hildenbrandt H, et al. The increased efficiency of fish swimming in a school. Fish and Fisheries, 2015, 16(3): 511-521.

[59] Han J, Zhang Y, Chen G. Effects of individual horizontal distance on the three-dimensional bionic flapping multi-wings in different schooling configurations. Physics of Fluids, 2019, 31: 041903.

[60] Ashraf I, Godoy-Diana R, Halloy J, et al. Synchronization and collective swimming patterns in fish (hemigrammus bleheri). Journal of The Royal Society Interface, 2016, 13(123): 20160734.

[61] Lighthill M. Mathematical Biofluiddynamics. Philadelphia: Society for Industrial and Applied Mathematics, 1975.

[62] Zhu X, He G, Zhang X. Flow-mediated interactions between two self-propelled flapping filaments in tandem configuration. Physical Review Letters, 2014, 113(23): 238105.

[63] Ramananarivo S, Fang F, Oza A, et al. Flow interactions lead to orderly formations of flapping wings in forward flight. Physical Review Fluids, 2016, 1: 071201.

[64] Peng Z R, Huang H, Lu X Y. Collective locomotion of two closely spaced self-propelled flapping plates. Journal of Fluid Mechanics, 2018, 849: 1068-1095.

[65] Newbolt J W, Zhang J, Ristroph L. Flow interactions between uncoordinated flapping swimmers give rise to group cohesion. Proceedings of the National Academy of Sciences of the United States of America, 2019, 116(7): 2419-2424.

[66] Park S G, Sung H J. Hydrodynamics of flexible fins propelled in tandem, diagonal, triangular and diamond configurations. Journal of Fluid Mechanics, 2018, 840: 154-189.

[67] 王亮, 吴锤结. "槽道效应" 在鱼群游动中的节能机制研究. 力学学报, 2011, 43(1): 18-23.

[68] Dai L, He G, Zhang X, et al. Stable formations of self-propelled fish-like swimmers induced by hydrodynamic interactions. Journal of the Royal Society Interface, 2018, 15(147): 20180490.

[69] Wu T Y. Extraction of flow energy by a wing oscillating in waves. Journal of Ship Research, 1972, 16(1): 66-78.

[70] McKinney W, DeLaurier J. Wingmill: An oscillating-wing windmill. Journal of Energy, 1981, 5(2): 109-115.

[71] Xiao Q, Zhu Q. A review on flow energy harvesters based on flapping foils. Journal of Fluids and Structures, 2014, 46: 174-191.

[72] Davids S T. A Computational and Experimental Investigation of a Flutter Generator. New York: Storming Media, 1999.

[73] Simpson B J, Licht S, Hover F S, et al. Energy extraction through flapping foils//The 27th International Conference on Offshore Mechanics and Arctic Engineering, Estoril, 2008: 389-395.

[74] Kinsey T, Dumas G. Three-dimensional effects on an oscillating-foil hydrokinetic turbine. Journal of Fluids Engineering, 2012, 134(7): 071105.

[75] Kinsey T, Dumas G. Parametric study of an oscillating airfoil in a power-extraction regime. AIAA Journal, 2008, 46(6): 1318-1330.

[76] Ashraf M A, Young J, Lai J C S, et al. Numerical analysis of an oscillating-wing wind and hydropower generator. AIAA Journal, 2011, 49(7): 1374-1386.

[77] Le T Q, Ko J H, Byun D. Morphological effect of a scallop shell on a flapping-type tidal stream generator. Bioinspiration & Biomimetics, 2013, 8(3): 036009.

[78] Huxham G H, Cochard S, Patterson J. Experimental parametric investigation of an oscillating hydrofoil tidal stream energy converter//The 18th Australasian Fluid Mechanics Conference, Launceston, 2012: 601-604.

[79] Teng L, Deng J, Pan D, et al. Effects of non-sinusoidal pitching motion on energy extraction performance of a semi-active flapping foil. Renewable Energy, 2016, 85: 810-818.

[80] Peng Z, Zhu Q. Energy harvesting through flow-induced oscillations of a foil. Physics of Fluids, 2009, 21: 123602.

[81] Šidlof P, Vlček V, Štěpán M. Experimental investigation of flow-induced vibration of a pitch-plunge NACA0015 airfoil under deep dynamic stall. Journal of Fluids and Structures, 2016, 67: 48-59.

[82] Prendergast K H, Xu K. Numerical hydrodynamics from gas-kinetic theory. Journal of Computational Physics, 1993, 109(1): 53-66.

[83] Yang L M, Shu C, Yang W M, et al. A simplified circular function-based gas kinetic scheme for simulation of incompressible flows. International Journal for Numerical Methods in Fluids, 2017, 85(10): 583-598.

[84] Mittal R, Iaccarino G. Immersed boundary methods. Annual Review of Fluid Mechanics, 2005, 37: 239-261.

[85] Griffith B E, Patankar N A. Immersed methods for fluid-structure interaction. Annual Review of Fluid Mechanics, 2020, 52: 421-448.

[86] Wu J, Shu C. Implicit velocity correction-based immersed boundary-lattice Boltzmann method and its applications. Journal of Computational Physics, 2009, 228(6): 1963-1979.

[87] Küttler U, Wall W A. Vector extrapolation for strong coupling fluid-structure interaction solvers. Journal of Applied Mechanics, 2009, 76(2): 021205.

[88] Farhat C, Vanderzee K, Geuzaine P. Provably second-order time-accurate loosely-coupled solution algorithms for transient nonlinear computational aeroelasticity. Computer Methods in Applied Mechanics and Engineering, 2006, 195(17): 1973-2001.

[89] Yang L M, Shu C, Wu J, et al. Circular function-based gas-kinetic scheme for simulation of inviscid compressible flows. Journal of Computational Physics, 2013, 255: 540-557.

[90] Yang X, Zhang X, Li Z, et al. A smoothing technique for discrete delta functions with application to immersed boundary method in moving boundary simulations. Journal of Computational Physics, 2009, 228(20): 7821-7836.

第 2 章　扑翼的悬停和前飞运动

2.1　近壁悬停下弹性尾梢的影响

自然界中常见的飞行生物(一般指鸟类和昆虫)具有惊人的飞行特性，人类对此着迷已久。从物理角度来看，它们进行飞行活动主要是利用翅膀的拍动[1,2]。因此，人们越来越重视对扑翼的研究，并发现了若干影响扑翼气动性能的因素，其中有些因素与扑翼的升力有关。例如，基于一系列可视化试验研究，Ellington 等[3]发现扑翼高升力的产生取决于被称为"延迟失速"的前缘涡。Dickinson 等[4]指出，扑翼行程的反转阶段能够产生额外的升力，它归因于扑翼周围的旋转环量以及扑翼对尾涡的捕获。通过数值模拟研究，Wang[5]发现扑翼升力产生的主导机制是反向旋转的涡对生成了向下的偶极子射流。

除此之外，另一个影响扑翼升力的重要因素是结构的柔度。为了在数值模拟中考虑扑翼的柔度，通常有两类处理方式，即主动控制和被动变形[6]。在主动控制中，通常用数学公式描述柔性扑翼的外形[7]。在被动变形中，柔性扑翼可以简化为利用扭转弹簧连接的若干段刚性结构[8,9]，也可以简化为有弹性但不可拉伸的各向同性板状结构[10,11]。这一类柔性扑翼可以看成更真实的模型。数值模拟的结果表明，扑翼的柔度能显著改善气动性能。此外，Dewey 等[12]试验研究了刚性和柔性平板在快速水流中的拍动运动，研究表明，与刚性平板相比，柔性平板可以大幅提高平板的推力和推进效率。Moore[13]通过理论分析给出了无黏流中柔性扑翼的动力学精确解，由此可以确定扑翼柔度改善推进性能的取值范围。此外，通过观察可以发现，自然界中动物翅膀的大幅弯曲变形出现在翅膀的一端附近。因此，将这种结构体系简化为刚性翼的一端连接弹性尾梢是合理的。

在扑翼运动的研究中，关于壁面效应影响的工作不多。壁面效应的基本机制是指当物体靠近壁面时，物体下表面的压强会增加。Moryossef 等[14]研究了垂直振荡翼型在靠近壁面时的非定常流动，探究了壁面效应对扑翼气动性能的影响。Gao 等[15]研究了壁面效应对单翅昆虫悬停的影响。Truong 等[16]对单扑翼的气动力和流场结构进行了测量，发现利用壁面效应可以提高扑翼的气动力。

本节对带弹性尾梢的扑翼在近壁悬停时的气动性能开展研究。选择二维NACA0015 翼型作为扑翼的外形,它在壁面附近做同步的谐波式平移和旋转运动。用附着在扑翼后缘的平板表示尾梢，它可以是刚性的，也可以在气动力的作用下被动变形，扑翼加尾梢的整体长度为 c。本节重点考察扑翼转轴与壁面的距离、尾梢的质量和柔度的影响。

如图 2.1 所示，对于近壁悬停的扑翼，运动控制方程为[15]

$$\begin{cases} A(t) = A_m \cos(2\pi f t) \\ \alpha(t) = \alpha_0 - \alpha_m \sin(2\pi f t) \end{cases} \tag{2.1}$$

式中，$A(t)$ 为扑翼转轴的水平位置；t 为时间；A_m 为扑翼的平移幅值；f 为扑翼运动的频率；$\alpha(t)$ 为扑翼的旋转角；α_0 和 α_m 分别为平均迎角和旋转幅值。

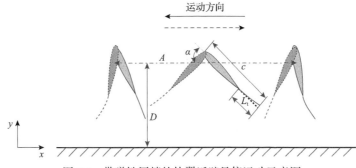

图 2.1　带弹性尾梢的扑翼近壁悬停运动示意图

在本节的研究中，扑翼的转轴位于距离前缘 $c/3$ 处，$A_m/c=1.25$，$\alpha_0=90°$，$\alpha_m=15°$ 和 $45°$。特征速度定义为 $U=2\pi A_m f$，基于 U 和 c 的雷诺数取 100。此外，转轴与壁面之间的距离定义为 D。

用长度为 L_t 的平板表示尾梢，它既可以是刚性的，也可以是弹性可变形的。虽然尾梢长度可能会影响扑翼的气动性能，但是本节不考虑尾梢长度的影响。因此，本节选取的尾梢长度 $L_t=c/3$。如果尾梢是弹性的，它的变形控制方程为[11]

$$\rho_t \frac{\mathrm{d}^2 \boldsymbol{X}}{\mathrm{d}t^2} = \frac{\partial}{\partial s}(\tau \boldsymbol{t} + q\boldsymbol{n}) + \boldsymbol{F}_f \tag{2.2}$$

式中，$\boldsymbol{X}$ 为尾梢的位置向量；s 为沿着尾梢的拉格朗日坐标；ρ_t 为尾梢的线密度；$\boldsymbol{t}$ 为尾梢的单位切线方向，$\boldsymbol{t}=\partial \boldsymbol{X}/\partial s$；$\boldsymbol{n}$ 为尾梢的单位法线方向；τ 为拉伸应力；q 为横向应力；$\boldsymbol{F}_f$ 为分布在尾梢上的气动力。

拉伸应力和横向应力的表达式分别为

$$\begin{cases} \tau = K_s \left(\left| \dfrac{\partial \boldsymbol{X}}{\partial s_0} \right| - 1 \right) \\ q = K_b \dfrac{\partial \kappa}{\partial s} \end{cases} \tag{2.3}$$

式中，K_b 为尾梢的弯曲系数；K_s 为尾梢的拉伸系数；s_0 为在尾梢未拉伸状态下的拉格朗日坐标；κ 为尾梢的当地曲率，$\kappa = -\boldsymbol{n} \cdot (\partial^2 \boldsymbol{X} / \partial s^2)$。

为了便于研究弹性尾梢对扑翼气动性能的影响，定义三个无量纲参数，分别为质量比 m_{t}^*、频率比 ω^* 和无量纲拉伸系数 K_{s}^*。

$$\begin{cases} m_{\mathrm{t}}^* = \dfrac{\rho_{\mathrm{t}}}{\rho_{\infty} L_{\mathrm{t}}} \\[2mm] \omega^* = \dfrac{2\pi f}{\omega_{\mathrm{n}}} \\[2mm] K_{\mathrm{s}}^* = \dfrac{K_{\mathrm{s}}}{\rho_{\infty} U_{\infty}^2 L_{\mathrm{t}}} \end{cases} \tag{2.4}$$

式中，ρ_{∞} 为周围空气的密度；ω_{n} 为尾梢的第一固有振动模态频率[11]，$\omega_{\mathrm{n}} = (1.8751 / L_{\mathrm{t}})^2 \sqrt{K_{\mathrm{b}} / \rho_{\mathrm{t}}}$。

在本节的研究中，选取 $K_{\mathrm{s}}^* = O(10^3)$ 以确保弹性尾梢不可拉伸。ω^* 表征尾梢的柔度，ω^* 越大则尾梢柔度越高，而 $\omega^* = 0$ 表示刚性尾梢。在本节的数值模拟中，计算域是 $32c \times 24c$ 的矩形区域，其中扑翼和尾梢周围加密区域的尺寸是 $3c \times 1.5c$，加密区域的网格步长 $\Delta h = 0.01c$。

2.1.1　转轴与壁面距离的影响

Gao 等[15]指出，转轴与壁面距离对刚性悬停单扑翼的力学性能有显著的影响。为了考察它的影响，本小节选取的弹性尾梢参数为 $m_{\mathrm{t}}^* = 5$ 和 $\omega^* = 0.2$。同时，选择刚性尾梢的情况（即 $\omega^* = 0$）作为参考。定义阻力系数 c_{d} 和升力系数 c_{l} 分别为

$$\begin{cases} c_{\mathrm{d}} = \dfrac{2 F_{\mathrm{d}}}{\rho_{\infty} U^2 c} \\[2mm] c_{\mathrm{l}} = \dfrac{2 F_{\mathrm{l}}}{\rho_{\infty} U^2 c} \end{cases} \tag{2.5}$$

式中，F_{d} 和 F_{l} 分别为作用在扑翼和尾梢系统上的阻力和升力。

图 2.2 给出了扑翼和尾梢的平均阻力系数 $\bar{c}_{\mathrm{d}}$ 和平均升力系数 $\bar{c}_{\mathrm{l}}$ 随转轴与无量纲壁面距离 D/c 的变化曲线。由于扑翼的水平运动是周期性的，阻力系数的时间平均值为零。与 Gao 等[15]的研究一样，本小节选用阻力系数的绝对值来计算平均阻力系数。对于无壁面的情况，不同参数组合下的平均阻力系数分别为 2.82（$\omega^* = 0$、$\alpha_{\mathrm{m}} = 15°$）、2.43（$\omega^* = 0.2$、$\alpha_{\mathrm{m}} = 15°$）、2.21（$\omega^* = 0$、$\alpha_{\mathrm{m}} = 45°$）和 1.19（$\omega^* = 0.2$、$\alpha_{\mathrm{m}} = 45°$）。相应地，平均升力系数分别为 0.79、0.74、0.62 和 0.61。

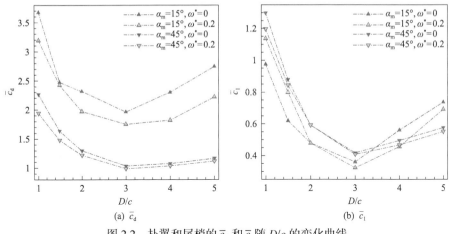

图 2.2　扑翼和尾梢的 $\bar{c}_d$ 和 $\bar{c}_l$ 随 D/c 的变化曲线

图 2.2 中的结果大体上展示出了由壁面效应引起的三种力学行为，即力的提升、力的减小和力的恢复。该力学行为与 Gao 等[15]发现的现象基本一致。如图 2.2(a)所示，随着 D 的增大，$\bar{c}_d$ 先急速下降，然后逐渐上升。当 $D>5c$ 时，$\bar{c}_d$（未画在图 2.2(a)中）几乎与无壁面情况的结果一致，这意味着壁面效应已经消失。此外，对于给定的 D，弹性尾梢下的 $\bar{c}_d$ 总是小于刚性尾梢的结果，表明尾梢的柔性可以减小阻力。如图 2.2(b)所示，$\bar{c}_l$ 与 $\bar{c}_d$ 的变化趋势类似，唯一不同的是，当 $D<2c$ 且 $\alpha_m=15°$时，弹性尾梢下的 $\bar{c}_l$ 大于刚性尾梢的结果。这说明当扑翼靠近壁面且以较小的幅值旋转时，使用弹性尾梢能进一步提高升力。但当 $\alpha_m=45°$时，在扑翼近壁情况下，使用刚性尾梢能产生更高的升力。

2.1.2　尾梢质量的影响

从物理角度来看，m_t^* 是尾梢的惯性力和作用在尾梢上的气动压力之比[11]，也可以解释为扑翼的质量和流体的附加质量之比[8]。从直观上判断，惯性力的变化会影响扑翼和尾梢系统的受力。为了考察它的影响，本小节选取壁面距离 $D=c$，弹性尾梢柔度 $\omega^*=0.2$ 和 0.4。图 2.3 给出了扑翼和尾梢的 $\bar{c}_d$、$\bar{c}_l$ 和 $\bar{c}_l/\bar{c}_d$ 随 m_t^* 的变化曲线。

如图 2.3(a)所示，随着 m_t^* 的增大，$\bar{c}_d$ 均单调上升。特别是 m_t^* 从 1 增大到 5 时，$\bar{c}_d$ 有一个急剧上升的过程。当 m_t^* 继续增大时，$\omega^*=0.2$ 下 $\bar{c}_d$ 的上升速度要缓于 $\omega^*=0.4$ 的情况。同时，高柔度尾梢通常能产生较小的 $\bar{c}_d$。如图 2.3(b)所示，$\bar{c}_l$ 与 $\bar{c}_d$ 的变化趋势类似，唯一不同的是，当 $m_t^*>10$ 且 $\alpha_m=15°$、$\omega^*=0.2$ 时，$\bar{c}_l$ 随 m_t^* 的增大略有下降。从图 2.3(a)和(b)可以看出，增大 m_t^* 能同时提升 $\bar{c}_d$ 和 $\bar{c}_l$。然而，较大的升力配合较小的阻力更有利于鸟类和昆虫的悬停，因此需要进一步考察升

阻比 $\overline{c}_l/\overline{c}_d$。如图 2.3(c) 所示，$\overline{c}_l/\overline{c}_d$ 随 m_t^* 的变化比较平缓，当 $\alpha_m=15°$时，$\omega^*=0.2$ 和 0.4 情况下 $\overline{c}_l/\overline{c}_d$ 均在 $m_t^*=5$ 时达到最大值；当 $\alpha_m=45°$时，$\omega^*=0.2$ 和 0.4 情况下 $\overline{c}_l/\overline{c}_d$ 分别在 $m_t^*=1$ 和 20 时达到最大值。

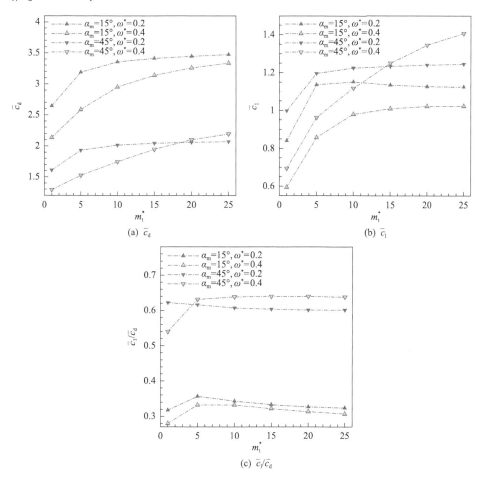

图 2.3 扑翼和尾梢的 $\overline{c}_d$、$\overline{c}_l$ 和 $\overline{c}_l/\overline{c}_d$ 随 m_t^* 的变化曲线

2.1.3 尾梢柔度的影响

由 2.1.1 节和 2.1.2 节可知，尾梢的变形会显著改变扑翼和尾梢系统的受力特性。为了详细研究尾梢柔度对受力情况的影响，本小节选取 $D=c$ 和 $m_t^*=5$，尾梢柔度的变化范围为 $0.1 \leqslant \omega^* \leqslant 0.5$。图 2.4 给出了扑翼和尾梢的 $\overline{c}_d$、$\overline{c}_l$ 和 $\overline{c}_l/\overline{c}_d$ 随 ω^* 的变化曲线。由于扑翼和尾梢的运动是外界施加的，需要额外的能量输入。因此，消耗的能量为

$$P = -\int \boldsymbol{F} \cdot \boldsymbol{U}_\mathrm{B} \mathrm{d}s \tag{2.6}$$

式中，$\boldsymbol{F}$ 和 $\boldsymbol{U}_\mathrm{B}$ 分别为扑翼和尾梢系统的气动力和速度。

定义能量系数 $C_\mathrm{p}=2P/(\rho_\infty U^3 c)$，则扑翼的悬停效率 $\eta_\mathrm{h} = \overline{c}_\mathrm{l}/\overline{C}_\mathrm{p}$。图 2.4 还给出了扑翼和尾梢的平均能量系数 $\overline{C}_\mathrm{p}$ 和悬停效率 η_h 随 ω^* 的变化曲线。同时，选择刚性尾梢的情况（ω^*=0）作为对比。

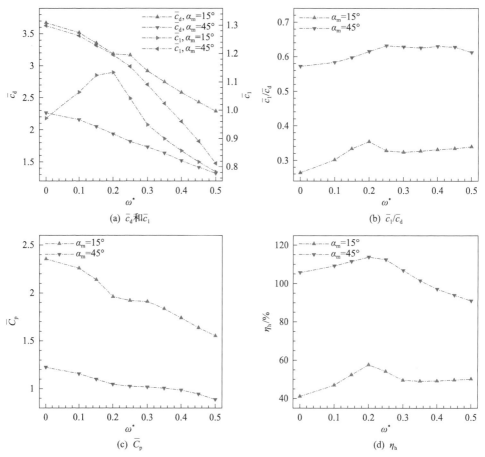

图 2.4　扑翼和尾梢的 $\overline{c}_\mathrm{d}$、$\overline{c}_\mathrm{l}$、$\overline{c}_\mathrm{l}/\overline{c}_\mathrm{d}$、$\overline{C}_\mathrm{p}$ 和 η_h 随 ω^* 的变化曲线

如图 2.4(a) 所示，随着 ω^* 的增大，$\overline{c}_\mathrm{d}$ 单调下降。这意味着尾梢的变形使气流更通顺地流过扑翼和尾梢的表面，从而减小水平方向的阻力。同时，与刚性尾梢相比，弹性尾梢的变形还能减小 $\overline{c}_\mathrm{l}$，这是由扑翼和尾梢表面的压强重新分布引起的。然而对于 α_m=15°，当 $\omega^* \leqslant 0.2$ 时，弹性尾梢的 $\overline{c}_\mathrm{l}$ 大于刚性尾梢的结果，并且随 ω^* 的增大而上升。当 ω^* 进一步增大时，$\overline{c}_\mathrm{l}$ 开始急剧下降，并在 $\omega^* \geqslant 0.3$ 时小

于刚性尾梢的结果。由于 $\bar{c}_{\mathrm{d}}$ 和 $\bar{c}_{\mathrm{l}}$ 的变化，它们的比值也会相应地随 ω^* 改变。如图 2.4(b) 所示，虽然 $\bar{c}_{\mathrm{l}}/\bar{c}_{\mathrm{d}}$ 的变化比较平缓，但对于 α_{m}=15° 和 45°，它分别在 ω^*=0.2 和 0.25 时达到最大值。这表明，与刚性尾梢相比，使用弹性尾梢能更有效地同时取得较大的升力和较小的阻力（即实现高升阻比）。

如图 2.4(c) 所示，使用弹性尾梢能减小 $\bar{C}_{\mathrm{p}}$。ω^* 越高，$\bar{C}_{\mathrm{p}}$ 就越小。能量消耗的降低是由受力变小导致的。为了提升扑翼和尾梢系统的悬停效率，除了提高升阻比，还需要提高升力和能量输入之比。如图 2.4(d) 所示，η_{h} 在 ω^*=0.2 时有一个最大值。这说明，柔度相对较低的尾梢表现较为突出，与图 2.4(b) 的结果相似。

升力对鸟类和昆虫悬停来说极其重要，为了探索弹性尾梢如何改变升力，图 2.5 给出了扑翼和尾梢的 ω^*=0.2 和 0.4 下 c_{l} 随时间的变化曲线，同样，选择 ω^*=0 的情况做比较。如图 2.5(a) 所示，当 α_{m}=15° 时，与刚性尾梢相比，在 ω^*=0.2 下，$\bar{c}_{\mathrm{l}}$ 提升的主要原因是 c_{l} 的最大值和最小值均增大了；而在 ω^*=0.4 下，c_{l} 的最大值进一步增大，但其最小值变得小于刚性尾梢的结果，从而使得 $\bar{c}_{\mathrm{l}}$ 也小于刚性尾梢的结果。如图 2.5(b) 所示，当 α_{m}=45° 时，与刚性尾梢相比，弹性尾梢 $\bar{c}_{\mathrm{l}}$ 的降低是由 c_{l} 的最大值急剧下降引起的。

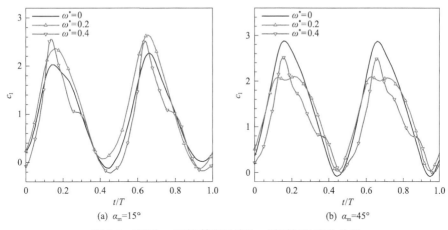

图 2.5　不同 ω^* 下扑翼和尾梢的 c_{l} 随时间的变化曲线

2.2　悬停状态下合成射流的影响

作为扑翼运动的一种状态，悬停状态近年来逐渐受到重视。例如，Wang 等[17] 数值模拟研究了蜻蜓悬停时前后翼相互作用对气动力和能量消耗的影响。研究结果表明，在稳定的悬停状态下，前后翼的异相运动可以消耗几乎最小的能量来产生平衡蜻蜓自身重量的力。此外，近年来的研究还包括扑翼悬停在有限尺寸的平台上方[18]、圆形障碍物附近[19] 等，在这些研究中，有些工作属于流动控制领域。

根据能量输入的要求，流动控制可分为两类：被动控制和主动控制。与被动控制相比，主动控制更加灵活有效，其中代表性的方法之一是采用合成射流驱动器[20]，它结构简单、反应迅速，在过去几十年中被广泛应用[21]。通过模拟NACA0015 翼型的俯仰运动，Rehman 等[22]指出，单个高频合成射流可以提高升力。Yen 等[23]通过一系列关于NACA0020 翼型俯仰的试验，研究了合成射流与动态失速流场之间的相互作用。研究结果表明，较低的合成射流激励幅值可以有效改善翼型的气动特性。对于低雷诺数流动问题，Tadjfar 等[24]指出，当合成射流激励频率与俯仰频率相当时，可以实现明显的增升减阻。除俯仰翼型外，Wang 等[25]还用合成射流来控制沉浮翼型的流场。

鉴于合成射流高效的实用性，本节对带有合成射流驱动器的扑翼在悬停状态下的气动特性开展研究。选用长短轴比为 4、弦长为 c 的椭圆翼型作为扑翼外形，它在静止的空气中同时做正弦平移和旋转运动。具有相同频率和强度的一对合成射流驱动器集成到扑翼的上下表面，射流速度也是正弦变化的。本节重点考察射流倾斜角度、相位差和位置的影响。

对于带合成射流对的悬停扑翼（见图 2.6），其运动控制方程与式（2.1）相同。在本节的研究中，扑翼的转轴位于距离前缘 $c/2$ 处，$A_m/c=1.25$，$\alpha_0=90°$，$\alpha_m=45°$。特征速度定义为 $U=2\pi A_m f$，基于 U 和 c 的雷诺数取 100。

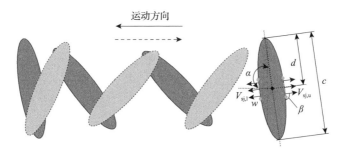

图 2.6　带合成射流对的悬停扑翼运动示意图

在本节的研究中，把两个合成射流驱动器分别安置在扑翼的上下表面，射流驱动器中心到翼型前缘的距离为 d。两个射流驱动器有相同的激励频率（f_{sj}）和强度（V_m），但它们的速度方向相反。上表面射流与平移运动的相位差为 φ，而下表面射流与平移运动的相位差为 $\varphi+180°$，这意味着上下表面的射流是反相的。这里，设定射流驱动器的激励频率和俯仰频率相等（$f_{sj}=f$），每个射流驱动器的宽度 w 固定为 $w=0.1c$。此外，定义射流方向和弦线之间的夹角为射流倾斜角度 β。因此，合成射流的速度为[25]

$$\begin{cases} V_{sj,u}(t) = V_m \cos(2\pi f_{sj}t + \varphi) \\ V_{sj,l}(t) = V_m \cos(2\pi f_{sj}t + 180° + \varphi) \end{cases} \tag{2.7}$$

$$\begin{cases} \boldsymbol{u}_{sj,u} = V_{sj,u} \left[\cos(\beta-\alpha) \quad \sin(\beta-\alpha) \right] \\ \boldsymbol{u}_{sj,l} = -V_{sj,l} \left[\cos(\beta-\alpha) \quad \sin(\beta-\alpha) \right] \end{cases} \tag{2.8}$$

式中，$\boldsymbol{u}_{sj,u}$（或 $\boldsymbol{u}_{sj,l}$）为射流速度矢量；下标 u 和 l 分别表示扑翼的上表面和下表面。

虽然射流强度会影响扑翼的气动性能，但在本节的数值模拟中，设定 $V_m=U$。同时，本节忽略了驱动两个合成射流所需的能量，因为它比驱动扑翼所需的能量小得多。此外，本节的计算域是 $32c \times 24c$ 的矩形区域，其中扑翼周围加密区域的尺寸是 $3c \times 1.5c$，加密区域的网格步长 $\Delta h=0.01c$。

2.2.1 射流倾斜角度的影响

为了考察射流倾斜角度 β 的影响，射流位置固定在 $d=c/2$，相位差取 $\varphi=0°$ 和 $90°$。图 2.7 给出了扑翼的平均升力系数 $\bar{c}_l$、平均能量系数 $\bar{C}_p$ 和悬停效率 η_h 随 β 的变化曲线，其中还包括无射流的结果。

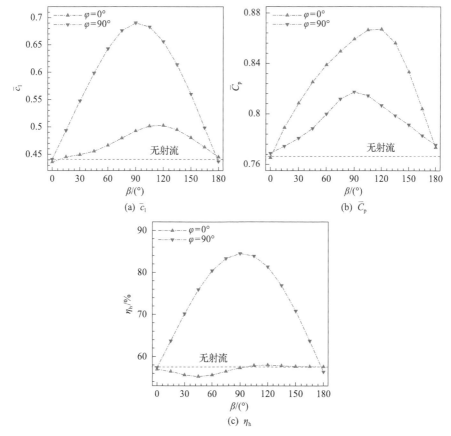

图 2.7 扑翼的 $\bar{c}_l$、$\bar{C}_p$ 和 η_h 随 β 的变化曲线(悬停状态)

如图 2.7(a)所示，随着 β 的增大，$\overline{c}_l$ 先上升后下降。当 $\varphi=0°$ 和 $90°$时，$\overline{c}_l$ 的最大值分别出现在 $\beta=120°$ 和 $90°$处。与无射流的情况相比，$\overline{c}_l$ 能在 $0°<\beta<180°$ 的范围内显著提升。此外，对于给定的 β（除了 $\beta=0°$ 和 $180°$），$\varphi=90°$时的 $\overline{c}_l$ 大于 $\varphi=0°$ 时的 $\overline{c}_l$。如图 2.7(b)所示，$\overline{C}_p$ 和 $\overline{c}_l$ 的变化趋势类似。当射流开启时，扑翼在几乎所有 β 下消耗的能量更多。唯一的区别在于，对于给定的 β（除了 $\beta=0°$ 和 $180°$），$\varphi=90°$下的 $\overline{C}_p$ 小于 $\varphi=0°$ 下的 $\overline{C}_p$。因此，如图 2.7(c)所示，η_h 在 $\varphi=0°$ 和 $90°$ 下的变化趋势不再相同。当 $\varphi=0°$时，η_h 在 $0°\leqslant\beta\leqslant90°$ 的范围内有小幅度的下降，而在 $90°<\beta\leqslant180°$ 的范围内没有明显的变化。但是当 $\varphi=90°$时，η_h 在 $0°<\beta<180°$ 的范围内有显著的提升。与 $\overline{c}_l$ 一样，η_h 的最大值出现在 $\beta=90°$。

除了悬停性能，使用合成射流也会改变扑翼周围的流场结构。图 2.8 给出了有无射流情况时一个运动周期内 $d=c/2$ 下 $\beta=45°$、$\varphi=0°$和 $\beta=90°$、$\varphi=90°$时扑翼的瞬时涡量等值线，图中还包括无射流的结果。

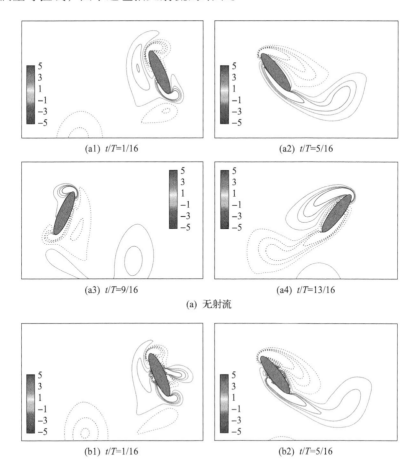

(a1) $t/T=1/16$　　　　　　　　　(a2) $t/T=5/16$

(a3) $t/T=9/16$　　　　　　　　　(a4) $t/T=13/16$

(a) 无射流

(b1) $t/T=1/16$　　　　　　　　　(b2) $t/T=5/16$

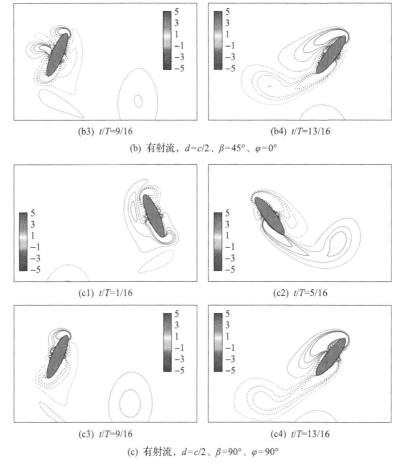

(b3) $t/T=9/16$　　　　　　　　(b4) $t/T=13/16$

(b) 有射流，$d=c/2$、$\beta=45°$、$\varphi=0°$

(c1) $t/T=1/16$　　　　　　　　(c2) $t/T=5/16$

(c3) $t/T=9/16$　　　　　　　　(c4) $t/T=13/16$

(c) 有射流，$d=c/2$、$\beta=90°$、$\varphi=90°$

图 2.8　有无射流情况时一个运动周期内扑翼的瞬时涡量等值线

当 $t/T=1/16$ 时，扑翼已经离开了平移运动的最右端位置，正在向左边移动。对于无射流情况（见图 2.8(a)），扑翼的前后缘周围也分别形成两个回流区域。对于 $\beta=45°$、$\varphi=0°$ 的有射流情况（见图 2.8(b)），扑翼上表面的射流口周围形成另外两个明显的回流区。对于 $\beta=90°$、$\varphi=90°$ 的有射流情况（见图 2.8(c)），射流口周围回流区的尺寸相对较小。当 $t/T=5/16$ 时，扑翼经过了平移的中间位置，在前后缘周围的两个回流区变得很大。对于 $\beta=45°$、$\varphi=0°$ 的有射流情况，扑翼上表面射流口周围的回流区变得很小。对于 $\beta=90°$、$\varphi=90°$ 的有射流情况，射流口周围的回流区没有明显的变化。在随后的第二个半周期内（在 $t/T=9/16$ 和 13/16 时刻），流场结构与前半周期的流场结构是对称的。

因此，射流倾斜角度对扑翼悬停时的气动性能有显著的影响。在特定的倾斜角度范围内，扑翼的平均升力和悬停效率相比无射流情况均能得到提升。

2.2.2 射流相位差的影响

为了考察射流相位差 φ 的影响，射流位置仍固定在 $d=c/2$，倾斜角度取 $\beta=0°$ 和 $90°$。图 2.9 给出了扑翼的 $\bar{c}_l$、$\bar{C}_p$ 和 η_h 随 φ 的变化曲线，其中依然包括无射流的结果。如图 2.9(a)所示，当 $\beta=0°$ 时，$\bar{c}_l$ 仅在无射流结果附近略微变化。当 $\beta=90°$ 时，随着 φ 的增大，$\bar{c}_l$ 先增大再减小，最后再次增大。$\bar{c}_l$ 的最大值和最小值分别为 0.691 和 0.238，对应的 φ 分别为 $90°$ 和 $240°$。如图 2.9(b)所示，当 $\beta=0°$ 时，$\bar{C}_p$ 几乎在整个 φ 的取值范围内都有一定程度的增大。但当 $\beta=90°$ 时，$\bar{C}_p$ 有明显的增大和减小过程，$\bar{C}_p$ 的最大值和最小值分别出现在 $\varphi=30°$ 和 $210°$。由于 $\bar{c}_l$ 和 $\bar{C}_p$ 在 $\beta=0°$ 时随 φ 的变化较小，相应的 η_h 随 φ 的变化也不大，如图 2.9(c)所示。此外，η_h 在 $\beta=90°$ 的变化趋势与 $\bar{c}_l$ 的变化趋势几乎一致。值得注意的是，η_h 的最大值也出现在 $\varphi=90°$，为 84.48%。与无射流的结果($\eta_h=57.54\%$)相比，η_h 提升了 46.82%。

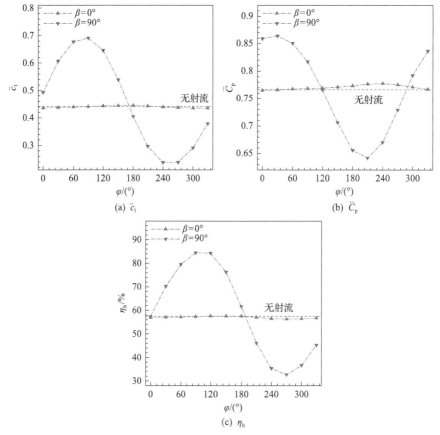

图 2.9　扑翼的 $\bar{c}_l$、$\bar{C}_p$ 和 η_h 随 φ 的变化曲线(悬停状态)

为了探索射流相位差如何改变升力，图 2.10 给出了 φ=30°、90°、180°和 240° 下扑翼的升力系数 c_l 随时间的变化曲线，其中也包括无射流的结果。

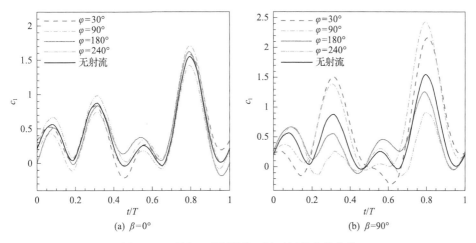

图 2.10　不同 φ 下扑翼的 c_l 随时间的变化曲线

如图 2.10 (a) 所示，当 β=0°时，射流相位差对 c_l 没有产生明显的影响，c_l 仅在峰值附近有一定程度的增大或减小。当 β=90°时，如图 2.10 (b) 所示，c_l 在 φ=30° 和 90°下正的峰值(对应的时刻为 t/T=0.3 和 0.8)有显著的增大。与此相反，c_l 在 φ=180°和 240°下正的峰值有明显的减小。

图 2.9 和图 2.10 的结果表明，射流相位差也会影响悬停扑翼的气动性能。在某些相位差下，平均升力系数会增大，而在其他一些相位差下，平均能量系数会减小。

2.2.3　射流位置的影响

除了射流倾斜角度和相位差，射流位置也在扑翼悬停时的气动性能中起着重要的作用。为了验证其作用效果，倾斜角度固定为 β=90°，相位差取 φ=0°、90°、180°和 240°。图 2.11 给出了扑翼的 $\overline{c_l}$、$\overline{C_p}$ 和 η_h 随射流位置 d 的变化曲线，其中包括无射流的结果。如图 2.11 (a) 所示，随着 d 的增大，φ=90°下的 $\overline{c_l}$ 单调上升，但 φ=0°和 240°下的 $\overline{c_l}$ 逐渐下降，而 φ=180°下的 $\overline{c_l}$ 仅略微变化。如图 2.11 (b) 所示，$\overline{C_p}$ 与 $\overline{c_l}$ 的变化趋势类似。此外，φ=90°下的 $\overline{C_p}$ 随 d 的增大而迅速上升。因此，如图 2.11 (c) 所示，φ=90°下的 η_h 随 d 的增大而单调下降，这与 $\overline{c_l}$ 的变化趋势相反。而且，η_h 在 φ 取其他数值时的变化趋势与 φ=90°时一样。η_h 的最大值为 92.47%(η_h 的提升可达 60.71%)。

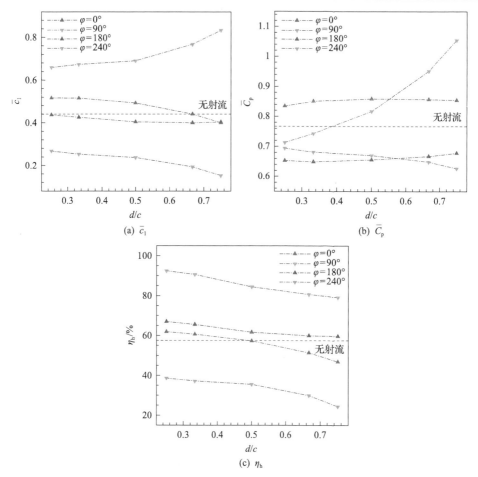

图 2.11　不同 φ 下扑翼的 $\bar{c}_1$、$\bar{C}_p$ 和 η_h 随 d 的变化曲线（悬停状态）

2.2.4　合成射流的作用机理

为了探究合成射流改变扑翼悬停性能的作用机理，需要仔细分析阻力、升力和力矩的特性。为此，本小节考虑射流倾斜角度 $\beta=90°$ 的情况，选择三组射流位置和相位差的参数组合，即 $d=c/4$、$\varphi=90°$，$d=3c/4$、$\varphi=90°$（对应悬停效率提升的状态），$d=3c/4$、$\varphi=240°$（对应悬停效率下降的状态）。同样，选择相同运动参数下无射流的情况作为参考。对于扑翼的能量系数，另一种计算方法为

$$C_p = C_{pt} + C_{pr} = -\left(c_d \frac{V_x(t)}{U} + c_m \frac{\Omega(t)c}{U} \right) \tag{2.9}$$

式中，C_{pt} 为平移能量系数；C_{pr} 为旋转能量系数；$V_x(t)=\mathrm{d}A(t)/\mathrm{d}t$；$\Omega(t)=\mathrm{d}\alpha(t)/\mathrm{d}t$；$c_d$ 和 c_m 分别为阻力系数和力矩系数。

由式 (2.9) 可知，C_{pt} 取决于阻力系数 c_d 和无量纲平移速度 V_x/U，C_{pr} 取决于力矩系数 c_m 和无量纲旋转速度 $\Omega c/U$。图 2.12 给出了有无射流情况下一个运动周期

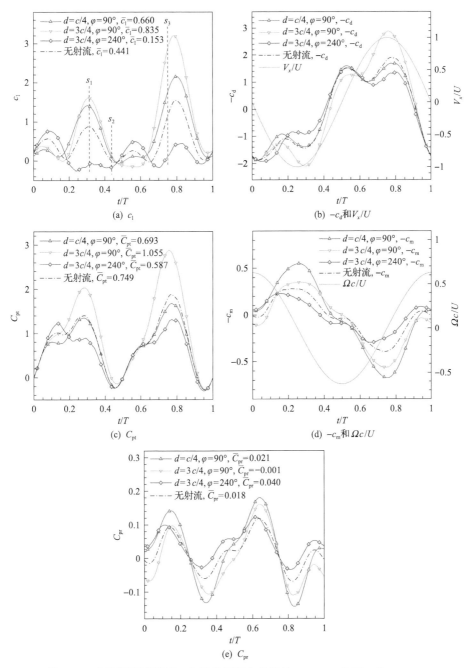

图 2.12　有无射流情况下一个运动周期内扑翼的 c_l、$-c_d$、V_x/U、C_{pt}、$-c_m$、$\Omega c/U$ 和 C_{pr} 的时间历程曲线

内扑翼的 c_l、$-c_d$、V_x/U、C_{pt}、$-c_m$、$\Omega c/U$ 和 C_{pr} 的时间历程曲线。如图 2.12(a) 所示，当 $\varphi=90°$ 时，射流能在 $0.2 \leqslant t/T \leqslant 0.45$ 和 $0.65 \leqslant t/T \leqslant 0.95$ 的时间段内显著地提升 c_l，而且 c_l 在 $d=3c/4$ 下的提升总是大于 $d=c/4$ 的情况。与之相反，当 $\varphi=240°$ 时，射流在这两个时间段内极大地降低了 c_l。与未加射流的结果相比，该变化过程可以解释 $\bar{c}_l$ 的增大或减小。

如图 2.12(b) 所示，对于有无射流的情况，$-c_d$ 和 V_x/U 之间均能保持良好的同步性。这样，C_{pt} 就出现了两个正的峰值，如图 2.12(c) 所示。当 $\varphi=90°$ 时，射流位于 $d=c/4$ 时能在 $0.05 \leqslant t/T \leqslant 0.35$ 和 $0.65 \leqslant t/T \leqslant 0.85$ 的时间段内轻微地减小 c_d 的量级；相反，射流位于 $d=3c/4$ 时能在 $0.15 \leqslant t/T \leqslant 0.45$ 和 $0.65 \leqslant t/T \leqslant 0.95$ 的时间段内极大地增大 c_d 的量级。当 $\varphi=240°$ 时，c_d 的量级在 $0.2 \leqslant t/T \leqslant 0.45$ 和 $0.65 \leqslant t/T \leqslant 0.95$ 的时间段内减小了。与之相对应，$\bar{C}_{pt}$ 既有提升也有下降，如图 2.12(c) 所示。

如图 2.12(d) 所示，$-c_m$ 和 $\Omega c/U$ 之间的同步性不是很好，它们有一个大约 $45°$ 的相位差。因此，C_{pr} 在零附近变化，如图 2.12(e) 所示。与 c_l 和 c_d 类似，c_m 也受射流的影响，它的量级能在一定程度上被增大或减小。但由于 $\bar{C}_{pr}$ 的量级非常小，即使在加了射流控制以后，$\bar{C}_{pr}$ 对 $\bar{C}_p$ 的影响也不明显。

为了进一步考察射流对 c_l 和 c_d 的影响(由于 $\bar{C}_{pr}$ 仅能稍微改变 $\bar{C}_p$，这里不再考虑 c_m)，需要对扑翼周围的流场进行研究。图 2.13～图 2.15 分别给出了一个运动周期内三个不同时刻(图 2.12(a) 中记为 s_1～s_3)扑翼周围的瞬时压强系数等值线。

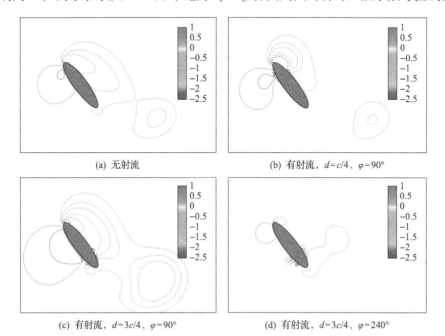

(a) 无射流

(b) 有射流，$d=c/4$、$\varphi=90°$

(c) 有射流，$d=3c/4$、$\varphi=90°$

(d) 有射流，$d=3c/4$、$\varphi=240°$

图 2.13　$t/T=5/16$ 时刻扑翼周围的瞬时压强系数等值线

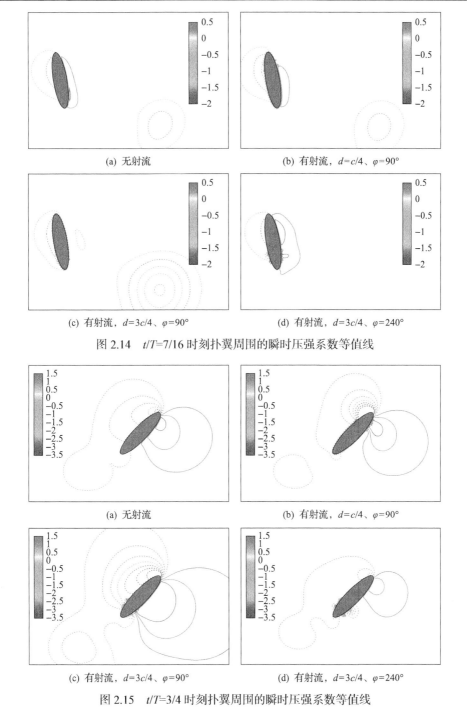

(a) 无射流　　　　　　　　　　　　(b) 有射流，$d=c/4$、$\varphi=90°$

(c) 有射流，$d=3c/4$、$\varphi=90°$　　　　(d) 有射流，$d=3c/4$、$\varphi=240°$

图 2.14　$t/T=7/16$ 时刻扑翼周围的瞬时压强系数等值线

(a) 无射流　　　　　　　　　　　　(b) 有射流，$d=c/4$、$\varphi=90°$

(c) 有射流，$d=3c/4$、$\varphi=90°$　　　　(d) 有射流，$d=3c/4$、$\varphi=240°$

图 2.15　$t/T=3/4$ 时刻扑翼周围的瞬时压强系数等值线

当 $t/T=5/16$ 时（见图 2.12(a)中的 s_1），扑翼已经离开了平移运动的中间位置，正在向左边移动。同时，它正以顺时针方向旋转且迎角较小。如图 2.13(a)所示，一个负压区覆盖了扑翼的整个上表面，同时一个正压区占据了下表面的前半部分。因此，垂直方向上的压强差产生正的升力(见图 2.12(a))，而水平方向上的压强差产生正的阻力(见图 2.12(b))。当射流位于 $d=c/4$ 且工作在 $\varphi=90°$ 状态时(见图 2.13(b))，扑翼前缘上表面附近的负压被大大地增强了。同时，下表面的正压区朝前缘方向被压缩了，但它的强度变大。因此，垂直压强差变大了，而水平压强差几乎毫无变化。当射流位于 $d=3c/4$ 且工作在 $\varphi=90°$ 状态时(见图 2.13(c))，扑翼上下表面的压强都被增强了。此外，正压区几乎覆盖了整个下表面。因此，垂直压强差和水平压强差都变大了。与未加射流的情况相比，当射流工作在 $\varphi=240°$ 状态时(见图 2.13(d))，压强的变化趋势与 $\varphi=90°$ 时相反。

当 $t/T=7/16$ 时(见图 2.12(a)中的 s_2)，扑翼正接近左行程的最左段，且迎角很大。如图 2.14(a)所示，扑翼表面上的压强分布与图 2.13(a)中的压强分布彻底相反。此外，压强的强度有所减弱。因此，水平压强差产生负的阻力且量级较小(见图 2.12(b))。由于扑翼的迎角接近 90°，来自垂直压强差的升力几乎变为零(见图 2.12(a))。当射流位于 $d=c/4$ 且工作在 $\varphi=90°$ 状态时(见图 2.14(b))，射流同时减弱了扑翼整个表面的压强，所以上下表面的压强差几乎没有变化。当射流位于 $d=3c/4$ 且工作在 $\varphi=90°$ 状态时(见图 2.14(c))，扑翼下表面的负压区没有明显的变化，但上表面的正压区几乎消失了。因此，水平压强差略有减小。相反，当射流工作在 $\varphi=240°$ 状态时(见图 2.14(d))，上表面的正压区被扩大了，且其强度也被增强了，从而导致水平压强差在一定程度上被增大了。

当 $t/T=3/4$ 时(见图 2.12(a)中的 s_3)，扑翼已经完成了左行程，且刚到达右行程的中间位置，此时它的迎角大于 90°。如图 2.15(a)所示，大尺寸的负压区和正压区分别覆盖在扑翼的上下表面，与 $t/T=5/16$ 时的情况一样，垂直压强差产生较高的正升力(见图 2.12(a))，但与此同时，水平压强差也产生较高的负阻力(见图 2.12(b))。当射流开启时(见图 2.15(b)~(d))，扑翼周围的压强变化与 $t/T=5/16$ 时的情况类似，唯一不同的是，当前时刻的压强量级更大，导致出现更大的升力和阻力。

因此，由扑翼表面压强的重新分布而导致的升力增加和阻力减小应该是借助合成射流提高悬停扑翼气动特性的关键因素之一。

2.3　前飞状态下运动轨迹的影响

微型飞行器和纳米飞行器的发展在理论与实际应用上都具有重要的意义，近年来引起了人们的广泛关注。实际上，微型飞行器和纳米飞行器的发明灵感来自昆虫、鸟类甚至鱼类，它们利用拍动翅膀的运动模式作为在空气或水中的推进方式[26]。因此，扑翼系统在推进运动中的应用前景广阔。由于扑翼运动所涉及的流场和流固耦合的复杂性，如何提高扑翼系统的效率还有很大的研究空间。

为了提高扑翼系统的推力和相应的推进效率，研究者开展了相应的研究工作。Ashraf 等[27]证实，当沉浮幅值较低时，推力改善率更好，同时薄翼型的性能要优于厚翼型。Tian 等[28]提出了在扑翼表面引入行波运动的策略。结果表明，与大多数水生动物相比，该方法具有更大的推进效率，这对水下机器人的设计具有重要意义。Lu 等[29]发现，大俯仰幅值产生的推力比小俯仰幅值要大得多，但当俯仰幅值超过某一特定极限时，推力增加缓慢，推进效率显著下降。Broering 等[30]对串联扑翼的涡相互作用进行了数值模拟研究。结果表明，扑翼间的零相位差可以增大后翼产生的前缘涡尺寸，并提高推力的产生。Mivehchi 等[31]对壁面效应进行了试验研究，发现壁面和扑翼之间的距离对推力有显著影响。同时，当扑翼近壁运动时，推进效率略有提高。

此外，还有许多其他研究集中在增强扑翼的升力上。Young 等[32]的研究表明，升力很大程度上取决于扑翼的运动频率。Amiralaei 等[33]揭示了非定常参数（如运动幅值、频率和雷诺数）对最大升力的产生起着重要作用。Mantia 等[34]的研究表明，当考虑附加质量贡献时，扑翼产生的升力急剧增加。除了这些因素，人们还研究了弯度和柔性翼型对气动性能的影响。Hoke 等[35]指出，改变弯度对推力和推进效率的改善效果不大。Tian 等[111]发现，柔性翼的被动俯仰运动可以显著增加推力，并保持升力在同一水平或同步增加升力。

Sarkar 等[36]研究了三种运动模式对推进性能的影响：不对称运动、正弦脉冲运动和恒速沉浮运动。研究结果表明，与正弦运动相比，不对称运动和正弦脉冲运动都能提供更高的推力和推进效率。然而，与传统的简谐运动相比，恒速沉浮运动的推进效果并不理想。Esfahani 等[37]研究了椭圆形运动轨迹的影响。研究结果表明，运动轨迹改变了有效攻角和涡脱落模式，因此它们对气动性能和推进性能有很大的影响。

由于对扑翼运动轨迹的研究不够充分，本节继续研究扑翼运动轨迹对推进性能和升力增强的影响。选用弦长为 c 的 NACA0012 翼型作为扑翼外形，它在均匀来流中同时做周期性俯仰、横向（前/后）和沉浮（上/下）运动。本节重点考察俯仰幅值、俯仰轴位置、横向幅值、俯仰与横向运动相位差和横向运动频率的影响。

如图 2.16 所示，对于同时做俯仰、横向和沉浮运动的扑翼，其运动控制方程为[38]

$$\begin{cases} h(t) = h_{\mathrm{m}} \cos(2\pi f t) \\ \theta(t) = \theta_{\mathrm{m}} \sin(2\pi f t) \\ s(t) = s_{\mathrm{m}} \sin(2k\pi f t + \varphi) \end{cases} \tag{2.10}$$

式中，$h(t)$为沉浮运动的瞬时位置；t为时间；h_m为沉浮幅值；f为扑翼运动的频率；$\theta(t)$为瞬时俯仰角；θ_m为俯仰幅值；$s(t)$为横向运动的瞬时位置；s_m为横向幅值；k为横向运动频率的调整参数；φ为俯仰和横向运动之间的相位差。

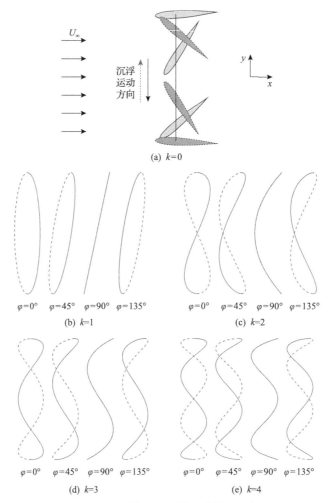

U_∞

沉浮运动方向

(a) $k=0$

$\varphi=0°$　$\varphi=45°$　$\varphi=90°$　$\varphi=135°$

(b) $k=1$

$\varphi=0°$　$\varphi=45°$　$\varphi=90°$　$\varphi=135°$

(c) $k=2$

$\varphi=0°$　$\varphi=45°$　$\varphi=90°$　$\varphi=135°$

(d) $k=3$

$\varphi=0°$　$\varphi=45°$　$\varphi=90°$　$\varphi=135°$

(e) $k=4$

图 2.16　扑翼前飞的不同运动轨迹示意图

——下行程；---- 上行程

在本节的研究中，扑翼的沉浮幅值固定为$h_m/c=1$，俯仰幅值取$\theta_m=15°$、$30°$、$45°$和$60°$，俯仰轴位置取$x_p=c/4$、$c/3$、$c/2$和$2c/3$，调整参数取$k=1$、2、3和4。此外，定义斯特劳哈尔数$Sr=fc/U_\infty$，这里U_∞为均匀来流速度。基于U_∞和c，定义雷诺数$Re=\rho_\infty U_\infty c/\mu$，这里$\rho_\infty$为来流密度，$\mu$为流体的运动黏性系数。

当扑翼作为推进系统工作时，平均推力系数$\bar{c}_t$和平均能量系数$\bar{C}_p$是分析推进性能的两个重要参数。它们定义为

$$\begin{cases} \bar{c}_{\mathrm{t}} = \dfrac{1}{T}\displaystyle\int_0^T c_{\mathrm{t}}(t)\mathrm{d}t \\[3mm] \bar{C}_{\mathrm{p}} = \dfrac{1}{T}\displaystyle\int_0^T C_{\mathrm{p}}(t)\mathrm{d}t \end{cases} \tag{2.11}$$

式中，T 为扑翼的运动周期；c_{t} 和 C_{p} 分别为推力系数和能量系数。

推力系数 c_{t} 和能量系数 C_{p} 定义为

$$\begin{cases} c_{\mathrm{t}} = -\dfrac{2F_{\mathrm{d}}}{\rho_\infty U_\infty^2 c} \\[3mm] C_{\mathrm{p}} = C_{\mathrm{ph}} + C_{\mathrm{ps}} + C_{\mathrm{p}\theta} = -\left(c_{\mathrm{l}}\dfrac{V_y(t)}{U_\infty} - c_{\mathrm{t}}\dfrac{V_x(t)}{U_\infty} + c_{\mathrm{m}}\dfrac{\Omega(t)c}{U_\infty} \right) \end{cases} \tag{2.12}$$

式中，F_{d} 为作用在扑翼上的阻力；C_{ph} 为沉浮能量系数；C_{ps} 为横向能量系数；$C_{\mathrm{p}\theta}$ 为俯仰能量系数；$V_y(t)=\mathrm{d}h(t)/\mathrm{d}t$；$V_x(t)=\mathrm{d}s(t)/\mathrm{d}t$；$\Omega(t)=\mathrm{d}\theta(t)/\mathrm{d}t$；$c_{\mathrm{l}}$ 和 c_{m} 分别为升力系数和力矩系数。

因此，扑翼的推进效率可定义为

$$\eta_{\mathrm{t}} = \frac{\bar{c}_{\mathrm{t}}}{\bar{C}_{\mathrm{p}}} \tag{2.13}$$

当推进效率 $\eta_{\mathrm{t}}=0$ 时，扑翼的平均推力变为平均阻力。本节的数值模拟考虑 $Re=500$ 的情况，计算域是 $32c\times24c$ 的矩形区域，其中扑翼周围加密区域的尺寸是 $1.8c\times2.5c$，加密区域的网格步长 $\Delta h=0.00625c$。

2.3.1　俯仰幅值和俯仰轴位置的影响

在考虑横向运动之前，本小节首先研究俯仰幅值 θ_{m} 和俯仰轴位置 x_{p} 的影响，目的是找出实现最大平均推力系数和最大推进效率的 θ_{m} 与 x_{p} 的最佳组合。图 2.17～图 2.19 给出了不同 θ_{m} 和 x_{p} 下扑翼的平均推力系数 $\bar{c}_{\mathrm{t}}$、平均沉浮能量系数 $\bar{C}_{\mathrm{ph}}$、平均俯仰能量系数 $\bar{C}_{\mathrm{p}\theta}$ 和推进效率 η_{t} 随斯特劳哈尔数 Sr 的变化曲线。

对于 $x_{\mathrm{p}}=c/2$ 的情况，如图 2.17(a) 所示，当 $\theta_{\mathrm{m}}<60°$ 时，$\bar{c}_{\mathrm{t}}$ 随着 Sr 的增大而逐渐增大。特别是在相同的 Sr 下，最大的 $\bar{c}_{\mathrm{t}}$ 出现在 $\theta_{\mathrm{m}}=30°$。但当 $\theta_{\mathrm{m}}\geqslant60°$ 时，$\bar{c}_{\mathrm{t}}$ 开始变成负的，这意味着出现了平均阻力。这是因为随着俯仰幅值的增大，扑翼的最大迎角也变大。因此，扑翼在运动过程中可能产生更多的阻力。对于 $\theta_{\mathrm{m}}=30°$ 的情况，如图 2.17(b) 所示，$\bar{c}_{\mathrm{t}}$ 也会随 Sr 的增大而逐渐增大。但是与 θ_{m} 相比，x_{p} 对 $\bar{c}_{\mathrm{t}}$ 的影响不明显。当 $Sr<0.26$ 时，不同 x_{p} 下的 $\bar{c}_{\mathrm{t}}$ 很接近。当 Sr 继续增大时，$\bar{c}_{\mathrm{t}}$ 的最大值出现在 $x_{\mathrm{p}}=c/4$。

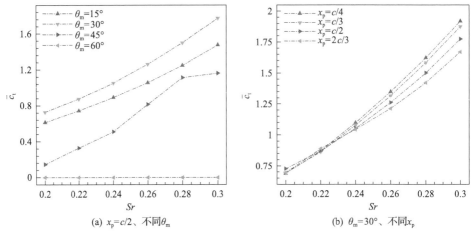

(a) $x_\mathrm{p}=c/2$、不同 θ_m 　　　　　　　(b) $\theta_\mathrm{m}=30°$、不同 x_p

图 2.17　不同 θ_m 和 x_p 下扑翼的 $\overline{c}_\mathrm{t}$ 随 Sr 的变化曲线

从图 2.17 可以看出，俯仰幅值对平均推力系数有显著的影响，而俯仰轴位置的影响相对较弱。因此，能够产生高平均推力的俯仰幅值和俯仰轴位置的优化组合是 $\theta_\mathrm{m}=30°$ 和 $x_\mathrm{p}=c/4$。另外，虽然 Sr 越高，$\overline{c}_\mathrm{t}$ 越大，但消耗的能量也越多。因此，与平均推力系数相比，推进效率随斯特劳哈尔数变化的趋势有一定的差异。

如图 2.18(a) 和 (b) 所示，随着 Sr 的增大，不同 θ_m 下扑翼的 $\overline{C}_\mathrm{ph}$ 和 $\overline{C}_\mathrm{p\theta}$ 均单调上升。同时，沉浮运动要比俯仰运动消耗更多的能量。在相同的 Sr 下，当 θ_m 较小时，扑翼消耗较多的沉浮能量和较少的俯仰能量。因此，η_t 随 Sr 的变化趋势有所不同。当 $\theta_\mathrm{m}=15°$ 和 $30°$ 时，如图 2.18(c) 所示，η_t 随 Sr 的增大而逐渐下降。而当 $\theta_\mathrm{m}=45°$ 时，η_t 随 Sr 的增大先上升，并在 $Sr=0.28$ 时达到最大值，随后开始下降。由于 $\theta_\mathrm{m}=60°$ 时出现了平均阻力，此时 $\eta_\mathrm{t}=0$。

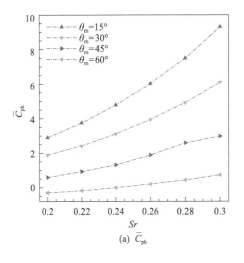

(a) $\overline{C}_\mathrm{ph}$

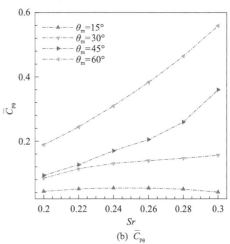

(b) $\overline{C}_\mathrm{p\theta}$

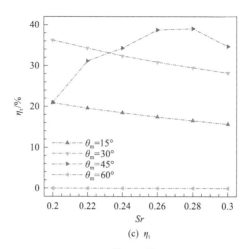

(c) η_t

图 2.18　不同 θ_m 下扑翼的 $\overline{C}_\mathrm{ph}$、$\overline{C}_\mathrm{p\theta}$ 和 η_t 随 Sr 的变化曲线

　　如图 2.19 (a) 和 (b) 所示，随着 Sr 的增大，不同 x_p 下扑翼的 $\overline{C}_\mathrm{ph}$ 和 $\overline{C}_\mathrm{p\theta}$ 也均单调上升。对于给定的 Sr，不同 x_p 下 $\overline{C}_\mathrm{ph}$ 之间的差异较小，这表明俯仰轴位置仅对沉浮能量产生轻微的影响。$\overline{C}_\mathrm{p\theta}$ 在 $x_\mathrm{p}{\leqslant}c/2$ 下的变化趋势与 $\overline{C}_\mathrm{ph}$ 相似，但当 $x_\mathrm{p}{=}2c/3$ 时，$\overline{C}_\mathrm{p\theta}$ 明显增大。因此，如图 2.19 (c) 所示，η_t 随 Sr 的增大先上升再下降。值得注意的是，η_t 的最大值出现在 $x_\mathrm{p}{=}c/2$ 和 $Sr{=}0.28$。

　　从图 2.18 和图 2.19 可以看出，俯仰幅值对推进效率的影响大于俯仰轴位置。因此，产生最大推进效率（$\eta_\mathrm{t}{=}39.1\%$）的俯仰幅值和俯仰轴位置的最佳组合为 $\theta_\mathrm{m}{=}45°$ 和 $x_\mathrm{p}{=}c/2$。

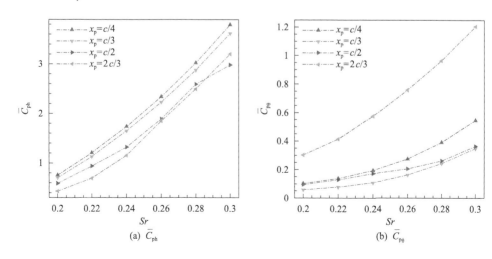

(a) $\overline{C}_\mathrm{ph}$　　　　　　　　　　　　　　(b) $\overline{C}_\mathrm{p\theta}$

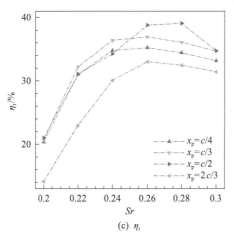

(c) η_t

图 2.19　不同 x_p 下扑翼的 $\overline{C}_{ph}$ 、 $\overline{C}_{p\theta}$ 和 η_t 随 Sr 的变化曲线

2.3.2　横向运动对平均推力的影响

为了考察横向运动对平均推力的影响，本小节选取优化的俯仰幅值和俯仰轴位置组合，即 $\theta_m=30°$ 和 $x_p=c/4$。同时，斯特劳哈尔数 Sr 取 0.28。图 2.20 给出了不同调整参数 k 下扑翼的 $\overline{c}_t$ 随横向幅值 s_m 和相位差 φ 的变化曲线，其中 $s_m=0$ 表示无横向运动的情况。

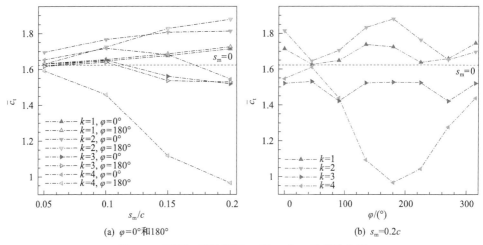

(a) $\varphi=0°$ 和 180°　　　　(b) $s_m=0.2c$

图 2.20　不同 k 下扑翼的 $\overline{c}_t$ 随 s_m 和 φ 的变化曲线

整体上看，横向运动对 $\overline{c}_t$ 有显著的影响。如图 2.20(a)所示，在 $\varphi=0°$ 和 180° 下，当 s_m 较小时(=0.05c)，不同的运动轨迹(即不同的 k)仅略微改变 $\overline{c}_t$。随着 s_m 的增大，k 的影响越来越明显。当 $k=1$ 或 2 时，$\overline{c}_t$ 随 s_m 单调上升，从而使得 $\overline{c}_t$ 大

于无横向运动的结果。但当 $k=3$ 或 4 时，$\bar{c}_t$ 随 s_m 先上升再下降。另外，当 $k=1$、2 或 3 时，$\bar{c}_t$ 在 $\varphi=0°$ 和 $180°$ 下的值很接近。但当 $k=4$ 时，$\bar{c}_t$ 在 $\varphi=0°$ 和 $180°$ 下的差异随 s_m 的增大变得越来越大。当 $s_m=0.2c$ 时，如图 2.20(b)所示，不同 k 下 $\bar{c}_t$ 随 φ 的变化趋势有所差异。当横向运动频率相对较小时($k=1$、2 和 3)，φ 对 $\bar{c}_t$ 的改变不太明显；但当横向运动频率相对较大时($k=4$)，$\bar{c}_t$ 随 φ 的变化很显著。

从图 2.20 可以看出，当加入横向运动后，$\bar{c}_t$ 的最大值出现在 $k=2$、$\varphi=180°$ 和 $s_m=0.2c$。与无横向运动情况的结果相比，它从 1.622 增大至 1.897(提升了 17%)。

图 2.20 仅考虑了单个 $Sr(=0.28)$ 的情况，为了进一步考察 Sr 对 $\bar{c}_t$ 的影响，图 2.21 给出了 $\theta_m=30°$、$x_p=c/4$、$s_m=0.2c$ 和 $k=2$ 时不同 φ 下扑翼的 $\bar{c}_t$ 随 Sr 的变化曲线。与图 2.20 中的结果相比，$\bar{c}_t$ 的最大值能进一步增至 2.205(出现在 $\varphi=165°$ 和 $Sr=0.3$)。

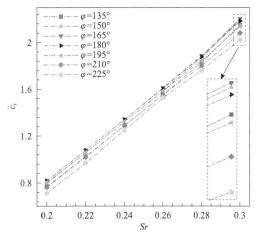

图 2.21　不同 φ 下扑翼的 $\bar{c}_t$ 随 Sr 的变化曲线

2.3.3　横向运动对推进效率的影响

为了考察横向运动对推进效率的影响，本小节选取最佳的俯仰幅值和俯仰轴位置组合，即 $\theta_m=45°$ 和 $x_p=c/2$。同时，斯特劳哈尔数 Sr 仍取 0.28。图 2.22 给出了不同 k 下扑翼的 η_t 随 s_m 和 φ 的变化曲线，其中 $s_m=0$ 仍表示无横向运动的情况。

如图 2.22(a)所示，在 $\varphi=0°$ 和 $180°$ 下，当 $k=1$ 时，随着 s_m 的增大，η_t 先略微减小，接着几乎保持不变。但当 $k>1$ 时，η_t 随 s_m 单调递减，k 越大，η_t 的下降速度越快。与无横向运动结果相比，推进效率的提升仅出现在 $k=2$、$\varphi=180°$ 和 $s_m \leqslant 0.1c$ 的范围内。当 $s_m=0.05c$ 时，如图 2.22(b)所示，η_t 在 $k=1$ 或 3 下随 s_m 的变化要比 $k=2$ 或 4 下更平缓。与无横向运动结果相比，相位差在绝大部分情况下只能降低推进效率，而效率的提升仅在 $k=2$ 和 $180° \leqslant \varphi \leqslant 270°$ 的范围内。η_t 的最大值出现在

$\varphi \leqslant 225°$，与无横向运动结果相比，它从 39.1% 增大至 40.1%（仅提升了 2.6%）。

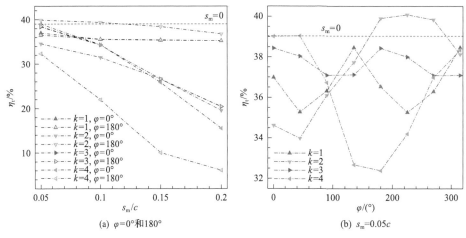

(a) $\varphi=0°$和180°   (b) $s_m=0.05c$

图 2.22   不同 k 下扑翼的 η_t 随 s_m 和 φ 的变化曲线

图 2.22 中的结果同样仅考虑了单个 $Sr(=0.28)$ 的情况，为了继续考察 Sr 对 η_t 的影响，图 2.23 给出了 $\theta_m=45°$、$x_p=c/2$、$s_m=0.05c$ 和 $k=2$ 时不同 φ 下扑翼的 η_t 随 Sr 的变化曲线。与图 2.22 中的结果相比，η_t 的最大值能进一步增至 42.7%（出现在 $\varphi=195°$和 $Sr=0.24$）。

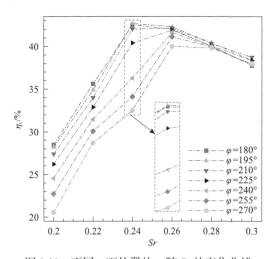

图 2.23   不同 φ 下扑翼的 η_t 随 Sr 的变化曲线

2.3.4 横向运动的作用机理

为了探究横向运动改变扑翼气动特性的作用机理，需要详细分析扑翼上力和力矩的特性。由于平均推力和推进效率均在 $\theta_m=30°$ 和 $x_p=c/4$ 情况下有显著变化，本小节选择这一参数组合。同时，选取斯特劳哈尔数 $Sr=0.28$，横向幅值 $s_\mathrm{m}=0.2c$。此外，选择三组调整参数和相位差的组合，即 $k=2$、$\varphi=0°$，$k=2$、$\varphi=180°$，$k=3$、$\varphi=0°$。同样，选择相同运动参数下的无横向运动情况作为参考。

由式 (2.12) 可知，沉浮能量系数 C_ph 取决于升力系数 c_l 和无量纲沉浮速度 V_y/U_∞，横向能量系数 C_ps 取决于推力系数 c_t 和无量纲横向速度 V_x/U_∞，俯仰能量系数 $C_\mathrm{p\theta}$ 取决于力矩系数 c_m 和无量纲俯仰速度 $\Omega c/U_\infty$。图 2.24 给出了一个运动周期内扑翼的 c_t、V_x/U_∞、C_ps、$-c_\mathrm{l}$、V_y/U_∞、C_ph、$-c_\mathrm{m}$、$\Omega c/U_\infty$ 和 $C_\mathrm{p\theta}$ 的时间历程曲线。

如图 2.24(a) 所示，当 $k=2$ 和 $\varphi=0°$ 时，c_t 在整个运动周期内没有负值。同时，它的峰值也大于无横向运动的结果。因此，$\bar{c}_\mathrm{t}$ 也比较大。当 φ 变为 $180°$ 时，虽然 c_t 在某些时刻出现了负值，但它在其他时间段内有着显著的增大，所以 $\bar{c}_\mathrm{t}$ 进一步增大。当 k 增至 3 时，虽然 $\bar{c}_\mathrm{t}$ 的正峰值更大，但它在某些时间段内有显著的减小，这就使得 $\bar{c}_\mathrm{t}$ 比较小。此外，由于 c_t 和 V_x/U_∞ 在 $k=2$、$\varphi=0°$ 下的同步性差，C_ps 在绝

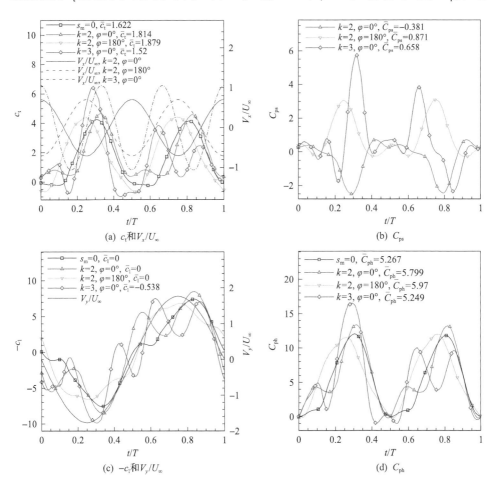

(a) c_t 和 V_x/U_∞

(b) C_ps

(c) $-c_\mathrm{l}$ 和 V_y/U_∞

(d) C_ph

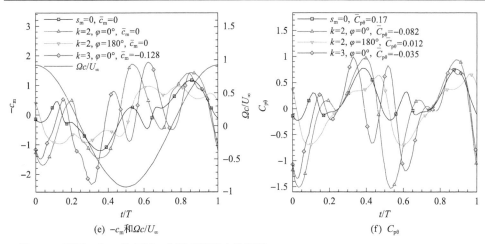

(e) $-c_{\mathrm{m}}$ 和 $\Omega c/U_{\infty}$　　　　　　　　　　(f) $C_{p\theta}$

图 2.24　不同 k 和 φ 组合下一个运动周期内扑翼的 c_{t}、V_x/U_{∞}、C_{ps}、$-c_{\mathrm{l}}$、V_y/U_{∞}、C_{ph}、$-c_{\mathrm{m}}$、

$\Omega c/U_{\infty}$ 和 $C_{p\theta}$ 的时间历程曲线

大部分时间段内是负的，如图 2.24(b)所示。而在 $k=2$、$\varphi=180°$ 和 $k=3$、$\varphi=0°$ 下，C_{ps} 有着相反的变化趋势。

　　如图 2.24(c)所示，当 $k=2$ 和 $\varphi=0°$时，c_{l} 正负峰值的量级都高于无横向运动的结果。当 φ 变为 $180°$ 时，c_{l} 的变化变得比较平缓。但是，由于上下对称的运动轨迹，$\bar{c}_{\mathrm{l}}$ 依然为零，这与无横向运动的情况一致。当 $k=3$、$\varphi=0°$ 时，c_{l} 失去了对称性，所以 $\bar{c}_{\mathrm{l}}$ 不再为零。如图 2.24(d)所示，由于 $-c_{\mathrm{l}}$ 和 V_y/U_{∞} 的正负号总是相同，C_{ph} 在前后半周期内分别有两个正的峰值。此外，由于 c_{l} 和 V_y/U_{∞} 的量级分别大于 c_{t} 和 V_x/U_{∞} 的量级，C_{ph} 的峰值比 C_{ps} 的峰值大得多，进而使得 $\bar{C}_{ph}$ 更大。这意味着沉浮运动要比横向运动消耗更多的能量。另外，如图 2.24(e)和(f)所示，由于 $\bar{C}_{p\theta}$ 非常小，横向运动对 c_{m} 和 $\Omega c/U_{\infty}$ 的影响可以忽略不计。

　　为了深入研究 c_{t} 和 c_{l} 的变化，需要考察扑翼附近的流场。图 2.25 和图 2.26 分别给出了一个运动周期内扑翼的瞬时涡量云图和压强系数等值线。由于 c_{t} 和 c_{l} 在 $k=2$、$\varphi=0°$ 和 $k=2$、$\varphi=180°$ 下的变化特性相似，本小节仅给出了 $k=2$ 和 $\varphi=180°$ 下的结果。

　　对于无横向运动的情况，如图 2.25(a)所示，单个涡从扑翼后缘交替脱落，并

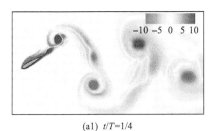

(a1) $t/T=1/4$　　　　　　　　　　　　(a2) $t/T=1/2$

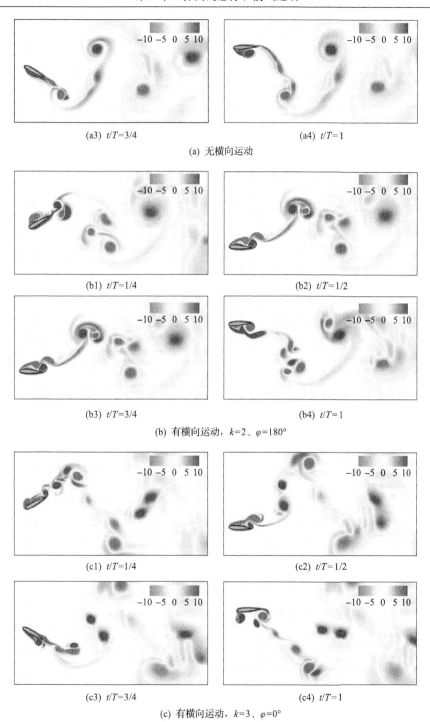

(a3) $t/T=3/4$　　　　　　　　　　　　(a4) $t/T=1$

(a) 无横向运动

(b1) $t/T=1/4$　　　　　　　　　　　　(b2) $t/T=1/2$

(b3) $t/T=3/4$　　　　　　　　　　　　(b4) $t/T=1$

(b) 有横向运动，$k=2$、$\varphi=180°$

(c1) $t/T=1/4$　　　　　　　　　　　　(c2) $t/T=1/2$

(c3) $t/T=3/4$　　　　　　　　　　　　(c4) $t/T=1$

(c) 有横向运动，$k=3$、$\varphi=0°$

图 2.25　有无横向运动情况时一个运动周期内扑翼的瞬时涡量云图

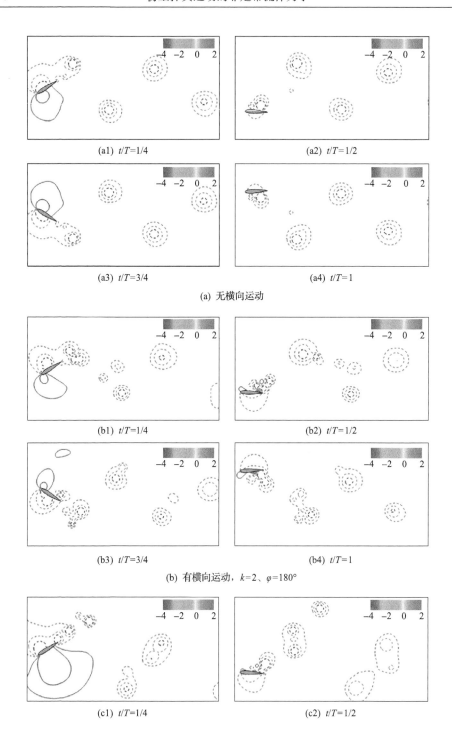

(a1) $t/T=1/4$ (a2) $t/T=1/2$

(a3) $t/T=3/4$ (a4) $t/T=1$

(a) 无横向运动

(b1) $t/T=1/4$ (b2) $t/T=1/2$

(b3) $t/T=3/4$ (b4) $t/T=1$

(b) 有横向运动，$k=2$、$\varphi=180°$

(c1) $t/T=1/4$ (c2) $t/T=1/2$

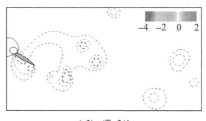 

(c3) t/T=3/4　　　　　　　　　　　(c4) t/T=1

(c) 有横向运动，k=3、φ=0°

图 2.26　有无横向运动情况时一个运动周期内扑翼的瞬时压强系数等值线

向相反方向旋转。这就是反向卡门涡街，它可以在动量守恒定律下解释推力的产生。如图 2.26(a)所示，当扑翼在 t/T=1/4 和 3/4 时刻到达其沉浮运动的中间位置时，涡街和压强系数分布沿水平轴对称。而在 t/T=1/2 和 1 时刻也可以发现类似的现象。

当加入了横向运动后，流场结构变得复杂。对于 k=2 和 φ=180°，如图 2.25(b)所示，有多个涡从扑翼的后缘脱落。这可能是由于横向运动在扑翼前缘附近产生了一对涡(多涡)，它们分别在 t/T=1/2 和 1 时刻沿扑翼表面发展，并分别在 t/T=1/4 和 3/4 时刻离开扑翼表面。如图 2.26(b)所示，尽管横向运动能改变扑翼表面的压强分布，但它仍然在 t/T=1/4 和 3/4 或 t/T=1/2 和 1 时刻关于水平轴保持较好的对称性。当运动轨迹在 k=3 变得上下不对称时，如图 2.25(c)和图 2.26(c)所示，多涡脱落的流场结构仍然存在，但涡街和扑翼表面的压强系数分布不再具有对称性。

2.4　前飞状态下合成射流的影响

为了提高扑翼前飞状态下的推力和推进效率，现已开展了大量的研究，包括利用柔性结构、壁面效应、运动轨迹等。鉴于合成射流高效的实用性，本节对带有合成射流驱动器的扑翼在前飞状态下的气动特性开展研究。选用长短轴比为 8、弦长为 c 的椭圆翼型作为扑翼外形，它在均匀来流中同时做正弦沉浮和俯仰运动。具有相同频率和强度的一对合成射流驱动器集成到扑翼的上下表面，射流速度也是正弦变化的。本节重点考察射流倾斜角度、相位差和位置的影响。

如图 2.27 所示，对于带合成射流对的前飞扑翼，运动控制方程为

$$\begin{cases} h(t) = h_{\mathrm{m}} \cos(2\pi ft) \\ \theta(t) = \theta_{\mathrm{m}} \sin(2\pi ft) \end{cases} \tag{2.14}$$

式中，$h(t)$ 为沉浮运动的瞬时位置；t 为时间；h_{m} 为沉浮幅值；f 为扑翼运动的频率；$\theta(t)$ 为瞬时俯仰角；θ_{m} 为俯仰幅值。

在本节的研究中，扑翼的沉浮幅值固定为 h_{m}/c=0.5，俯仰幅值固定为 θ_{m}=30°，俯仰轴位置取 x_{p}=c/4 和 c/2。此外，定义无量纲频率 f^*=2$\pi fc/U_\infty$，这里 U_∞ 是均匀

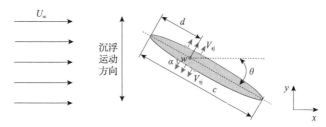

图 2.27　带合成射流对的扑翼前飞运动示意图

来流速度。基于 U_∞ 和 c，定义雷诺数 $Re=\rho_\infty U_\infty c/\mu$，这里 ρ_∞ 为来流密度，μ 为流体的运动黏性系数。

在本节的研究中，把两个合成射流驱动器分别安置在扑翼的上下表面，射流驱动器中心到翼型前缘的距离为 d。两个射流驱动器有相同的激励频率(f_{sj})、与沉浮运动的相位差(φ)和强度(V_m)，但它们的速度方向相反。这里，设定射流驱动器的激励频率和俯仰频率相等($f_{sj}=f$)，每个射流驱动器的宽度 w 固定为 $w=0.1c$。此外，定义射流方向和弦线之间的夹角为射流倾斜角度 β。因此，合成射流的速度为

$$V_{sj}(t) = V_m \cos(2\pi f_{sj} t + \varphi) \tag{2.15}$$

$$\begin{cases} \boldsymbol{u}_{sj,u} = V_{sj}\left[\cos(\theta + \beta) \quad \sin(\theta + \beta)\right] \\ \boldsymbol{u}_{sj,l} = -\boldsymbol{u}_{sj,u} \end{cases} \tag{2.16}$$

式中，$\boldsymbol{u}_{sj,u}$(或 $\boldsymbol{u}_{sj,l}$)为射流速度矢量，下标 u 和 l 分别表示扑翼的上表面和下表面。

扑翼的平均推力系数 $\overline{c}_t$ 和平均能量系数 $\overline{C}_p$ 与式(2.11)相同，推力系数 c_t 与式(2.12)相同。能量系数 C_p 定义为

$$C_p = C_{ph} + C_{p\theta} = -\left(c_l \frac{V_y(t)}{U_\infty} + c_m \frac{\Omega(t)c}{U_\infty} \right) \tag{2.17}$$

式中，C_{ph} 为沉浮能量系数；$C_{p\theta}$ 为俯仰能量系数；$V_y(t)=\mathrm{d}h(t)/\mathrm{d}t$；$\Omega(t)=\mathrm{d}\theta(t)/\mathrm{d}t$；$c_l$ 和 c_m 分别为升力系数和力矩系数。

扑翼的推进效率与式(2.13)相同。虽然射流强度会影响扑翼的推进性能，但在本节的数值模拟中，设定 $V_m=U_\infty$。同时，本节忽略了驱动两个合成射流所需的能量，因为它比驱动扑翼所需的能量小得多。此外，本节考虑 $Re=200$ 和 $f^*=2.5$ 的情况，计算域是 $32c \times 24c$ 的矩形区域，其中扑翼周围加密区域的尺寸是 $1.8c \times 2.5c$，加密区域的网格步长 $\Delta h=0.00625c$。

2.4.1　射流倾斜角度的影响

为了研究射流倾斜角度 β 的影响，相位差和射流位置分别固定在 $\varphi=90°$ 和

$d=c/2$。图 2.28 给出了两个俯仰轴位置下扑翼的平均推力系数 $\bar{c}_t$、平均能量系数 $\bar{C}_p$ 和推进效率 η_t 随 β 的变化曲线,其中还包括无射流的结果。可以看出,$\bar{c}_t$、$\bar{C}_p$ 和 η_t 在 $x_p=c/4$ 和 $c/2$ 下的变化趋势是一致的。

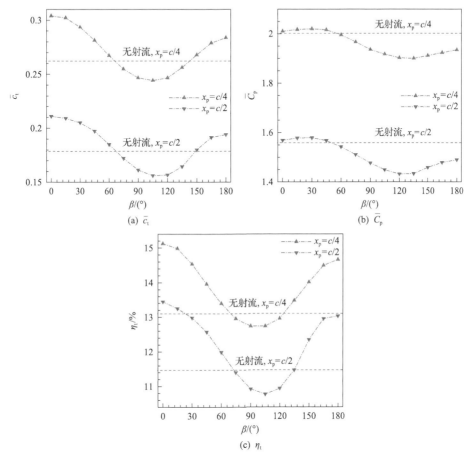

图 2.28 扑翼的 $\bar{c}_t$、$\bar{C}_p$ 和 η_t 随 β 的变化曲线(前飞状态)

如图 2.28(a)所示,随着 β 的增大,$\bar{c}_t$ 先减小再增大。对于 $x_p=c/4$ 和 $c/2$,$\bar{c}_t$ 的最小值均出现在 $\beta=115°$。与无射流结果相比,$\bar{c}_t$ 能在 $0°\leqslant\beta\leqslant60°$ 和 $150°\leqslant\beta\leqslant180°$ 的范围内得到提升。$\bar{C}_p$ 与 $\bar{c}_t$ 的变化趋势类似,如图 2.28(b)所示,唯一的不同是,当 $\beta\leqslant30°$ 时,$\bar{C}_p$ 有一个小幅的上升过程。此外,当 $\beta\geqslant60°$ 时,$\bar{C}_p$ 小于无射流结果,但下降的幅度并不大。因此,η_t 的变化趋势几乎与 $\bar{c}_t$ 相同,如图 2.28(c)所示。与无射流结果相比,η_t 的下降出现在 $75°\leqslant\beta\leqslant120°$ 的范围内,而 η_t 的最大提升出现在 $\beta=30°$。

除了推进性能,合成射流还会改变扑翼周围的流场结构。图 2.29 给出了前半

个运动周期内 $\varphi=90°$、$d=c/2$、$x_{\mathrm{p}}=c/2$ 下 $\beta=0°$和 90°时扑翼的瞬时涡量等值线，其中还包括无射流的结果。

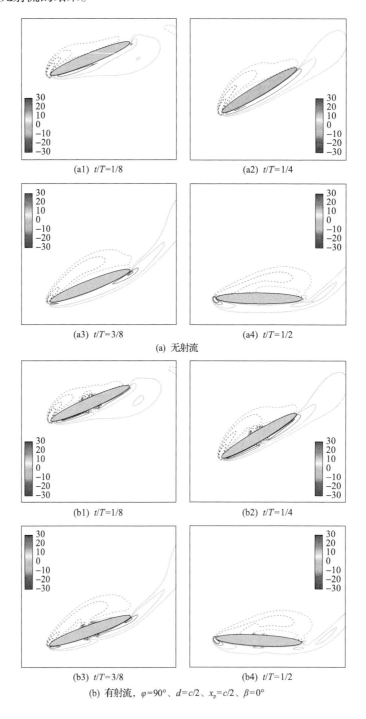

(a1) $t/T=1/8$ (a2) $t/T=1/4$

(a3) $t/T=3/8$ (a4) $t/T=1/2$

(a) 无射流

(b1) $t/T=1/8$ (b2) $t/T=1/4$

(b3) $t/T=3/8$ (b4) $t/T=1/2$

(b) 有射流，$\varphi=90°$、$d=c/2$、$x_{\mathrm{p}}=c/2$、$\beta=0°$

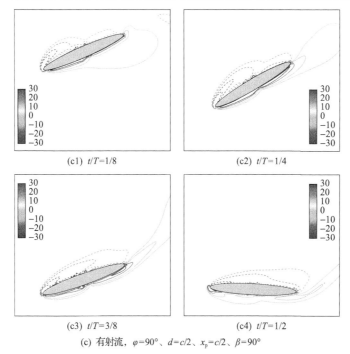

(c) 有射流，$\varphi=90°$、$d=c/2$、$x_p=c/2$、$\beta=90°$

图 2.29　有无射流情况下前半个运动周期内扑翼的瞬时涡量等值线

当 $t/T=1/8$ 时，扑翼已经离开了沉浮运动的最高位置。对于无射流的情况（见图 2.29（a）），扑翼前缘的上下表面周围分别形成了两个回流区域。对于 $\beta=0°$（见图 2.29（b）），切向射流明显地破坏了两个回流区。但是对于 $\beta=90°$（见图 2.29（c）），垂向射流稍稍地阻碍了回流区。当 $t/T=1/4$ 时，扑翼到达了沉浮运动的中间位置，在前缘上下表面周围的两个回流区变得很大。同时，射流的影响也被加强了。当扑翼继续往下运动时，涡脱落发生了。由于射流强度减弱了，扑翼周围的涡也没有明显变化。

因此，射流倾斜角度对扑翼的前飞性能有显著的影响。在特定的倾斜角度范围内，扑翼的平均推力和推进效率相对无射流情况都能得到提升。

2.4.2　射流相位差的影响

为了研究射流相位差 φ 的影响，射流位置仍固定在 $d=c/2$，倾斜角度取 $\beta=0°$ 和 $90°$，分别对应推进效率的提升和下降。图 2.30 给出了两个俯仰轴位置下扑翼的 $\bar{c}_t$、$\bar{C}_p$ 和 η_t 随 φ 的变化曲线，其中依然包括无射流的结果。与图 2.28 一样，$\bar{c}_t$、$\bar{C}_p$ 和 η_t 在 $x_p=c/4$ 和 $c/2$ 下的变化趋势是一致的。如图 2.30（a）所示，对于 $\beta=0°$，$\bar{c}_t$ 随着 φ 的增大先增大再减小。此外，$\bar{c}_t$ 总是大于无射流的结果。对于 $\beta=90°$，$\bar{c}_t$ 随 φ 的变化略显复杂，且它总是小于无射流的结果。如图 2.30（b）所示，$\bar{C}_p$ 在 $\beta=0°$

下随 φ 的增大出现了下降过程，而在 $\beta=90°$ 下没有明显的变化。但由于 $\bar{C}_\mathrm{p}$ 随 φ 的变化不明显，所以 η_t 和 $\bar{c}_\mathrm{t}$ 的变化趋势几乎一样，如图 2.30(c) 所示。值得注意的是，η_t 在 $x_\mathrm{p}=c/4$ 和 $c/2$ 下的最大值分别出现在 $\varphi=150°$ 和 $90°$。

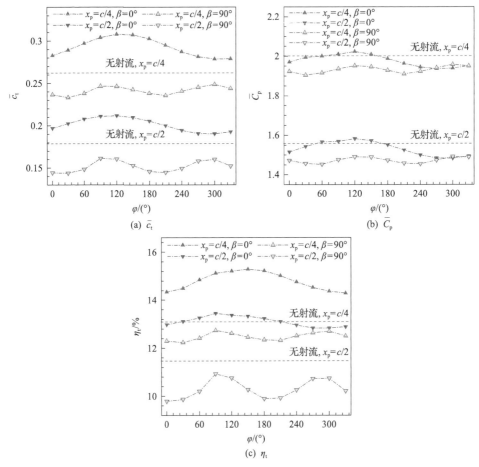

图 2.30　扑翼的 $\bar{c}_\mathrm{t}$、$\bar{C}_\mathrm{p}$ 和 η_t 随 φ 的变化曲线(前飞状态)

与射流倾斜角度的影响效果相似，相位差也会影响扑翼周围的流场结构。图 2.31 给出了前半个运动周期内 $d=c/2$、$\beta=0°$、$x_\mathrm{p}=c/4$ 下 $\varphi=0°$ 和 $90°$ 时扑翼的瞬时压强系数等值线，其中依然包括无射流的结果。

当 $t/T=1/8$ 时(见图 2.31(a))，一个宽的负压区覆盖在扑翼的上表面，而一个小的正压区位于前缘的下表面周围。当射流开启时，射流槽周围的压强场发生了不同程度的变化。当 $t/T=1/4$ 时(见图 2.31(b))，负压区和正压区的尺寸都增大了。当射流开启时，扑翼上表面的负压区进一步扩大，而下表面的正压区略有缩小。此外，对于 $\beta=90°$(见图 2.31(c))，在下表面的射流槽周围形成了一个很小的正压

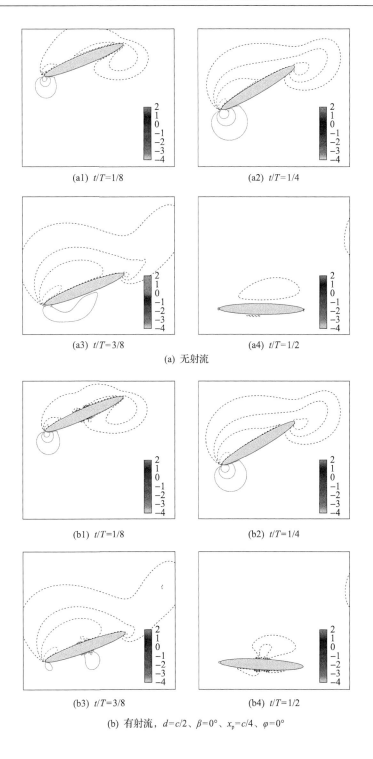

(a1) $t/T=1/8$　　　　　　　　　　　(a2) $t/T=1/4$

(a3) $t/T=3/8$　　　　　　　　　　　(a4) $t/T=1/2$

(a) 无射流

(b1) $t/T=1/8$　　　　　　　　　　　(b2) $t/T=1/4$

(b3) $t/T=3/8$　　　　　　　　　　　(b4) $t/T=1/2$

(b) 有射流，$d=c/2$、$\beta=0°$、$x_{\mathrm{p}}=c/4$、$\varphi=0°$

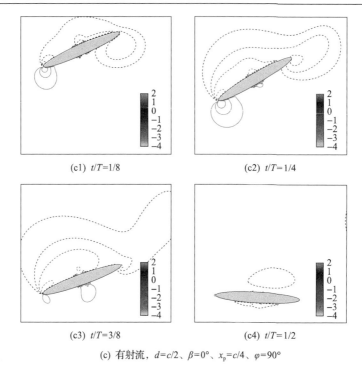

(c1) $t/T=1/8$ (c2) $t/T=1/4$

(c3) $t/T=3/8$ (c4) $t/T=1/2$

(c) 有射流，$d=c/2$、$\beta=0°$、$x_p=c/4$、$\varphi=90°$

图 2.31　有无射流情况下前半个运动周期内扑翼的瞬时压强系数等值线

区。当 $t/T=3/8$ 时，下表面的正压区已经约占下表面的一半，而上表面的负压区没有明显变化。当射流工作时，这个正压区被破坏，下表面射流槽周围的小正压区增大。当 $t/T=1/2$ 时，扑翼周围没有出现明显的正压区，而使用射流只是在一定程度上改变了局部压强场。

因此，射流相位差也会影响扑翼的前飞性能。在某些相位差下，平均推力系数增大；而在其他相位差下，平均能量系数减小。这是因为射流对扑翼表面的压强场进行了重新分布。

2.4.3　射流位置的影响

除了倾斜角度和相位差，射流位置也是影响扑翼推进性能的重要因素。为了考察射流位置 d 的影响，相位差固定为 $\varphi=90°$，倾斜角度仍然取 $\beta=0°$ 和 $90°$。图 2.32 给出了两个俯仰轴位置下扑翼的 $\bar{c}_t$、$\bar{C}_p$ 和 η_t 随 d 的变化曲线，其中仍然包括无射流的结果。如图 2.32(a)所示，$\bar{c}_t$ 在 $\beta=0°$ 下的变化趋势明显不同于 $\beta=90°$ 下的变化趋势。随着 d 的增大，$\beta=0°$ 下的 $\bar{c}_t$ 单调上升，而 $\beta=90°$ 下的 $\bar{c}_t$ 单调下降。因此，对于给定的 x_p，当 $d\leqslant c/3$ 时，$\beta=90°$ 下的 $\bar{c}_t$ 大于 $\beta=0°$ 下的 $\bar{c}_t$；当 $d\geqslant c/2$ 时，情况则相反。如图 2.32(b)所示，$\bar{C}_p$ 随 d 的变化相对较小。$\beta=0°$ 下的 $\bar{C}_p$ 仅有轻微变化，且总是大于无射流结果；但 $\beta=90°$ 下的 $\bar{C}_p$ 随 d 的增大而平缓上升，且在 $d\leqslant c/2$

的范围内小于无射流结果。综合上述情况，如图 2.32(c)所示，当 $d \leqslant c/3$ 时，$\beta = 90°$ 下的 η_t 比较高，甚至大于 $d = 3c/4$、$\beta = 0°$ 下的 η_t。值得注意的是，η_t 在 $x_p = c/4$ 和 $c/2$ 下的最大值分别是 18.76% 和 18.1%，与无射流结果(分别为 13.1% 和 11.47%)相比，相应的推进效率提升可达 43.2% 和 57.8%。从图 2.32 可以看出，扑翼的推进性能与射流位置有很大的关系。

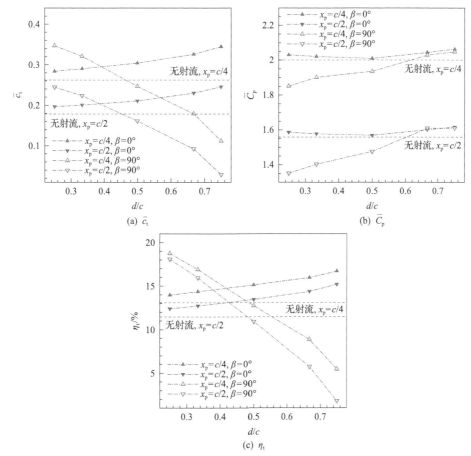

图 2.32　扑翼的 $\bar{c}_t$、$\bar{C}_p$ 和 η_t 随 d 的变化曲线(前飞状态)

2.4.4　合成射流的作用机理

为了探索合成射流控制影响扑翼推进性能的作用机理，需要对推力、升力和力矩的特性进行详细分析。为此，射流相位差和倾斜角度分别固定为 $\varphi = 90°$ 和 $\beta = 90°$，选择两组射流位置和俯仰轴位置的参数组合，即 $d = c/4$、$x_p = c/4$(对应推进效率提升的状态) 和 $d = 3c/4$、$x_p = c/2$(对应推进效率下降的状态)。同样，选择相同运动参数下无射流的情况作为参考。

由式(2.17)可知，能量系数包含两个部分。其中，沉浮能量系数 C_{ph} 取决于升力系数 c_l 和无量纲沉浮速度 V_y/U_∞，俯仰能量系数 $C_{p\theta}$ 取决于力矩系数 c_m 和无量纲俯仰速度 $\Omega c/U_\infty$。图 2.33 给出了一个运动周期内扑翼的 c_t、$-c_l$、V_y/U_∞、C_{ph}、

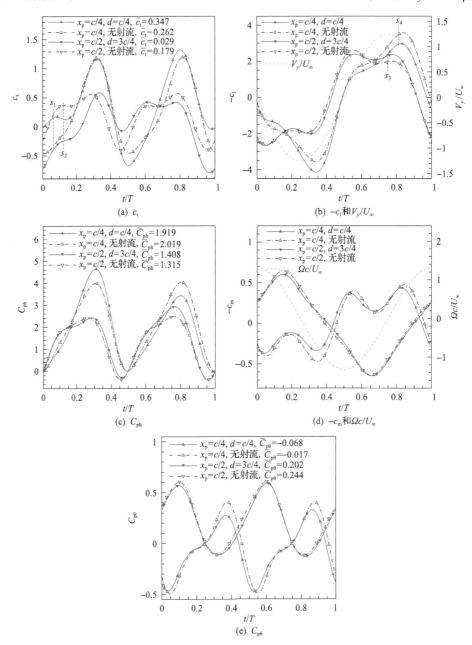

图 2.33　不同 d 和 x_p 组合下一个运动周期内扑翼的 c_t、$-c_l$、V_y/U_∞、C_{ph}、$-c_m$、
$\Omega c/U_\infty$ 和 $C_{p\theta}$ 的时间历程曲线

$-c_{\mathrm{m}}$、$\varOmega c/U_{\infty}$ 和 $C_{\mathrm{p\theta}}$ 的时间历程曲线。

如图 2.33(a) 所示,对于 $d=c/4$、$x_{\mathrm{p}}=c/4$,射流在 $0 \leqslant t/T \leqslant 0.2$ 和 $0.6 \leqslant t/T \leqslant 0.8$ 的范围内显著地提升 c_{t}。相反,对于 $d=3c/4$,$x_{\mathrm{p}}=c/2$,射流在 $0 \leqslant t/T \leqslant 0.3$ 和 $0.7 \leqslant t/T \leqslant 1$ 的范围内降低了 c_{t}。这可以解释与无射流情况相比,$\bar{c}_{\mathrm{t}}$ 的增大或减小。

如图 2.33(b) 所示,当俯仰轴置于 $x_{\mathrm{p}}=c/4$ 时,c_{l} 和 V_{y}/U_{∞} 之间的同步性很好,C_{ph} 能形成两个大的峰值,如图 2.33(c) 所示。此外,射流在后半个运动周期内降低了 c_{l} 的量级。但当俯仰轴移至 $x_{\mathrm{p}}=c/2$ 时,c_{l} 和 V_{y}/U_{∞} 之间的同步性有所下降,C_{ph} 的峰值大幅下降。此外,射流能在 $0.6 \leqslant t/T \leqslant 0.9$ 的范围内或多或少提升 c_{l} 的量级。因此,如图 2.33(c) 所示,与无射流情况相比,$\bar{C}_{\mathrm{ph}}$ 既有增大也有减小。

如图 2.33(d) 所示,c_{m} 和 $\varOmega c/U_{\infty}$ 之间的同步性不太好。对于 $x_{\mathrm{p}}=c/4$,c_{m} 和 $\varOmega c/U_{\infty}$ 间的相位差大约为 $90°$,因此 $C_{\mathrm{p\theta}}$ 围着零值线振荡,如图 2.33(e) 所示。与 c_{l} 类似,c_{m} 也受到射流的影响,它的量级在运动周期内的某些时间段被平缓地增大。而对于 $x_{\mathrm{p}}=c/2$,c_{m} 和 $\varOmega c/U_{\infty}$ 间的相位差大约为 $45°$,这便导致 $C_{\mathrm{p\theta}}$ 围着某条正值线变化。当射流开启时,c_{m} 的量级主要在前半个运动周期内减小。因此,如图 2.33(e) 所示,$d=c/4$ 和 $x_{\mathrm{p}}=c/4$ 下 $\bar{C}_{\mathrm{p\theta}}$ 的量级得到了提高,$d=3c/4$ 和 $x_{\mathrm{p}}=c/2$ 下 $\bar{C}_{\mathrm{p\theta}}$ 的量级则减小了。但是,由于 $\bar{C}_{\mathrm{p\theta}}$ 的量级比较小,即使采用射流控制后,它对 $\bar{C}_{\mathrm{p}}$ 的贡献依然不明显。

为了进一步考察射流对 c_{t} 和 c_{l} 的影响(由于 $\bar{C}_{\mathrm{p\theta}}$ 仅能稍微改变 $\bar{C}_{\mathrm{p}}$,这里不再考虑 c_{m}),需要研究扑翼周围的流场变化。图 2.34 和图 2.35 给出了一个运动周期内四个不同时刻(图 2.33(a) 和 (b) 中记为 $s_1 \sim s_4$)扑翼周围的瞬时压强系数等值线。

当 $t/T=1/16$ 时(见图 2.33(a) 中的 s_1),扑翼刚离开沉浮运动的最高位置。同时,它以一个小的攻角做顺时针方向旋转。对于 $x_{\mathrm{p}}=c/4$ 的无射流情况,如图 2.34(a) 所示,一个负压区覆盖在扑翼的整个上表面,另一个负压区也位于扑翼后半部分的下表面下方。与此同时,一个小的正压区附着在扑翼前缘。因此,扑翼沿水平方向的压强差产生了阻力(即负推力,如图 2.33(a) 所示)。当射流置于 $d=c/4$ 时,上表面前缘附近的负压区有所扩大,而正压区明显缩小。因此,沿水平方向的压强差发生变化,出现一个小值的推力。

当 $t/T=1/8$ 时(见图 2.33(a) 中的 s_2),扑翼继续向下运动,并随着攻角不断增大。对于 $x_{\mathrm{p}}=c/2$ 的无射流情况,如图 2.34(b) 所示,扑翼前缘附近的正压区比在 $t/T=1/16$ 时的结果明显扩大,并且部分占据了扑翼的下表面。因此,沿水平方向的压强分量指向上游。虽然在下表面的后缘附近有一个负压区,但是扑翼沿水平方向的压强差仍然可以产生推力(见图 2.33(a))。当射流置于 $d=3c/4$ 时,扑翼前缘附近的正压区明显缩小,上表面的负压区扩大。这大大地降低了水平方向的压强分量,甚至使其指向下游,而且下表面的负压区明显扩大。因此,扑翼沿水平方向的压强差会产生阻力。

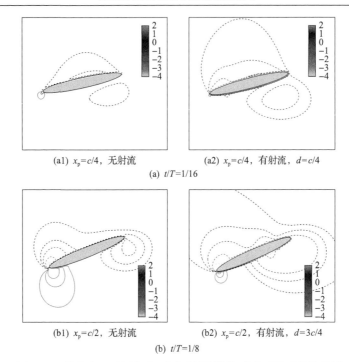

(a1) $x_p = c/4$，无射流   (a2) $x_p = c/4$，有射流，$d = c/4$

(a) $t/T = 1/16$

(b1) $x_p = c/2$，无射流   (b2) $x_p = c/2$，有射流，$d = 3c/4$

(b) $t/T = 1/8$

图 2.34 前半个运动周期内不同时刻扑翼的瞬时压强系数等值线

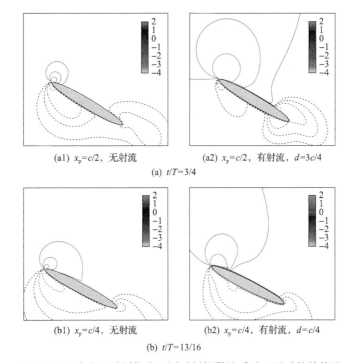

(a1) $x_p = c/2$，无射流   (a2) $x_p = c/2$，有射流，$d = 3c/4$

(a) $t/T = 3/4$

(b1) $x_p = c/4$，无射流   (b2) $x_p = c/4$，有射流，$d = c/4$

(b) $t/T = 13/16$

图 2.35 后半个运动周期内不同时刻扑翼的瞬时压强系数等值线

当 $t/T=3/4$ 时（见图 2.33(b) 中的 s_3），扑翼已经完成了下行程，刚好到达上行程的中间位置。如图 2.35(a) 所示，无射流情况在 $x_p=c/2$ 下的压强分布与 $t/T=1/8$ 时刻的结果几乎相反，扑翼上的升力为负值（见图 2.33(b)）。当射流置于 $d=3c/4$ 时，扑翼上表面的正压区被大大地拉伸，因此沿扑翼垂直方向的压强差增大，从而提高了升力的量级。

当 $t/T=13/16$ 时（见图 2.33(b) 中的 s_4），扑翼继续往上运动。对于 $x_p=c/4$ 的无射流情况，如图 2.35(b) 所示，扑翼前缘周围的正压区比在 $t/T=3/4$ 时的结果有所扩大，同时下表面的负压得到了加强，因此扑翼产生了更高的负升力（见图 2.33(b)）。当射流置于 $d=c/4$ 时，扑翼上表面的正压区有一定程度的收缩，而下表面的负压区没有明显变化，因此升力的量级有所减小。

通过改变扑翼表面的压强分布，可以适当增加推力和减小升力，这是利用合成射流提高推进性能的关键。

参 考 文 献

[1] Maxworthy T. The fluid dynamics of insect flight. Annual Review of Fluid Mechanics, 1981, 13: 329-350.

[2] Wu T Y. Fish swimming and bird/insect flight. Annual Review of Fluid Mechanics, 2011, 43: 25-58.

[3] Ellington C P, van den Berg C, Willmott A P, et al. Leading-edge vortices in insect flight. Nature, 1996, 384: 626-630.

[4] Dickinson M H, Lehmann F O, Sane S P. Wing rotation and the aerodynamic basis of insect flight. Science, 1999, 284: 1954-1960.

[5] Wang Z J. Two dimensional mechanism for inset hovering. Physical Review Letters, 2000, 85(10): 2216-2219.

[6] Shyy W, Aono H, Chimakurthi S K, et al. Recent progress in flapping wing aerodynamics and aeroelasticity. Progress in Aerospace Sciences, 2010, 46(7): 284-327.

[7] Miao J M, Ho M H. Effect of flexure on aerodynamic propulsive efficiency of flapping flexible airfoil. Journal of Fluids and Structures, 2006, 22(3): 401-419.

[8] Bergou A J, Xu S, Wang Z J. Passive wing pitch reversal in insect flight. Journal of Fluid Mechanics, 2007, 591: 321-337.

[9] Eldredge J D, Toomey J, Medina A. On the role of chord-wise flexibility in a flapping wing with hovering kinematics. Journal of Fluid Mechanics, 2010, 659: 94-115.

[10] Alben S, Witt C, Baker T V, et al. Dynamics of freely swimming flexible foils. Physics of Fluids, 2012, 24: 051901.

[11] Tian F B, Luo H, Song J, et al. Force production and asymmetric deformation of a flexible flapping wing in forward flight. Journal of Fluids and Structures, 2013, 36: 149-161.

[12] Dewey P A, Boschitsch B M, Moored K W, et al. Scaling laws for the thrust production of flexible pitching panels. Journal of Fluid Mechanics, 2013, 732: 29-46.

[13] Moore M N J. Analytical results on the role of flexibility in flapping propulsion. Journal of Fluid Mechanics, 2014, 757: 599-612.

[14] Moryossef Y, Levy Y. Effect of oscillations on airfoils in close proximity to the ground. AIAA Journal, 2004, 42(9): 1755-1764.

[15] Gao T, Lu X Y. Insect normal hovering flight in ground effect. Physics of Fluids, 2008, 20: 087101.

[16] Truong T V, Byun D, Kim M J, et al. Aerodynamic forces and flow structures of the leading edge vortex on a flapping wing considering ground effect. Bioinspiration & Biomimetics, 2013, 8: 036007.

[17] Wang Z J, Russell D. Effect of forewing and hindwing interactions on aerodynamic forces and power in hovering dragonfly flight. Physical Review Letters, 2007, 99(14): 148101.

[18] Wang L, Yeung R W. Investigation of full and partial ground effects on a flapping foil hovering above a finite-sized platform. Physics of Fluids, 2016, 28: 071902.

[19] Yin B, Yang G, Prapamonthon P. Finite obstacle effect on the aerodynamic performance of a hovering wing. Physics of Fluids, 2019, 31: 101902.

[20] Smith B L, Glezer A. The formation and evolution of synthetic jets. Physics of Fluids, 1998, 10: 2281-2297.

[21] Cattafesta L N, Sheplak M. Actuators for active flow control. Annual Review of Fluid Mechanics, 2011, 43: 247-272.

[22] Rehman A, Kontis K. Synthetic jet control effectiveness on stationary and pitching airfoils. Journal of Aircraft, 2006, 43(6): 1782-1789.

[23] Yen J, Ahmed N A. Parametric study of dynamic stall flow field with synthetic jet actuation. Journal of Fluids Engineering, 2012, 134: 071106.

[24] Tadjfar M, Asgari E. The role of frequency and phase difference between the flow and the actuation signal of a tangential synthetic jet on dynamic stall flow control. Journal of Fluids Engineering, 2018, 140: 111203.

[25] Wang C, Tang H. Enhancement of aerodynamic performance of a heaving airfoil using synthetic-jet based active flow control. Bioinspiration & Biomimetics, 2018, 13: 046005.

[26] Rozhdestvenshy K V, Ryzhov V A. Aerohydrodynamics of flapping-wing propulsors. Progress in Aerospace Sciences, 2003, 39(8): 585-633.

[27] Ashraf M A, Young J, Lai J C S. Reynolds number, thickness and camber effects on flapping airfoil propulsion. Journal of Fluids and Structures, 2011, 27(2): 145-160.

[28] Tian F B, Lu X Y, Luo H. Propulsive performance of a body with a traveling-wave surface. Physical Review E, 2012, 86: 016304.

[29] Lu K, Xie Y H, Zhang D. Numerical study of large amplitude, nonsinusoidal motion and camber effects on pitching airfoil propulsion. Journal of Fluids and Structures, 2013, 36: 184-194.

[30] Broering T M, Lian Y. Numerical study of tandem flapping wing aerodynamics in both two and three dimensions. Computers & Fluids, 2015, 115: 124-139.

[31] Mivehchi A, Dahl J, Licht S. Heaving and pitching oscillating foil propulsion in ground effect. Journal of Fluids and Structures, 2016, 63: 174-187.

[32] Young J, Lai J C S. Oscillation frequency and amplitude effects on the wake of a plunging airfoil. AIAA Journal, 2004, 42(10): 2042-2052.

[33] Amiralaei M R, Alighanbari H, Hashemi S M. An investigation into the effects of unsteady parameters on the aerodynamics of a low Reynolds number pitching airfoil. Journal of Fluids and Structures, 2010, 26(6): 979-993.

[34] Mantia M L, Dabnichki P. Added mass effect on flapping foil. Engineering Analysis with Boundary Elements, 2012, 36(4): 579-590.

[35] Hoke C M, Young J, Lai J C S. Effects of time-varying camber deformation on flapping foil propulsion and power extraction. Journal of Fluids and Structures, 2015, 56: 152-176.

[36] Sarkar S, Venkatraman K. Numerical simulation of incompressible viscous flow past a heaving airfoil. International Journal for Numerical Methods in Fluids, 2006, 51(1): 1-29.

[37] Esfahani J A, Barati E, Karbasian H R. Fluid structures of flapping airfoil with elliptical motion trajectory. Computers & Fluids, 2015, 108: 142-155.

[38] Lehmann F O, Pick S. The aerodynamic benefit of wing-wing interaction depends on stroke trajectory in flapping insect wings. Journal of Experimental Biology, 2007, 210(8): 1362-1377.

第 3 章　扑翼自主推进运动

3.1　单自由度扑翼自主推进运动

自然界中，大部分鸟类/鱼类采用扑翼运动的推进方式。然而，扑翼产生推进力的内在机理与传统的固定翼完全不同，至今依然缺少全面而深入的研究。由于扑翼推进可以应用于人造仿生飞行器/航行器的推进系统，探究扑翼推进蕴含的流体动力学机理不仅是科学问题，而且是工程技术问题[1,2]。与螺旋桨推进相比，扑翼推进具有许多显著的优势[3]，如推进稳定性好[4]、机动能力强[5]、推进效率高[6]等。

扑翼的运动方式可以分为三种[7]：俯仰运动、沉浮运动和沉浮俯仰组合运动。无论采用何种运动形式，扑翼推力的产生与尾流中反卡门涡街的形成密切相关[8]。而扑翼的有效攻角是决定推力产生和尾流反卡门涡街形成的关键因素之一[9]，合理的有效攻角可以显著提高扑翼的推力和推进效率[10]。Bøckmann 等[11]的研究表明，被动控制扑翼的有效攻角比主动控制更有利于提高扑翼的推力和推进效率。另外，扑翼的弹性变形本质上也是通过改变有效攻角来影响推力和推进效率[5]。而除了有效攻角，还有其他影响扑翼推进效能的因素，如运动频率、运动幅值、沉浮与俯仰运动相位差、俯仰轴位置等。Lewin 等[12]的研究表明，扑翼推进效能与运动频率呈非线性关系，只有某些特定的频率才能使沉浮运动扑翼获得最佳推进效率。Young 等[13]的研究表明，适当的沉浮与俯仰运动相位差才能使扑翼获得最佳的推进效率。Mackowski 等[14]的研究表明，俯仰轴位置也会影响扑翼的推进效能。

然而，在上述研究中，扑翼通常都置于均匀来流中，以均匀来流速度代替扑翼推进的速度，这与自然界鸟类/鱼类的自主推进方式不符。近年来，有研究者开始考虑真实的生物推进方式，使用可以沿某一方向自主推进的扑翼来研究其中相关的流体动力学问题。Vandenberghe 等[15]通过水槽试验研究发现，沉浮运动的频率和幅值都会影响扑翼自主推进的速度。Arora 等[16]的研究表明，相对于低频率高幅值的沉浮运动，高频率低幅值的沉浮运动有助于扑翼获得更高的推进效率。对于俯仰运动的扑翼，Akoz 等[17]的研究表明，间歇式运动可以使扑翼获得比连续运动更高的推进效率。然而，关于扑翼自主推进效能的研究仅考虑了沉浮运动和俯仰运动两种方式，没有系统地比较分析沉浮运动、俯仰运动和沉浮俯仰组合运动三种形式对扑翼自主推进效能的影响。虽然 Andersen 等[18]的研究表明,沉浮运动的扑翼比俯仰运动的扑翼更容易产生推力,但是他们仍把扑翼置于均匀来流之中,没有考虑扑翼的自主推进运动。因此,本节详细研究沉浮运动、俯仰运动和沉浮俯仰组合运动的扑翼自主推进性能。

在本节中,选取二维刚性 NACA0012 翼型作为扑翼外形,如图 3.1 所示。驱动扑翼的控制方程为[19]

$$\begin{cases} h(t) = A_h \sin(2\pi f t) \\ \theta(t) = \theta_m \sin(2\pi f t - \phi) \end{cases} \tag{3.1}$$

式中,$h(t)$ 为扑翼沉浮运的瞬时位置;t 为时间;A_h 为沉浮幅值;f 为扑翼运动的频率;$\theta(t)$ 为扑翼的瞬时俯仰角;θ_m 为俯仰幅值;ϕ 为沉浮俯仰组合运动的相位差。

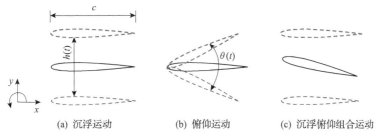

图 3.1　沉浮运动、俯仰运动和沉浮俯仰组合运动扑翼简化模型示意图
c. 扑翼弦长

对于俯仰运动,$\phi = 0°$,且俯仰轴固定在扑翼前缘点,所以俯仰幅值可表示为 $A_p = c\sin\theta_m$。

在本节的研究中,只考虑扑翼沿纵向(x 方向)的自主推进运动,限制扑翼沿侧向(y 方向)的自主推进运动,所以扑翼自主推进的控制方程为

$$m\frac{\mathrm{d}^2 X}{\mathrm{d}t^2} = F_x \tag{3.2}$$

式中,X 为扑翼俯仰轴在 x 方向上的位置坐标;F_x 为周围流场施加在扑翼纵向上的作用力;m 为扑翼质量,$m = \rho_s s$,ρ_s 和 s 分别为扑翼的面密度和面积。

定义扑翼与流体的质量比 $\bar{m} = m / m_f$,其中 $m_f = \rho s$ 是流体质量,ρ 是周围流体的密度。定义雷诺数 $Re = \rho V c / \mu$,其中 μ 是流体的运动黏性系数,V 是特征速度。对于沉浮运动、俯仰运动和沉浮俯仰组合运动,特征速度分别为 $2\pi f A_h$、$2\pi f A_p$ 和 $\sqrt{(2\pi f A_h)^2 + (2\pi f A_p)^2}$。定义无量纲频率 $f^* = fc/V$。定义扑翼自主向前推进的正方向为 $-x$ 方向,因此扑翼的推进速度是指其沿 $-x$ 方向的速度,即 $u = u_x$。

扑翼的自主推进速度、推力系数、能量系数的周期平均值为

$$
\begin{cases}
\bar{u} = \dfrac{1}{T}\displaystyle\int_{t}^{t+T} u\,\mathrm{d}t \\[2mm]
\bar{c}_{\mathrm{t}} = \dfrac{1}{T}\displaystyle\int_{t}^{t+T} c_{\mathrm{t}}\,\mathrm{d}t \\[2mm]
\bar{C}_{\mathrm{p}} = \dfrac{1}{T}\displaystyle\int_{t}^{t+T} C_{\mathrm{p}}\,\mathrm{d}t
\end{cases}
\tag{3.3}
$$

式中，T 为扑翼运动的周期；c_{t} 为推力系数；C_{p} 为驱动扑翼所需的能量系数。

定义推力系数 $c_{\mathrm{t}} = -2F_x/(\rho V^2 c)$，能量系数 $C_{\mathrm{p}} = 2P/(\rho V^3 c)$，其中 P 为能量，$P = F_y \mathrm{d}h(t)/\mathrm{d}t + M\mathrm{d}\theta(t)/\mathrm{d}t$，$F_y$ 和 M 分别为作用在扑翼上的升力和对俯仰轴的力矩。扑翼的推进效率定义为

$$
\begin{cases}
\eta = \dfrac{\bar{E}_{\mathrm{k}}}{\bar{P}} \\[2mm]
\bar{E}_{\mathrm{k}} = \dfrac{1}{T}\displaystyle\int_{t}^{t+T} \dfrac{1}{2}mu^2\,\mathrm{d}t \\[2mm]
\bar{P} = \dfrac{1}{T}\displaystyle\int_{t}^{t+T} P\,\mathrm{d}t
\end{cases}
\tag{3.4}
$$

式中，$\bar{E}_{\mathrm{k}}$ 为扑翼动能的周期平均值。

此外，升力系数和力矩系数分别为 $c_l = 2F_y/(\rho V^2 c)$ 和 $c_m = 2M/(\rho V^2 c^2)$。在本节的研究中，计算域是 $70c \times 20c$ 的矩形区域，对扑翼推进路径进行加密，该区域的尺寸是 $60c \times 10c$，网格步长 $\Delta h = 0.01c$。同时，扑翼与流体的质量比固定为 $\bar{m} = 10$，A_{h} 和 A_{p} 用弦长 c 无量纲化。

3.1.1　沉浮运动和俯仰运动的比较

本小节首先比较沉浮运动和俯仰运动扑翼的推进效能，计算参数设置为 $Re = 200$、$f^* = 0.15$ 和 0.3，$A_{\mathrm{h}} = A_{\mathrm{p}} = 0.1 \sim 1$。图 3.2 给出了沉浮运动和俯仰运动扑翼的周期平均推进速度 $\bar{u}$、平均能量系数 $\bar{C}_{\mathrm{p}}$ 和推进效率 η 随 A_{h} 或 A_{p} 的变化曲线。如图 3.2(a) 所示，沉浮运动扑翼可以获得比俯仰运动扑翼更大的推进速度，并且扑翼推进速度随幅值的变化关系与拍动频率密切相关。对于 $f^* = 0.15$ 的沉浮运动扑翼，$\bar{u}$ 随幅值的增加而增大。对于 $f^* = 0.3$ 的沉浮运动扑翼，$\bar{u}$ 随幅值的增加而增大，直至 $A_{\mathrm{h}} = 0.8$ 获得最大值，而后随幅值的增加而微弱减小。对于俯仰运动扑翼，$\bar{u}$ 随幅值的增加呈现先增加后减小的变化规律。当扑翼幅值特别大时，俯仰运动扑翼不能获得稳定的自主推进运动，所以部分大幅值俯仰运动扑翼的数据

（f^*=0.15、A_p=0.8～1 和 f^*=0.3、A_p=1）没有绘制在图 3.2 中。在能量消耗方面，沉浮运动扑翼需要消耗比俯仰运动扑翼更多的能量，如图 3.2(b) 所示，并且 $\bar{C}_p$ 几乎不受拍动频率的影响，但受幅值的影响显著。$\bar{C}_p$ 随幅值的增加而显著减小，直至 A_h=0.5 或 A_p=0.5，而后呈现微弱的减小趋势。在推进效率方面，如图 3.2(c) 所示，存在一个幅值阈值 A_c。当幅值大于 A_c 时，沉浮运动扑翼的推进效率大于俯仰运动扑翼，否则俯仰运动扑翼的推进效率大于沉浮运动扑翼。并且 A_c 的取值受拍动频率的影响，当 f^*=0.3 和 0.15 时，幅值阈值分别是 A_c=0.2 和 0.4。此外，扑翼的最佳推进效率与运动形式和运动参数密切相关。当 f^*=0.3、A_h=0.4 时，沉浮运动扑翼的推进效率最佳。而当 f^*=0.3、A_p=0.5 时，俯仰运动扑翼的推进效率最佳。

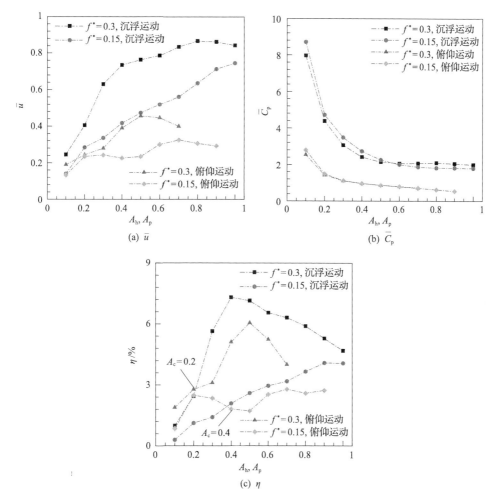

图 3.2　沉浮运动和俯仰运动扑翼的 $\bar{u}$、$\bar{C}_p$ 和 η 随 A_h 或 A_p 的变化曲线

　　为了进一步分析扑翼自主推进过程中的流体力学特性，图 3.3 给出了 f^*=0.3 时扑翼的推力系数 c_t 和推进速度 u 的时间历程曲线。如图 3.3（a）和（b）所示，无论是沉浮运动还是俯仰运动，c_t 曲线的波动幅度均随幅值的增加而增大，从而导致 u 的波动幅度也随幅值的增加而增大，如图 3.3（c）和（d）所示。同时，从图 3.3 可以看出，沉浮运动扑翼的 c_t 和 u 曲线的波动幅度均小于俯仰运动扑翼，并且随着幅值的增加，俯仰运动扑翼的 c_t 和 u 曲线波动幅度的变化比沉浮运动扑翼更加剧烈。特别是当幅值较大时（如 A_p=0.5 和 0.7），俯仰运动扑翼的 c_t 和 u 曲线会出现大小不同的峰值，这就表明沉浮运动扑翼的推进速度比俯仰运动扑翼更加稳定。从图 3.3 还可以看出，沉浮运动扑翼的 u 曲线波峰出现在 $t/T \approx 14.2$ 和 14.7，而波谷出现在 $t/T \approx 14.4$ 和 14.9。而俯仰运动扑翼的 u 曲线波峰出现在 $t/T \approx 28.45$ 和 28.95，波谷出现在 $t/T \approx 28.15$ 和 28.65。并且，沉浮运动扑翼和俯仰运动扑翼的推力发展过程存在约 90°的相位差。

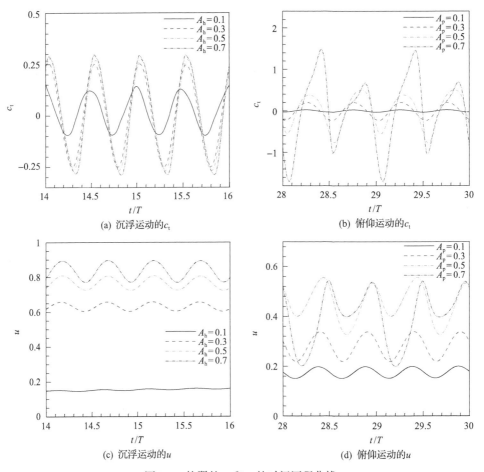

(a) 沉浮运动的 c_t　　　　　　(b) 俯仰运动的 c_t

(c) 沉浮运动的 u　　　　　　(d) 俯仰运动的 u

图 3.3　扑翼的 c_t 和 u 的时间历程曲线

图 3.4 给出了 f^*=0.3 时沉浮和俯仰运动扑翼在不同幅值下自主推进的瞬时涡量云图。对于沉浮运动扑翼，当幅值 A_h 从 0.3 增加到 0.5 时，扑翼尾流中的反卡门涡街没有发生明显的倾斜现象，如图 3.4(a) 和(b)所示。但对于俯仰运动扑翼，当幅值 A_p 从 0.3 增加到 0.5 时，尾流中的反卡门涡街发生了明显的倾斜，如图 3.4(c) 和(d)所示。因此，当幅值较大时(如 A_p=0.5 和 0.7)，俯仰运动扑翼的 c_t 和 u 曲线会出现大小不同的峰值，如图 3.3(b) 和(d)所示。这表明随着幅值的增加，俯仰运动扑翼的尾涡结构比沉浮运动扑翼的尾涡结构更容易发生倾斜。

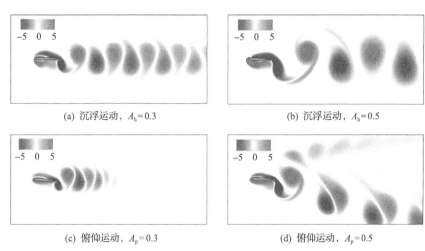

(a) 沉浮运动，A_h=0.3　　　　　　　　　　　(b) 沉浮运动，A_h=0.5

(c) 俯仰运动，A_p=0.3　　　　　　　　　　　(d) 俯仰运动，A_p=0.5

图 3.4　沉浮和俯仰运动扑翼在不同幅值下的自主推进的瞬时涡量云图

图 3.5 和图 3.6 分别给出了俯仰运动(f^*=0.3 和 A_p=0.7)扑翼在不同时刻(t/T=0.1、0.4、0.6 和 0.9)的瞬时涡量云图和压强系数云图。从图 3.5(a)和(b)可以看出，扑翼在前半周期内(t/T=0~0.5)没有形成明显的前缘涡(leading edge vortex, LEV)，这是因为扑翼在前半周期内形成的后缘涡(tailing edge vortex, TEV)滞留在扑翼的表面附近，抑制了前缘涡的形成。如图 3.5(b)所示，扑翼在前半周期内形成的后缘涡 TEV_0 会产生诱导速度冲击扑翼表面，从而有效地抑制扑翼前缘涡的形成。但在后半周期内(t/T=0.5~1)，扑翼会形成强大的前缘涡(如 LEV_1)，如图 3.5(d)所示。这是因为在前半周期内形成的后缘涡会迅速向后移动，如图 3.5(c)所示，后缘涡 TEV_1 和 TEV_0 形成涡对并迅速向后移动，从而消除后缘涡对前缘涡的抑制作用。

如图 3.6(a)所示，当 t/T=0.1 时，后缘涡 TEV_0 在扑翼的背风面(下翼面，$-y$ 方向一侧的翼面，下同)引起显著的负低压区。但是当 t/T=0.6 时，随着 TEV_0 向下游移动，其影响迅速减弱，此时扑翼背风面(上翼面，$+y$ 方向一侧的翼面，下同)的负压区明显弱于 t/T=0.1 时刻，如图 3.6(c)所示。因此，俯仰运动扑翼在 t/T=0.1 时刻(对应 t/T=28.1 时刻)的阻力要大于 t/T=0.6 时刻(对应 t/T=29.1 时刻)的阻力，

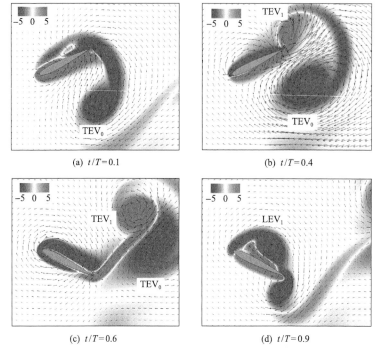

(a) $t/T=0.1$ (b) $t/T=0.4$

(c) $t/T=0.6$ (d) $t/T=0.9$

图 3.5　俯仰运动扑翼在不同时刻的瞬时涡量云图

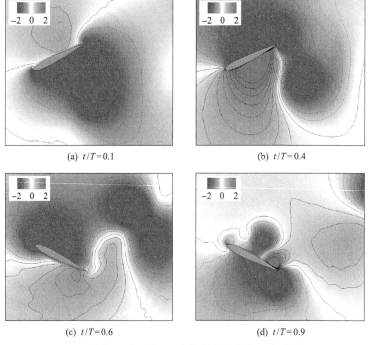

(a) $t/T=0.1$ (b) $t/T=0.4$

(c) $t/T=0.6$ (d) $t/T=0.9$

图 3.6　俯仰运动扑翼在不同时刻的瞬时压强系数云图

如图 3.3(b)所示。另外，当 t/T=0.4 时，后缘涡 TEV_0 的存在会使扑翼在向下拍动时产生更大的射流，所以下翼面形成了正高压区，如图 3.6(b)所示，这有助于扑翼产生更大的推力。但是当 t/T=0.9 时，在后半周期内形成的前缘涡 LEV_1 在扑翼上表面形成低压区，如图 3.6(d)所示，这不利于扑翼产生推力。因此，扑翼在 t/T=0.4 时刻产生的推力大于在 t/T=0.9 时刻产生的推力，如图 3.3(b)所示。这就是扑翼在前后半周期内推力峰值不相等的原因。Anderson 等[19]的研究表明，扑翼的前缘涡有利于产生推力。但是对于俯仰运动的扑翼，本小节的结果表明，前缘涡不利于产生推力。

综上所述，与俯仰运动扑翼相比，沉浮运动扑翼不仅具有更大的推进速度，而且推进速度更加稳定，同时具有更高的推进效率(除运动幅值很小时的情况外)。

3.1.2　沉浮俯仰组合运动

对于自然界的飞行/游动生物，扑翼运动通常是沉浮俯仰组合的方式，因此需要探究沉浮俯仰组合运动扑翼的自主推进效能。具体的实施方案是在沉浮运动的基础上施加不同幅值的俯仰运动，其中，沉浮运动的参数设置为 f^*=0.3、A_h=0.4 和 f^*=0.15、A_h=0.9，它们对应扑翼的最佳推进效率，同时选取 f^*=0.3、A_h=0.9 和 f^*=0.15、A_h=0.4 的情况做对比。此外，俯仰幅值变化范围为 A_p=0.1~0.6，俯仰轴固定在扑翼前缘点，沉浮与俯仰运动相位差为 ϕ=90°。

图 3.7 给出了沉浮俯仰组合运动扑翼的 $\bar{u}$、$\bar{C}_p$ 和 η 随 A_p 的变化曲线。如图 3.7(a)所示，$\bar{u}$ 随 A_p 的增加呈现先增大后减小的变化趋势，$\bar{u}$ 的最大值出现在 A_p=0.2~0.3 范围内。与图 3.2(a)对比可以看出，沉浮俯仰组合运动扑翼的 $\bar{u}$ 明显大于沉浮运动扑翼和俯仰运动扑翼。如图 3.7(b)所示，沉浮俯仰组合运动扑翼的 $\bar{C}_p$ 随 A_p 单调减小，并且始终小于沉浮运动扑翼和俯仰运动扑翼的 $\bar{C}_p$。因此，沉浮俯仰组

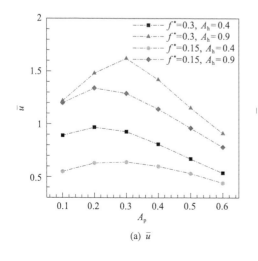

(a) $\bar{u}$

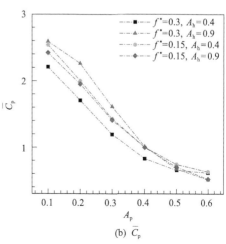

(b) $\bar{C}_p$

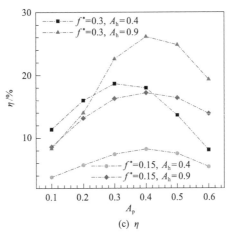

(c) η

图 3.7 沉浮俯仰组合运动扑翼的 $\bar{u}$、$\bar{C}_p$ 和 η 随 A_p 的变化曲线

合运动扑翼的效率 η 随 A_p 的增加而增加，直至在 $A_p=0.3\sim0.4$ 达到最大值，而后随 A_p 的增加而递减，如图 3.7(c) 所示。与图 3.2(c) 对比可以看出，沉浮俯仰组合运动扑翼的 η 始终大于沉浮运动扑翼和俯仰运动扑翼。

图 3.8 给出了不同 A_p 下沉浮俯仰组合运动扑翼的推进速度 u、推力系数 c_t、升力系数 c_l 和力矩系数 c_m 的时间历程曲线。如图 3.8(a) 所示，u 的波动幅度随 A_p 的增加递增，这是因为 c_t 的波动幅度随 A_p 的增加而增大，如图 3.8(b) 所示。如图 3.8(c) 和 (d) 所示，当 $A_p=0.3$ 时，c_l 和 c_m 均小于 $A_p=0.1$ 时的结果，所以扑翼的 $\bar{C}_p$ 随 A_p 的增加而递减，导致 η 随 A_p 的增加呈现增大的趋势，如图 3.7(b) 和 (c) 所示。但当 $A_p=0.6$ 时，c_l 和 c_m 均大于 $A_p=0.3$ 时的结果，所以随着 A_p 的进一步增加，扑翼的 $\bar{C}_p$ 增加，导致 η 呈现减小的趋势，如图 3.7(b) 和 (c) 所示。

为了进一步分析不同运动形式对扑翼自主推进效能的影响，图 3.9 给出了 $f^*=0.3$、$A_h=0.4$ 和 $A_p=0.4$ 时扑翼的 u、首周期内 c_t 及稳定推进周期内 c_t 和 c_l 的时间历程曲线。

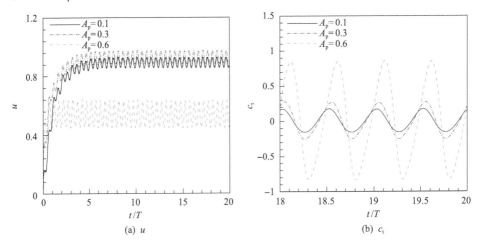

(a) u

(b) c_t

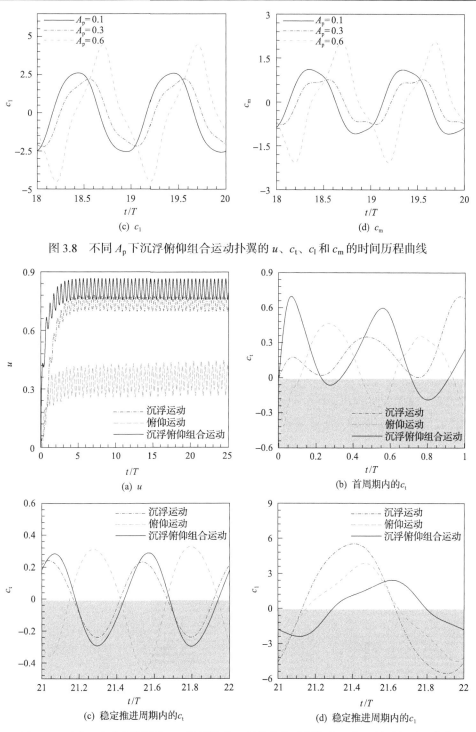

(c) c_l　　　　　　　　　　　(d) c_m

图 3.8　不同 A_p 下沉浮俯仰组合运动扑翼的 u、c_t、c_l 和 c_m 的时间历程曲线

(a) u　　　　　　　　　　(b) 首周期内的 c_t

(c) 稳定推进周期内的 c_t　　　　　(d) 稳定推进周期内的 c_l

图 3.9　不同运动形式扑翼的 u、首周期内 c_t 及稳定推进周期内 c_t 和 c_l 的时间历程曲线

如图 3.9(a)所示，不同运动形式的扑翼都能在五个周期之后获得稳定的自主推进运动，且 u 的差异主要在首个周期内产生。如图 3.9(b)所示，在第一个周期内，沉浮俯仰组合运动扑翼可以产生更大的 c_t（平均推力系数 $\bar{c}_t=0.3$），沉浮运动扑翼产生的 c_t 次之（$\bar{c}_t=0.22$），俯仰运动扑翼产生的 c_t 最小（$\bar{c}_t=0.11$）。所以，沉浮俯仰组合运动扑翼能够获得更大的 u，沉浮运动扑翼次之，俯仰运动扑翼的 u 最小。此外，如图 3.9(c)所示，沉浮俯仰组合运动扑翼 c_t 曲线的波动幅度明显大于沉浮运动扑翼，同时小于俯仰运动扑翼。扑翼 c_t 的波动变化直接导致 u 的波动变化，并且 c_t 的波动幅度越大，u 的波动幅度就越大。因此，沉浮俯仰组合运动扑翼的 u 曲线的波动幅度小于俯仰运动扑翼且大于沉浮运动扑翼，如图 3.9(a)所示。

为了进一步分析不同运动形式扑翼受力的差异，图 3.10 和图 3.11 分别给出了扑翼在不同时刻（$t/T=0.05$、0.3、0.55 和 0.8，分别对应 c_t 曲线的波峰和波谷时刻）的瞬时涡量云图和压强系数云图。

当扑翼经过平衡位置向上运动时，如 $t/T=0.05$，扑翼下翼面形成了前缘涡，同时后缘涡从扑翼上翼面脱落，如图 3.10 所示。此刻，扑翼的上翼面形成了正的高压区，同时下翼面形成了负的低压区，如图 3.11 所示，所以此时扑翼产生负的升力，如图 3.9(d)所示。与俯仰运动扑翼相比，沉浮运动扑翼的上下翼面压强差更大，而沉浮俯仰组合运动扑翼的上下翼面压强差更小，所以与俯仰运动扑翼相比，沉浮运动扑翼的 c_t 更大，而沉浮俯仰组合运动扑翼的 c_t 更小，如图 3.9(d)所示。同时，由于沉浮俯仰组合运动扑翼的瞬时攻角不为零，其上下翼面压强差在 x 方向的分量大于沉浮运动扑翼，所以沉浮俯仰组合运动扑翼的 c_t 大于沉浮运动

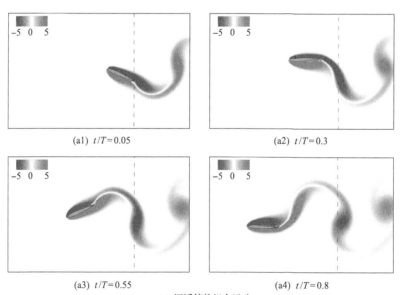

(a1) $t/T=0.05$　　　　　　　　　　　(a2) $t/T=0.3$

(a3) $t/T=0.55$　　　　　　　　　　　(a4) $t/T=0.8$

(a) 沉浮俯仰组合运动

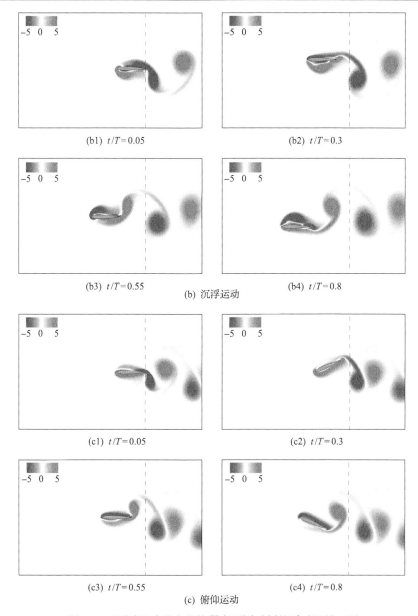

(b1) $t/T=0.05$　　　　　　　　　　(b2) $t/T=0.3$

(b3) $t/T=0.55$　　　　(b) 沉浮运动　　　(b4) $t/T=0.8$

(c1) $t/T=0.05$　　　　　　　　　　(c2) $t/T=0.3$

(c3) $t/T=0.55$　　　　(c) 俯仰运动　　　(c4) $t/T=0.8$

图 3.10　不同运动形式的扑翼在不同时刻的瞬时涡量云图

扑翼，如图 3.9(c)所示。对于俯仰运动扑翼，此时的前缘涡很弱，无法产生吸力，如图 3.10(c)和图 3.11(c)所示，所以俯仰运动扑翼的 c_t 是负值，即为阻力，如图 3.9(c)所示。

　　当扑翼从运动轨迹的最高点开始向下运动时，如 $t/T=0.3$，旋涡将从扑翼的前缘脱落，形成前缘涡。沉浮俯仰组合运动的扑翼能够充分捕获脱落的前缘涡，如

图 3.10(a)所示。这使得前缘涡引起的负低压区紧贴在扑翼的下翼面，如图 3.11(a)所示，从而不利于升力的产生。对于沉浮运动扑翼，前缘涡脱落之后没有被扑翼捕获，如图 3.10(b)所示。因此，前缘涡引起的负低压区没有紧贴在扑翼下翼面，如图 3.11(b)所示。此时，扑翼的下翼面产生正的高压区，同时在上翼面产生负的低压区，从而有利于升力的产生。俯仰运动扑翼存在类似的情况，如图 3.10(c)和图 3.11(c)所示。因此，沉浮运动和俯仰运动扑翼的 c_l 都大于沉浮俯仰组合运动

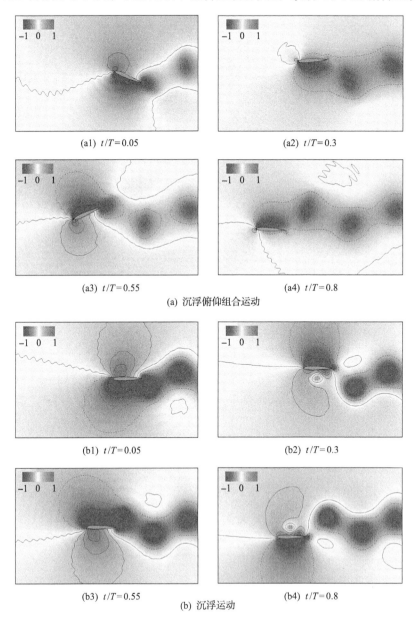

(a1) $t/T=0.05$　　　　　　　　　　　　(a2) $t/T=0.3$

(a3) $t/T=0.55$　　　　　　　　　　　　(a4) $t/T=0.8$

(a) 沉浮俯仰组合运动

(b1) $t/T=0.05$　　　　　　　　　　　　(b2) $t/T=0.3$

(b3) $t/T=0.55$　　　　　　　　　　　　(b4) $t/T=0.8$

(b) 沉浮运动

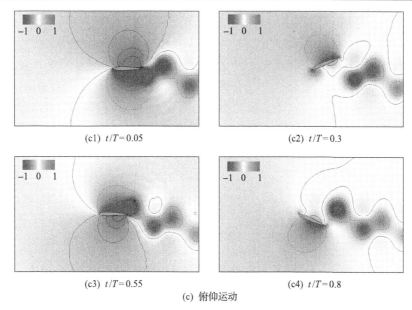

(c1) $t/T=0.05$ (c2) $t/T=0.3$

(c3) $t/T=0.55$ (c4) $t/T=0.8$

(c) 俯仰运动

图 3.11　不同运动形式的扑翼在不同时刻的瞬时压强系数云图

扑翼,如图 3.9(d)所示。另外,由于俯仰运动扑翼的瞬时攻角非零,此时的翼面压力分布产生推力,如图 3.9(c)所示。

当扑翼通过平衡位置向下运动时,如 $t/T=0.55$,扑翼的涡量分布和翼面压强系数分布与 $t/T=0.05$ 时刻相反,如图 3.10 和图 3.11 所示。因此,两个不同时刻的推力变化相同,而升力变化相反,如图 3.9(c)和(d)所示。当扑翼从运动轨迹的最低点开始向上运动时,如 $t/T=0.8$,扑翼的涡量分布和翼面压强系数分布与 $t/T=0.3$ 时刻相反。相同的推力和升力变化情况也发生在 $t/T=0.8$ 和 0.3 时刻。

沉浮俯仰组合运动扑翼比沉浮运动扑翼和俯仰运动扑翼具有更快的推进速度和更高的推进效率。除运动形式外,扑翼的推进效能还受其他参数的影响,如雷诺数 Re、沉浮与俯仰运动相位差 ϕ、俯仰轴位置 x_p 等。

3.1.3　雷诺数的影响

雷诺数是影响扑翼推进效能的重要参数之一[19]。Das 等[7]的研究表明,固定扑翼的推力和推进效率会随着雷诺数的增加快速增加,直至在 $Re=1000$ 时出现峰值,当雷诺数继续增加时,扑翼的推力和推进效率保持微小变化。但是,对于自主推进的扑翼,雷诺数的影响依然有待研究。因此,本小节研究雷诺数对扑翼自主推进效能的影响,参数设置为 $f^*=0.3$、$A_h=0.4$、$A_p=0.3$、$\phi=90°$ 和 $x_p=0$。

图 3.12(a)~(c)分别给出了扑翼的 $\bar{u}$、$\bar{C}_p$ 和 η 随 Re 的变化曲线。从图 3.12(a)可以看出,当 $Re\leqslant800$ 时,$\bar{u}$ 随 Re 的增加而显著增大。当 $Re>800$ 时,$\bar{u}$ 受 Re

的影响很微弱。同时，如图 3.12(d)所示，当 $Re \leqslant 800$ 时，扑翼获得稳定 u 所需的周期数也随 Re 的增加而增加，这是因为流体黏性随 Re 的增加而减小。当 $Re > 800$ 时，由于黏性效应减弱，扑翼的 u 的时间历程曲线彼此很接近，几乎不受 Re 的影响。另外，如图 3.12(b)所示，当 $Re \leqslant 400$ 时，$\overline{C}_p$ 随 Re 的增加而减小，直至在 $Re = 400$ 时出现最小值，而后随 Re 的增加而增大，直至在 $Re = 1000$ 时出现最大值，而后再次随 Re 的增加而减小。如图 3.12(c)所示，当 $Re \leqslant 800$ 时，η 随 Re 的增加而显著增加。而当 $Re > 800$ 时，增加 Re 不会引起 η 的明显变化。

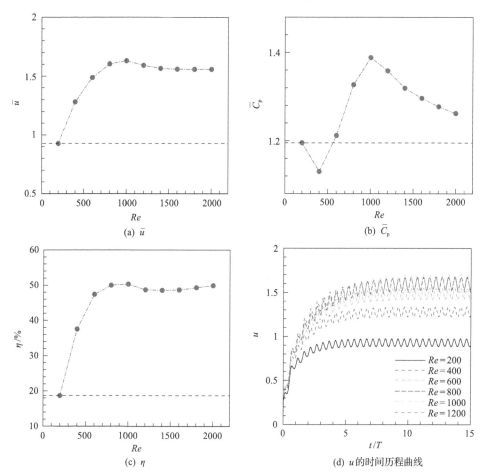

图 3.12　扑翼的 $\overline{u}$、$\overline{C}_p$ 和 η 随 Re 的变化曲线及不同 Re 下扑翼的 u 的时间历程曲线

因此，$Re = 800$ 是雷诺数的阈值。当雷诺数低于该阈值时，增加雷诺数可以显著提高扑翼的推进效能，当雷诺数大于该阈值时，增加雷诺数不会引起扑翼推进效能的显著变化。这与 Das 等[7]的研究结果相符合，虽然他们的工作没有考虑扑翼的自主推进运动。

由于流体的黏性效应随雷诺数的增加而显著减小，扑翼的尾涡结构也随雷诺数的增加而发生明显的变化。如图 3.13 所示，随着雷诺数的增加，半个周期内从扑翼尾部脱落的旋涡数量显著增加。当 $Re=200$ 时，半个周期内扑翼尾部只脱落了一个旋涡。当 $Re=600$ 时，半个周期内有两个旋涡从扑翼尾部脱落。而当 $Re=1000$ 时，半个周期内有三个旋涡从扑翼尾部脱落。因此，随着雷诺数的增加，扑翼自主推进运动产生的尾迹流场结构更加复杂。

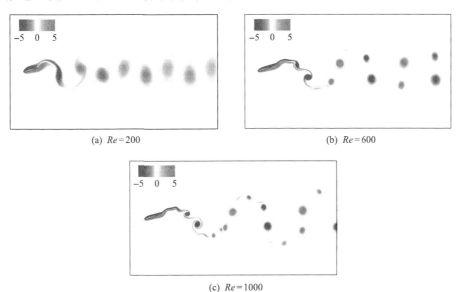

(a) $Re=200$　　　　　　　　　　　(b) $Re=600$

(c) $Re=1000$

图 3.13　不同雷诺数下扑翼的瞬时涡量云图

3.1.4　沉浮与俯仰运动相位差的影响

沉浮运动与俯仰运动之间的相位差是影响扑翼推进效能的另一个重要因素[20]。Bøckmann 等[11]和 Read 等[21]研究了相位差对扑翼推力的影响，但他们的研究工作至少在两个方面存在不足之处，首先是忽视了扑翼的自主推进运动的特点，其次是研究的相位差范围较小。例如，Read 等[21]的研究只考虑了相位差范围为 70°～110°的情况，Bøckmann 等[11]只研究了在 40°～160°范围内相位差的影响。本小节详细研究 0°～360°范围内的相位差对扑翼自主推进运动的影响，其他参数设置为 $Re=200$、$f^*=0.3$、$A_h=0.4$、$A_p=0.3$ 和 $x_p=0$。图 3.14 给出了扑翼的 $\bar{u}$、$\bar{C}_p$ 和 η 随 ϕ 的变化曲线。

如图 3.14(a) 所示，随着 ϕ 的增加，扑翼的 $\bar{u}$ 逐渐增大，直至在 $\phi=60°$时达到最大值，然后开始逐渐减小，并在 $170°\leqslant\phi\leqslant275°$范围内出现负值，即出现自主向后推进(沿 $+x$ 方向)运动。如果继续增加 ϕ，$\bar{u}$ 迅速增大。由此可见，相位差不仅会改变扑翼的推进速度，而且会改变扑翼自主推进运动的方向，即合适的相位差可以使扑翼产生向后推进运动。对于向前推进运动，扑翼在$\phi=60°$时具有最大的推进速度。Anderson 等[9]的研究表明，当$\phi=75°$时，扑翼可以产生最大的推力。这与本小节的结果类似，虽然他们的研究工作忽视了扑翼的自主推进运动。对于向后推进运动，扑翼在$\phi=240°$时具有最大的向后推进速度。此外，扑翼的$\overline{C}_p$和η也明显受到ϕ的影响。如图 3.14(b)所示，在向前推进运动中，$\overline{C}_p$随ϕ的增加呈现先减小后增大的变化趋势，并在$\phi=120°$时出现最小值。在向后推进运动中，$\overline{C}_p$随ϕ的变化趋势类似。如图 3.14(c)所示，当$\phi=90°$时，扑翼可以获得最佳的向前推进效率(约 19%)。当$\phi=240°$时，扑翼具有最佳的向后推进效率(约 7%)。

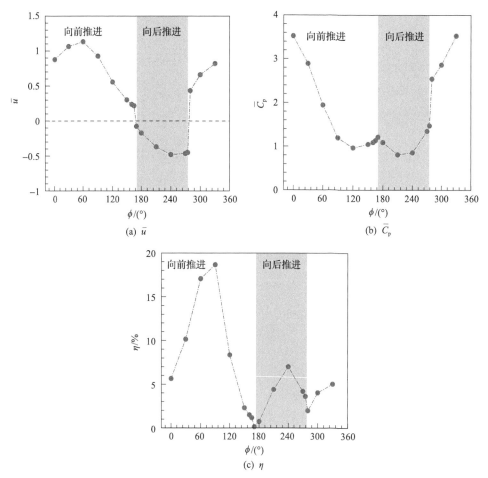

图 3.14　扑翼的$\overline{u}$、$\overline{C}_p$和η随ϕ的变化曲线

为了进一步分析ϕ对扑翼自主推进的影响，图 3.15 给出了不同ϕ下扑翼的 u

和 c_t 的时间历程曲线。同时，图 3.16 还给出了 $\phi=90°$ 和 240° 下扑翼在不同时刻的
瞬时压强系数云图。

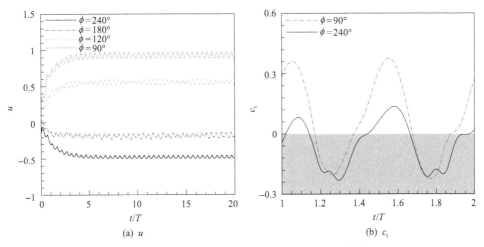

(a) u　　　　　　　　　　　　　(b) c_t

图 3.15　不同 ϕ 下扑翼的 u 和 c_t 的时间历程曲线

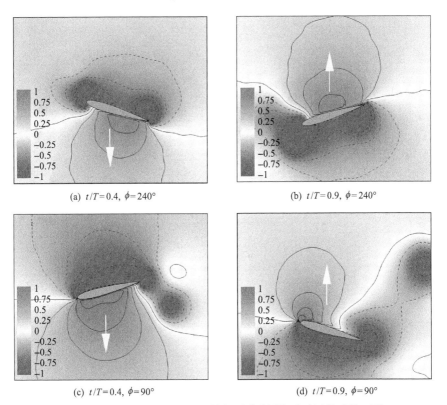

(a) $t/T=0.4$, $\phi=240°$　　　　　　　　　(b) $t/T=0.9$, $\phi=240°$

(c) $t/T=0.4$, $\phi=90°$　　　　　　　　　(d) $t/T=0.9$, $\phi=90°$

图 3.16　$\phi=90°$ 和 240° 下扑翼在不同时刻的瞬时压强系数云图

如图 3.15(a)所示，无论是向前推进运动还是向后推进运动，扑翼在经过五个周期之后都能获得稳定的速度。此外，扑翼自主推进的方向在开始运动的时刻就已经确定了。这表明相位差直接决定了扑翼推力的方向。如图 3.15(b)所示，当 ϕ =240°时，扑翼在首个周期内产生的推力是负值(平均推力系数 $\bar{c}_t$ =−0.14)，即扑翼的推力指向 +x 方向。这是因为此时扑翼的有效攻角在下行程是负值，而在上行程是正值，如图 3.16(a)和(b)所示。因此，扑翼所受压力总是指向后方(即 +x 方向)，使扑翼产生负的推力并向后推进。当 ϕ =90°时，扑翼的有效攻角在下行程是正值，而在上行程是负值，如图 3.16(c)和(d)所示。因此，扑翼所受压力总是指向前方(即 −x 方向)，使扑翼产生正的推力($\bar{c}_t$ =0.32)并向前运动。

3.1.5　俯仰轴位置的影响

俯仰轴位置也是影响扑翼推进效能的一个重要因素。Mackowski 等[14]和 Tian 等[22]的研究均表明，俯仰运动扑翼的推力受到俯仰轴位置的显著影响，当俯仰轴靠近扑翼前缘端点时，可以大幅增加扑翼的推力。然而，他们仅研究了俯仰运动的扑翼。对于沉浮俯仰组合运动的扑翼，俯仰轴位置对其自主推进运动的影响有待进一步研究。本小节详细研究 $0 \leqslant x_p \leqslant 0.9$ 范围内的俯仰轴位置对扑翼自主推进效能的影响，其他参数设置为 Re=200、f^*=0.3、A_h=0.4、A_p=0.3 和 ϕ=240°。图 3.17 给出了扑翼的 $\bar{u}$ 、$\bar{C}_p$ 和 η 随 x_p 的变化曲线。同时，图 3.18 还给出了不同 x_p 下扑翼在首个周期内 c_t 及稳定推进周期内 c_l 和 c_m 的时间历程曲线。

如图 3.17(a)所示，随着 x_p 由前缘点向后缘点移动，$\bar{u}$ 单调递减。如图 3.18(a)所示，当 x_p=0、0.4 和 0.8 时，扑翼在首个周期内的平均推力系数分别为 0.32、0.26 和 0.23。可以看出，随着俯仰轴由前缘点向后缘点移动，扑翼产生的推力递减，从而导致其推进速度递减。此外，如图 3.17(b)所示，随着 x_p 由前缘点向后缘点移动，

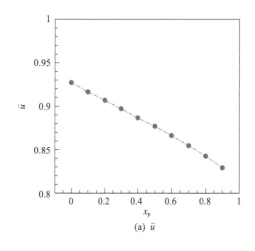

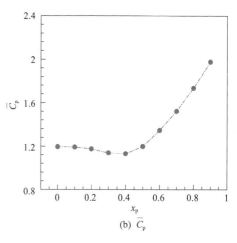

(a) $\bar{u}$ 　　　　　　　　　　　　　　　(b) $\bar{C}_p$

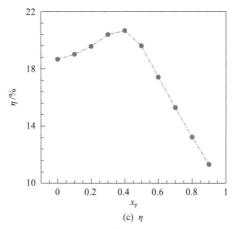

(c) η

图 3.17　扑翼的 $\overline{u}$、$\overline{C}_p$ 和 η 随 x_p 的变化曲线

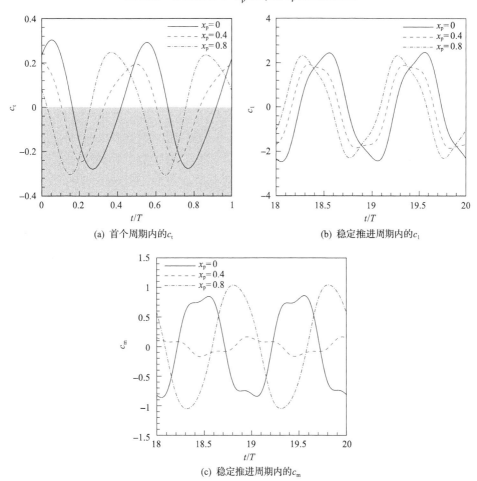

(a) 首个周期内的 c_t

(b) 稳定推进周期内的 c_l

(c) 稳定推进周期内的 c_m

图 3.18　不同 x_p 下扑翼在首个周期内 c_t、稳定推进周期内 c_l 和 c_m 的时间历程曲线

$\bar{C}_\mathrm{p}$ 呈现出先减小后增大的变化趋势，并在 x_p=0.4 出现最小值。这是因为俯仰轴的变化会引起扑翼升力和力矩的改变。当 x_p=0.4 时，俯仰轴刚好接近于扑翼的质心，此时扑翼 c_l 和 c_m 的峰值明显小于其他情况，如图 3.18(b) 和 (c) 所示，导致 $\bar{C}_\mathrm{p}$ 会在 x_p=0.4 出现最小值。另外，随着 x_p 由前缘点向后缘点移动，η 会显著增加，直至在 x_p=0.4 时达到最大值(约 21%)，而后逐渐减小，如图 3.17(c) 所示。因此，将俯仰轴放置在扑翼的质心附近，可以显著降低扑翼的能量消耗，同时提高扑翼的推进效率。

3.2　多自由度扑翼自主推进运动

在自然界中，不同种类的鸟类/鱼类的扑翼推进运动存在多方面的差异，不仅运动参数差异很大，而且生物的个体形态和扑翼外形也存在巨大差异。那么，它们的扑翼推进运动是否存在普适的流体机理和规律，这个问题一直是人们努力探索的方向之一。通过研究均匀来流中固定扑翼的推进效能，人们已经发现一些普适的动力学规律。Moored 等[23]基于无黏理论研究指出，对于俯仰运动扑翼，其推力可以通过一个包含运动频率和幅值的多项式估算。Floryan 等[8]的研究表明，扑翼的推进效能可以通过包含斯特劳哈尔数(Sr)和运动频率的多项式进行计算。而 Quinn 等[24]的研究指出，扑翼的推力完全与 Sr^2 成正比，能量消耗则与 Sr^3 成正比。此外，也有其他的推进效能估算公式[25, 26]。然而，上述有关扑翼推进效能的各种估算公式虽然揭示了扑翼推进的一些普适性机理和规律，但是不同估算公式之间的差异较大。因此，上述有关扑翼推进效能动力学规律的适应范围依然很有限。这可能是因为固定扑翼模型忽视了生物扑翼自主推进的特点，从而忽视了扑翼运动本身对周围流场的响应[27]。

Vandenberghe 等[15]提出了能够单向自主推进的简化扑翼模型，为研究扑翼的自主推进运动奠定了基础。扑翼的单向自主推进运动受扑翼密度、厚度和俯仰轴位置等参数的显著影响[6,16,28]。其中比较典型的是 Gazzola 等[28]的研究工作，他们指出，扑翼推进速度可以直接量化为运动频率和幅值乘积的 4/3 次幂。该量化公式不仅满足数值模拟结果，也适用于自然界一些飞行/游动生物的推进运动数据。这表明决定生物扑翼推进速度的基本因素只有两个，即扑翼频率和幅值。但是，该量化公式并不能满足许多其他飞行/游动生物的推进运动数据，如斑马鱼、金枪鱼等。这可能是因为 Gazzola 等[28]只考虑了扑翼的单向自主推进运动，忽视了多自由度对扑翼推进运动的影响。然而，鸟类/鱼类个体在推进过程中始终可以在多个方向上自由运动，包括纵向和侧向两个方向。如果考虑扑翼的多自由度特点，如纵向和侧向两个方向上的自由运动，扑翼的自主推进运动将更加接近于鸟类/

鱼类的推进运动。因此，本节数值模拟具有双自由度的扑翼推进过程，探究其中的运动规律。

本节选用由半圆形前缘和等腰三角形后缘组成的扑翼模型，如图 3.19 所示，扑翼的质量为 m，弦长为 c，厚度为 b。驱动扑翼的控制方程为

$$\theta(t) = \theta_{\mathrm{m}} \sin(2\pi f t) \tag{3.5}$$

式中，$\theta(t)$ 为扑翼瞬时俯仰角度；t 为时间；θ_{m} 为俯仰幅值。

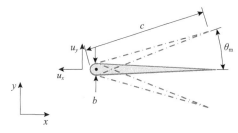

图 3.19　双自由度扑翼模型示意图

对于具有双自由度的扑翼，其自主推进的控制方程为

$$m \frac{\mathrm{d}^2 \boldsymbol{X}}{\mathrm{d}t^2} = \boldsymbol{F}_{\mathrm{f}} \tag{3.6}$$

式中，$\boldsymbol{X}=(X, Y)$ 为扑翼俯仰轴的位置坐标；$\boldsymbol{F}_{\mathrm{f}}=(F_x, F_y)$ 为周围流场作用在扑翼上的力。

基于扑翼弦长 c 和特征速度 V 的雷诺数固定为 200，其中 $V=200\mu/(\rho c)$。定义无量纲频率 $f^*=fc/V$。定义扑翼自主向前推进的正方向为 $-x$ 方向，横向偏航的正方向为 $+y$ 方向。此外，扑翼的俯仰轴固定在半圆形前缘的圆心处，即 $x/c=0.05$。

扑翼的推进速度、推力系数、能量系数的周期平均值为

$$\begin{cases} \overline{u}_x = \dfrac{1}{T} \displaystyle\int_t^{t+T} u_x \mathrm{d}t \\[2mm] \overline{u}_y = \dfrac{1}{T} \displaystyle\int_t^{t+T} u_y \mathrm{d}t \\[2mm] \overline{c}_{\mathrm{t}} = \dfrac{1}{T} \displaystyle\int_t^{t+T} c_{\mathrm{t}} \mathrm{d}t \\[2mm] \overline{C}_{\mathrm{p}} = \dfrac{1}{T} \displaystyle\int_t^{t+T} C_{\mathrm{p}} \mathrm{d}t \end{cases} \tag{3.7}$$

扑翼的推进效率为

$$\begin{cases} \eta = \dfrac{\overline{E}_{\mathrm{k}}}{\overline{P}} \\[2mm] \overline{E}_{\mathrm{k}} = \dfrac{1}{T}\int_{t}^{t+T}\dfrac{1}{2}m\left(u_x^2 + u_y^2\right)\mathrm{d}t \\[2mm] \overline{P} = \dfrac{1}{T}\int_{t}^{t+T}P\mathrm{d}t \end{cases} \tag{3.8}$$

式中，P 为扑翼的能量，$P=M\mathrm{d}\theta(t)/\mathrm{d}t$。

在本节的研究中，计算域是 $70c\times20c$ 的矩形区域，对扑翼推进路径进行加密，该区域的尺寸是 $60c\times10c$，网格步长 $\Delta h=0.01c$。

3.2.1　拍动频率和幅值的影响

本小节研究扑翼在不同拍动频率和幅值空间中的自主推进运动，其他参数设置为 $\overline{m}=1$ 和 $b/c=0.1$。图 3.20 给出了不同频率 f^* 和幅值 θ_{m} 下扑翼的俯仰轴运动轨迹、周期平均纵向速度 $\overline{u}_x$ 和周期平均横向速度 $\overline{u}_y$ 的时间历程曲线。

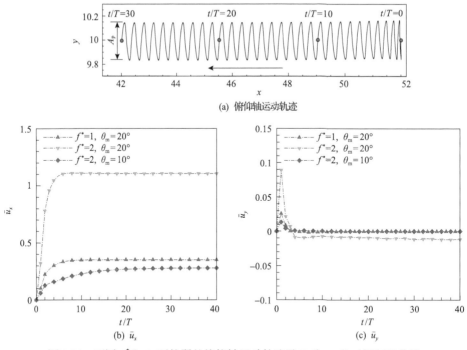

(a) 俯仰轴运动轨迹

(b) $\overline{u}_x$

(c) $\overline{u}_y$

图 3.20　不同 f^* 和 θ_{m} 下扑翼的俯仰轴运动轨迹及 $\overline{u}_x$ 和 $\overline{u}_y$ 的时间历程曲线

如图 3.20(a)所示，在双自由度情况下，俯仰运动的扑翼依然能稳定地自主向前推进，同时伴随有侧向的周期往复运动。同时，扑翼始终沿纵向(x 方向)直线前进，没有产生明显的侧向偏航。这表明扑翼在获得稳定纵向推进速度的同时，侧向速度的周期平均值为零，即 $\bar{u}_y = 0$，如图 3.20(b) 和 (c) 所示。图 3.21 给出了相应的扑翼纵向推进速度 u_x 和横向推进速度 u_y 的时间历程曲线。可以看出，u_y 的波动频率与驱动频率相同，只有 u_x 的波动频率的一半，该结果与文献 [29] 中的结果一致。

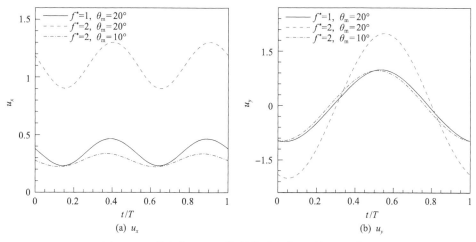

(a) u_x　　　　　　　　　　　　　　　(b) u_y

图 3.21　不同 f^* 和 θ_m 下扑翼推进速度的时间历程曲线

此外，扑翼的侧向往复运动是受流固耦合作用产生的被动运动，相当于在扑翼俯仰运动的基础上施加了被动的沉浮运动，其幅值定义为 A_p，如图 3.20(a) 所示。图 3.22 给出了扑翼俯仰轴横向位置在一个周期内的时间历程曲线和瞬时涡量云图。

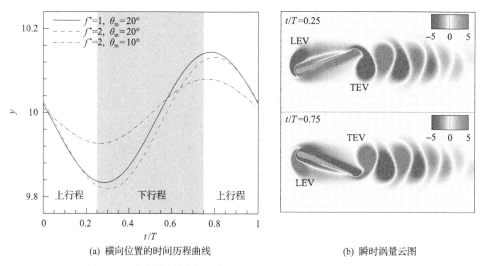

(a) 横向位置的时间历程曲线　　　　　　(b) 瞬时涡量云图

图 3.22　扑翼俯仰轴横向位置的时间历程曲线和瞬时涡量云图

当扑翼向上俯仰运动时会产生向下的被动沉浮运动，当扑翼向下俯仰运动时会产生向上的被动沉浮运动，如图 3.22(a) 所示。因此，扑翼的前缘涡与后缘涡具有相同的旋转方向，如图 3.22(b) 所示。

在本小节考虑的运动参数范围内，扑翼始终沿纵向(x 方向) 直线向前推进，不会产生明显的偏航运动(侧向偏航角度远小于 1°)。同时，扑翼尾流中的反卡门涡街也不会发生明显的倾斜现象。该现象与均匀来流中固定扑翼的尾涡倾斜现象相悖。对于均匀来流中的固定扑翼，随着频率或幅值的持续增加，尾流中的反卡门涡街会发生明显的倾斜现象[30]，导致扑翼产生持续的侧向力，并会产生侧向偏航运动[31]。图 3.23 给出了 $Re=200$、$f^*=1$ 和 $\theta_\mathrm{m}=20°$ 下，固定扑翼的瞬时涡量云图及自主推进扑翼推力系数 c_t、固定扑翼推力系数 $c_\mathrm{t,f}$ 和它们的侧向力系数 c_s、$c_\mathrm{s,f}$ 的时间历程曲线。

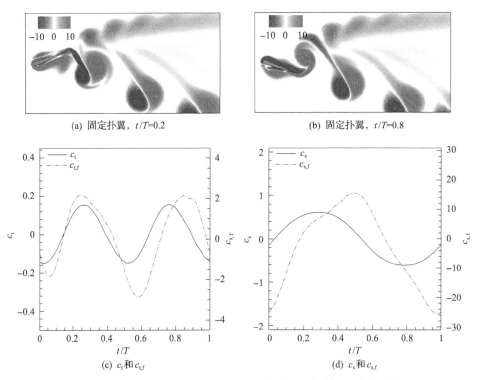

(a) 固定扑翼，$t/T=0.2$　　　　　　　　(b) 固定扑翼，$t/T=0.8$

(c) c_t 和 $c_\mathrm{t,f}$　　　　　　　　(d) c_s 和 $c_\mathrm{s,f}$

图 3.23　固定扑翼的瞬时涡量云图及自主推进扑翼和固定扑翼的
推力系数和侧向力系数的时间历程曲线

对于均匀来流中的固定扑翼，尾流中的反卡门涡街会出现非常明显的倾斜，如图 3.23(a) 和(b) 所示。此时，扑翼推力和侧向力的周期平均值均不等于零，即 $\overline{c}_\mathrm{t,f}=0.15$ 和 $\overline{c}_\mathrm{s,f}=-2.6$，如图 3.23(c) 和(d) 中的点划线所示。但是，具有双自由度的扑翼并没有出现明显的尾涡倾斜现象，如图 3.22(b) 所示。并且由于扑翼在稳定自主推进的过程中处于受力平衡状态，推力和侧向力的周期平均值均为零，即 $\overline{c}_\mathrm{t}=0$ 和 $\overline{c}_\mathrm{s}=0$，如图 3.23(c) 和(d) 中的实线所示。这表明扑翼的自主运动可以有效地抑制其尾流中反卡门涡街的倾斜现象。这是因为扑翼的自主运动可以调整尾流中旋涡的空间排列,从而有效地避免了涡对的形成,使尾涡失去了倾斜的基础(涡对是尾涡倾斜的基础)。因此,与均匀来流中的固定扑翼相比,自主运动扑翼的流体力学性能存在明显的差异,扑翼的自由度可以显著影响内在的流动机理。

图 3.24 给出了不同频率 f^* 和幅值 θ_m 下扑翼的周期平均纵向推进速度 $\bar{u}_x$、平均能量系数 $\bar{C}_p$ 和往复运动幅值 A_p (已用弦长 c 无量纲化)的变化曲线。对于具有纵向和侧向双自由度的扑翼,推进速度和能量消耗是推进效能的两个重要指标。如图 3.24 (a) 和 (b) 所示,$\bar{u}_x$ 和 $\bar{C}_p$ 均随 f^* 和 θ_m 的增加而显著提高。此外,由于扑翼的 $\bar{u}_y$ 为零,A_p 就成为表征扑翼自主推进运动性能的另一个重要指标。如图 3.24 (c) 所示,A_p 随 θ_m 的增加而显著递增,但 f^* 的变化并没有引起 A_p 的明显改变,其中的原因解释如下。

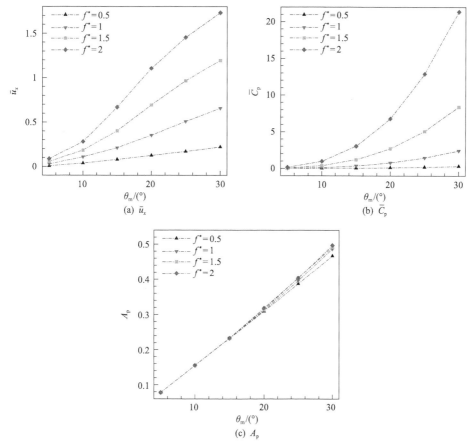

图 3.24　不同 f^* 和 θ_m 下扑翼的 $\bar{u}_x$、$\bar{C}_p$ 和 A_p 的变化曲线

扑翼侧向往复运动幅值的计算公式为:$A_p \approx \bar{u}_{y,d} T / 2$,其中 $\bar{u}_{y,d}$ 是扑翼在半个

拍动行程(如下行程)中的侧向平均速度。当 f^* 固定时，$\bar{u}_{y,\mathrm{d}}$ 随 θ_m 的增加而显著增加，从而导致 A_p 随之递增。例如，对于 $f^*=2$，当 θ_m 从 10° 增加到 20° 时，$\bar{u}_{y,\mathrm{d}}$ 相应地从 0.61 增加到 1.25，使得 A_p 从 0.15 增加到 0.31。但当 θ_m 固定时，虽然 $\bar{u}_{y,\mathrm{d}}$ 也会随 f^* 的增加而递增，但是 T 会由于 f^* 的增加而变小，使得 A_p 趋于不变。例如，对于 $\theta_\mathrm{m}=20°$，当 f^* 从 1 增加到 2 时，虽然 $\bar{u}_{y,\mathrm{d}}$ 从 0.62 增加到 1.25，但由于 T 减小了一半，A_p 的值仍约为 0.3。因此，扑翼侧向往复运动的幅值只受拍动幅值的影响，几乎不受拍动频率的影响。

3.2.2　推进效能的标度律

为了进一步分析扑翼在双自由度情况下的自主推进运动，定义了三个无量纲参数：基于纵向推进速度的推进雷诺数 Re_ux（$=\rho\bar{u}_x c/\mu$）、基于侧向往复运动频率和幅值的侧向振动雷诺数 Re_p（$=\rho f A_\mathrm{p} c/\mu$）及基于扑翼拍动频率和幅值的拍动雷诺数 Re_f（$=\rho f A c/\mu$，其中 $A=1.9\sin\theta_\mathrm{m}$）。图 3.25 给出了扑翼的 Re_ux、$\bar{C}_\mathrm{p}$ 和 Re_p 随 Re_f 的变

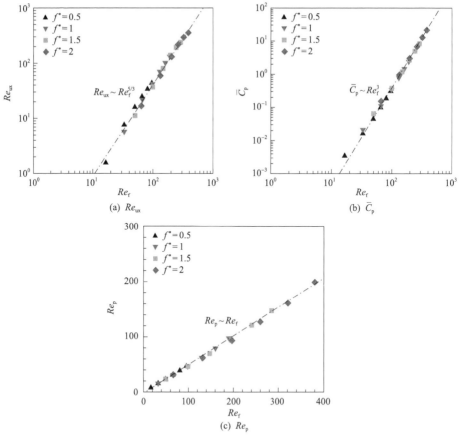

图 3.25　扑翼的 Re_ux、$\bar{C}_\mathrm{p}$ 和 Re_p 随 Re_f 的变化曲线

化曲线。可以看出，Re_{ux}、$\bar{C}_{\text{p}}$ 和 Re_{p} 与 Re_{f} 的关系分别满足特定的标度律。这表明扑翼自主推进的速度、能量消耗和侧向被动往复运动分别与驱动频率和幅值存在某种特定的标度律关系。

如图 3.25(a)所示，Re_{ux} 随 Re_{f} 的增大而单调递增，两者存在的标度律关系为 $Re_{\text{ux}} \sim Re_{\text{f}}^{5/3}$。这表明可以利用扑翼的拍动频率和幅值预测其自主推进的速度。至于该标度律的内在机理，目前还没有精确的解释，本书仅提供一种可能的解释作为参考。图 3.26 为自主推进扑翼产生推力的示意图。在半个拍动行程(如下行程)中，扑翼俯仰运动会把迎风面一侧的流体排斥推开，被排斥的流体质量与扑翼俯仰运动的扫略区域大小相关。这里考虑扑翼俯仰运动时的扫略区域为三角形区域的情况，如图 3.26 中的灰色区域。因此，被扑翼排斥的流体质量与扑翼扫略区域面积的关系为

$$m \sim \rho \frac{\pi c^2 2\theta_{\text{m}}}{2\pi} \sim \rho c^2 \theta_{\text{m}} \qquad (3.9)$$

由于本节只考虑不可压流体，式(3.9)可以进一步简化为

$$m \sim c^2 \theta_{\text{m}} \qquad (3.10)$$

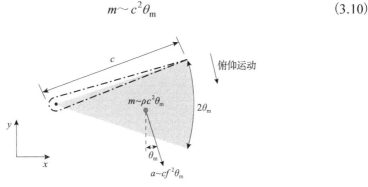

图 3.26　自主推进扑翼产生推力的示意图

另外，流体被扑翼排斥推开的过程中会获得加速度，该加速度大小与扑翼拍动频率和幅值相关，可表示为 $a \sim cf^2\theta_{\text{m}}$。因此，扑翼在俯仰运动过程中会施加给流体一个指向斜后方的作用力，其大小为 $F_{\text{fluid}} = ma \sim c^2\theta_{\text{m}} cf^2\theta_{\text{m}} = f^2 c^3 \theta_{\text{m}}^2$。由牛顿第三定律可知，被排斥推开的流体会对扑翼产生一个指向斜前方的反作用力，其大小为 $F_{\text{foil}} = F_{\text{fluid}}$。该反作用力即为扑翼产生自主运动的驱动力，它沿纵向(x 方向)的分量即为扑翼的推力。考虑到扑翼的俯仰角度，扑翼的推力可以表示为

$$T = F_{\text{foil}} \sin\theta_{\text{m}} \sim f^2 c^3 \theta_{\text{m}}^2 \sin\theta_{\text{m}} \qquad (3.11)$$

当 θ_{m} 取值很小时，有 $\theta_{\text{m}} \approx \sin\theta_{\text{m}}$，所以扑翼的推力可以表示为

$$T \sim f^2 (c \sin \theta_{\mathrm{m}})^3 \sim f^2 A^3 \tag{3.12}$$

这里假设 f 和 A 的值近似相等，则有 $f^2 A^3 \approx (fA)^{5/2}$。由文献[28]可知，扑翼自主推进过程中的阻力与其推进速度有关，即 $D \sim u_x^{3/2}$。考虑到扑翼稳定推进过程中处于受力平衡的状态，即推力与阻力大小相等 $(T=D)$，则有 $u_x^{3/2} \sim (fA)^{5/2}$。因此，扑翼推进速度与拍动频率和幅值的关系为 $u_x \sim (fA)^{5/3}$，即存在标度律 $Re_{ux} \sim Re_f^{5/3}$。

　　为了验证标度律 $Re_{ux} \sim Re_f^{5/3}$ 的普适性，图 3.27 给出了 $Re_{ux} \sim Re_f^{5/3}$ 与文献[28]、[32]和[33]中的数据和自然界采用扑翼推进的不同生物试验数据的对比验证。如图 3.27(a)所示，标度律 $Re_{ux} \sim Re_f^{5/3}$ 与文献[32]和[33]中二维或三维扑翼自主推进的数值模拟结果符合度很好，但却不符合文献[28]中的数值模拟结果。这可能是因为文献[28]中采用了波动推进的水翼模型。需要强调的是，本小节所提出的标

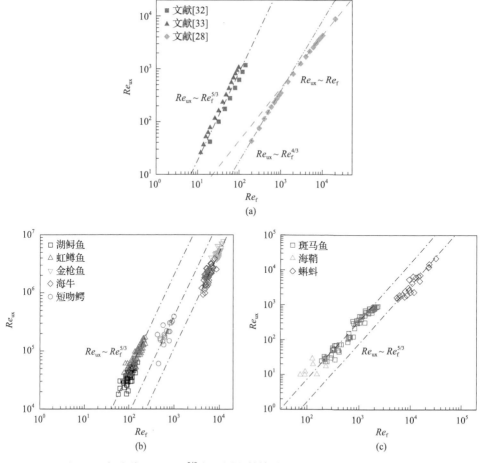

图 3.27　标度律 $Re_{ux} \sim Re_f^{5/3}$ 与不同文献结果和生物试验数据的对比验证

度律 $Re_{ux} \sim Re_f^{5/3}$ 并没有否定文献[28]提出的标度律 $Re_{ux} \sim Re_f^{4/3}$，两者只是分别适用于不同类型生物的扑翼推进运动。正如文献[28]所述，标度律 $Re_{ux} \sim Re_f^{4/3}$ 仅仅与部分生物的运动数据符合良好，但与一些其他生物的运动数据符合度较差，如金枪鱼、虹鳟鱼、斑马鱼等。然而，许多生物的运动数据虽然不符合标度律 $Re_{ux} \sim Re_f^{4/3}$，但是却与标度律 $Re_{ux} \sim Re_f^{5/3}$ 符合得很好，如图 3.27(b) 和 (c) 所示。在拍动雷诺数 $Re_f = O(10^2) \sim O(10^7)$ 的范围内，标度律 $Re_{ux} \sim Re_f^{5/3}$ 与一些生物的运动数据均符合得很好。为什么不同类型生物的运动数据会服从不同的标度律，其中的原因依然有待进一步的研究。在未来，随着人们对扑翼推进流体力学机理的深入理解，一定能够提出具有更广泛普适性的标度律。在此之前，由标度律 $Re_{ux} \sim Re_f^{5/3}$ 和 $Re_{ux} \sim Re_f^{4/3}$ 确定的速度预测区间可用于预测扑翼推进器的性能。

另外，由于 $\bar{C}_p$ 随 Re_f 的增加逐渐递增，两者之间也存在一个标度律关系 $\bar{C}_p \sim Re_f^3$，如图 3.25(b) 所示。同时，随着 Re_f 的增加，Re_p 呈现出线性递增的变化规律，即 $Re_p \sim Re_f$，如图 3.25(c) 所示。

本小节提出的标度律 $Re_{ux} \sim Re_f^{5/3}$、$\bar{C}_p \sim Re_f^3$ 和 $Re_p \sim Re_f$ 可以用于预测和评估仿生扑翼飞行器/潜航器的推进效能，后续章节将进一步讨论和分析它们的普适性。

3.2.3 扑翼质量和厚度的影响

为了探究扑翼质量对自主推进运动的影响，相关参数设置为 $f^* = 2$、$\theta_m = 10°$ 和 $b/c = 0.1$。图 3.28 给出了不同 $\bar{m}$ 下扑翼的 $\bar{u}_x$、$\bar{u}_y$ 和俯仰轴运动轨迹的时间历程曲线。如图 3.28(a) 和 (b) 所示，在经过数个周期之后，不同质量扑翼的 $\bar{u}_x$ 均收敛于某一常数值，同时 $\bar{u}_y$ 均收敛于零。这表明不同质量的扑翼最终都能获得稳定的向前推进运动，不会发生侧向偏航运动，如图 3.28(c) 所示。

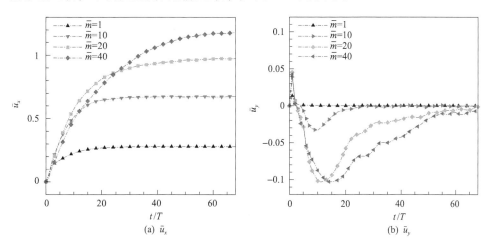

(a) $\bar{u}_x$ (b) $\bar{u}_y$

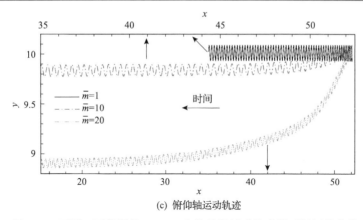

(c) 俯仰轴运动轨迹

图 3.28 不同 $\overline{m}$ 下扑翼的 $\overline{u}_x$、$\overline{u}_y$ 和俯仰轴运动轨迹的时间历程曲线

除此之外，从图 3.28(a)还可以看出，随着 $\overline{m}$ 的增加，$\overline{u}_x$ 显著增加。同时，质量越大的扑翼获得稳定推进所需要的时间越长。例如，当 $\overline{m}$ 从 1 增加到 40 时，$\overline{u}_x$ 达到稳定(即达到稳定速度的 98%)所需的周期数从 22 增加到 54。这是因为扑翼质量越大，惯性越大，对流固耦合作用的响应就越迟钝[16]。如图 3.28(b)所示，随着 $\overline{m}$ 的增加，$\overline{u}_y$ 在达到稳定之前的振荡也更加明显。这表明扑翼在获得稳定推进之前，质量越大的扑翼会产生更大的侧向偏移，如图 3.28(c)所示。图 3.29 给出了不同 f^* 和 θ_m 下扑翼的 $\overline{C}_p$ 和 A_p 随 $\overline{m}$ 的变化曲线。可以看出，随着 $\overline{m}$ 的增加，$\overline{C}_p$ 增加而 A_p 显著减小。

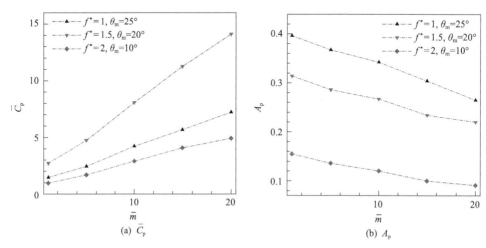

图 3.29 不同 f^* 和 θ_m 下扑翼的 $\overline{C}_p$ 和 A_p 随 $\overline{m}$ 的变化曲线

为了探究扑翼厚度对自主推进运动的影响，相关参数设置为 $\overline{m}=1$、$f^*=2$ 和 $\theta_m=10°$。图 3.30 给出了不同 b/c 下扑翼的 $\overline{u}_x$ 和 $\overline{u}_y$ 的时间历程曲线。如图 3.30(a)

所示，扑翼的 $\overline{u}_x$ 随扑翼厚度 b/c 的增加而显著减小，这符合文献[34]中的结果。并且，扑翼厚度存在阈值，只有当扑翼厚度小于该阈值时，扑翼才能向前推进运动（即沿 $-x$ 方向的推进运动）。反之，当扑翼厚度大于该阈值时，扑翼向后推进运动（即沿 $+x$ 方向的推进运动）。本小节的研究表明，扑翼厚度的阈值为 $b/c=0.3\sim$ 0.4。Ashraf 等[119]的研究表明，对于均匀来流中的固定扑翼，当扑翼厚度大于弦长的 30%时，扑翼产生负的推力。本小节在考虑扑翼自主推进运动的情况下，证明了上述结果的准确性。此外，在扑翼向前推进运动的过程中，随着厚度的增加，扑翼获得稳定推进速度所需的时间也增多。这表明，在双自由度情况下，越薄的扑翼越容易获得稳定的向前推进运动。但是，对于扑翼的向后推进运动，当扑翼厚度增加时，其获得稳定向后推进速度所需的时间降低。这表明越厚的扑翼越容易获得稳定的向后推进运动。此外，如图 3.30(b)所示，随着 b/c 的改变，$\overline{u}_y$ 始终收敛于零，这意味着不同厚度的扑翼均能产生稳定的沿纵向(x 方向)的直线运动，改变扑翼厚度不会使其产生明显的偏航运动。此外，图 3.31 给出了不同 f^* 和 θ_m 下扑翼的 $\overline{C}_p$ 和 A_p 随 b/c 的变化曲线。可以看出，随着 b/c 的增加，$\overline{C}_p$ 缓慢增加，A_p 则缓慢减小。这表明改变扑翼厚度不会引起 $\overline{C}_p$ 和 A_p 的显著变化。综上所述，较薄的扑翼更适合应用于仿生扑翼推进系统。

为了探究标度律 $Re_{ux}\sim Re_f^{5/3}$、$\overline{C}_p\sim Re_f^3$ 和 $Re_p\sim Re_f$ 是否会受扑翼质量和厚度的影响，选用参数为 $f^*=1$，$\theta_m=15°$ 和 25°，$f^*=1.5$，$\theta_m=20°$，$f^*=2$，$\theta_m=10°$、20° 和 25°的情况进行验证，数值模拟结果如图 3.32 所示。虽然扑翼的密度和厚度发生了改变，但扑翼的推进速度、能量消耗和侧向往复振动依然分别符合标度律 $Re_{ux}\sim Re_f^{5/3}$、$\overline{C}_p\sim Re_f^3$ 和 $Re_p\sim Re_f$。这表明本节提出的三个标度律不受扑翼质量和厚度的影响，具有较强的普适性。

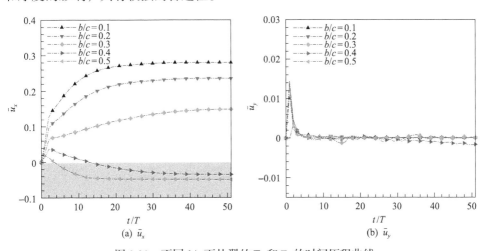

图 3.30　不同 b/c 下扑翼的 $\overline{u}_x$ 和 $\overline{u}_y$ 的时间历程曲线

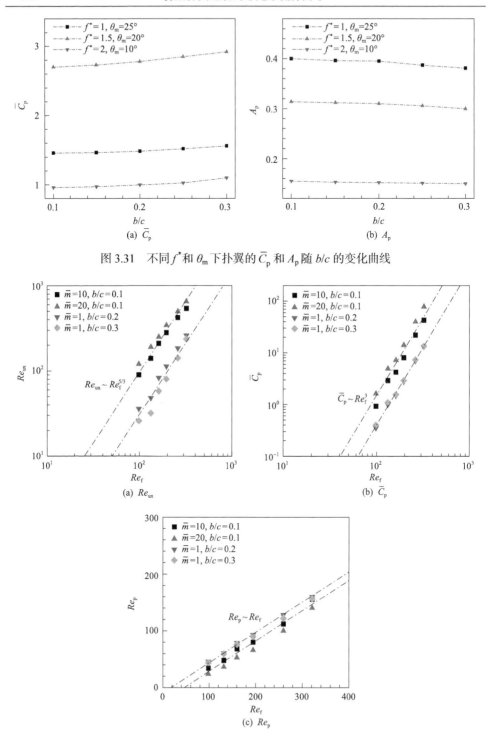

(a) $\overline{C}_p$

(b) A_p

图 3.31　不同 f^* 和 θ_m 下扑翼的 $\overline{C}_p$ 和 A_p 随 b/c 的变化曲线

(a) Re_{ux}

(b) $\overline{C}_p$

(c) Re_p

图 3.32　不同 $\overline{m}$ 和 b/c 下扑翼的 Re_{ux}、$\overline{C}_p$ 和 Re_p 随 Re_f 的变化曲线

参 考 文 献

[1] Shyy W, Aono H, Chimakurthi S K, et al. Recent progress in flapping wing aerodynamics and aeroelasticity. Progress in Aerospace Sciences, 2010, 46(7): 284-327.

[2] Platzer M F, Jones K D, Young J, et al. Flapping wing aerodynamics: Progress and challenges. AIAA Journal, 2008, 46(9): 2136-2149.

[3] Young J, Lai J C S, Platzer M F. A review of progress and challenges in flapping foil power generation. Progress in Aerospace Sciences, 2014, 67: 2-28.

[4] Belibassakis K A, Politis G K. Hydrodynamic performance of flapping wings for augmenting ship propulsion in waves. Ocean Engineering, 2013, 72: 227-240.

[5] Ramamurti R, Geder J, Palmisano J, et al. Computations of flapping flow propulsion for unmanned underwater vehicle design. AIAA Journal, 2010, 48(1): 188-201.

[6] Politis G K, Tsarsitalidis V T. Flapping wing propulsor design: an approach based on systematic 3D-BEM simulations. Ocean Engineering, 2014, 84: 98-123.

[7] Das A, Shukla R K, Govardhan R N. Existence of a sharp transition in the peak propulsive efficiency of a low-pitching foil. Journal of Fluid Mechanics, 2016, 800: 307-326.

[8] Floryan D, van Buren T, Rowley C W, et al. Scaling the propulsive performance of heaving and pitching foils. Journal of Fluid Mechanics, 2017, 822: 386-397.

[9] Anderson J M, Streitlien K, Barrett D S, et al. Oscillating foils of high propulsive efficiency. Journal of Fluid Mechanics, 1998, 360: 41-72.

[10] Hover F S, Haugsdal Ø, Triantafyllou M S. Effect of angle of attack profiles in flapping foil propulsion. Journal of Fluids and Structures, 2004, 19(1): 37-47.

[11] Bøckmann E, Steen S. Experiments with actively pitch-controlled and spring-loaded oscillating foils. Applied Ocean Research, 2014, 48: 227-235.

[12] Lewin G C, Haj-Hariri H. Modelling thrust generation of a two-dimensional heaving airfoil in a viscous flow. Journal of Fluid Mechanics, 2003, 492: 339-362.

[13] Young J, Lai J C S. On the aerodynamic forces of a plunging airfoil. Journal of Mechanical Science and Technology, 2007, 21(9): 1388-1397.

[14] Mackowski A W, Williamson C H K. Effect of pivot location and passive heave on propulsion from a pitching airfoil. Physical Review Fluids, 2017, 2: 013101.

[15] Vandenberghe N, Childress S, Zhang J. On unidirectional flight of a free flapping wing. Physics of Fluids, 2006, 18: 014102.

[16] Arora N, Gupta A, Sanghi S, et al. Flow patterns and efficiency-power characteristics of a self-propelled, heaving rigid flat plate. Journal of Fluids and Structures, 2016, 66: 517-542.

[17] Akoz E, Moored K W. Unsteady propulsion by an intermittent swimming gait. Journal of Fluid Mechanics, 2017, 834: 149-172.

[18] Andersen A, Bohr T, Schnipper T, et al. Wake structure and thrust generation of a flapping foil in two-dimensional flow. Journal of Fluid Mechanics, 2017, 812: R4.

[19] Ashraf M A, Young J, Lai J C S. Reynolds number, thickness and camber effects on flapping airfoil propulsion. Journal of Fluids and Structures, 2011, 27(2): 145-160.

[20] Moriche M, Flores O, García-Villalba M. On the aerodynamic forces on heaving and pitching airfoils at low Reynolds number. Journal of Fluid Mechanics, 2017, 828: 395-423.

[21] Read D A, Hover F S, Triantafyllou M S. Forces on oscillating foils for propulsion and maneuvering. Journal of Fluids and Structures, 2003, 17(1): 163-183.

[22] Tian W, Bodling A, Liu H, et al. An experimental study of the effects of pitch-pivot-point location on the propulsion performance of a pitching airfoil. Journal of Fluids and Structures, 2016, 60: 130-142.

[23] Moored K W, Quinn D B. Inviscid scaling laws of a self-propelled pitching airfoil. AIAA Journal, 2019, 57(9): 3686-3700.

[24] Quinn D B, Moored K W, Dewey P A, et al. Unsteady propulsion near a solid boundary. Journal of Fluid Mechanics, 2014, 742: 152-170.

[25] Lau T C W, Kelso R M. A scaling law for thrust generating unsteady hydrofoils. Journal of Fluids and Structures, 2016, 65: 455-471.

[26] van Buren T, Floryan D, Smits A J. Scaling and performance of simultaneously heaving and pitching foils. AIAA Journal, 2019, 57(9): 3666-3677.

[27] Liao J C. A review of fish swimming mechanics and behaviour in altered flows. Philosophical Transactions of The Royal Society B, 2007, 362: 1973-1993.

[28] Gazzola M, Argentina M, Mahadevan L. Scaling macroscopic aquatic locomotion. Nature Physics, 2014, 10(10): 758-761.

[29] Gazzola M, Chatelain P, van Rees W M, et al. Simulations of single and multiple swimmers with non-divergence free deforming geometries. Journal of Computational Physics, 2011, 230(19): 7093-7114.

[30] Godoy-Diana R, Marais C, Aider J L, et al. A model for the symmetry breaking of the reverse Bénard-von Kármán vortex street produced by a flapping foil. Journal of Fluid Mechanics, 2009, 622: 23-32.

[31] Cleaver D J, Wang Z, Gursul I. Bifurcating flows of plunging aerofoils at high Strouhal numbers. Journal of Fluid Mechanics, 2012, 708: 349-376.

[32] Hu J, Xiao Q. Three-dimensional effects on the translational locomotion of a passive heaving wing. Journal of Fluids and Structures, 2014, 46: 77-88.

[33] Alben S, Shelley M. Coherent locomotion as an attracting state for a free flapping body. Proceedings of the National Academy of Sciences of the United States of America, 2005, 102(32): 11163-11166.

[34] Zhang D, Pan G, Chao L, et al. Effects of Reynolds number and thickness on an undulatory self-propelled foil. Physics of Fluids, 2018, 30: 071902.

第4章 多扑翼自主推进的集群特性

4.1 串列双扑翼的集群运动

集群运动普遍存在于自然界的生物系统中，研究其中的流体力学问题有利于人造机器(如仿生无人微型飞行器/航行器)的优化设计[1-4]。鸟群/鱼群是自然界集群运动的典型实例，生物学家、物理学家和工程师等对它们的研究已有数十年的历史[5]。从生物学的角度而言，鸟类/鱼类的集群运动行为是个体为了躲避天敌，或者便于觅食和繁殖[6]。从流体力学的角度而言，研究者认为集群运动有利于个体获得流体动力学收益，即节约个体的能量消耗或者提高个体的推进效率[7,8]。Lighthill[9]曾指出，生物集群仅通过流体力学的作用即可形成特定的规律队形。然而，鸟类/鱼类集群的流体动力学机理至今仍然有很多存疑之处[10,11]。限制人们进一步探究鸟类/鱼类集群运动机理的难点之一就是，集群中个体之间的流固耦合作用非常复杂，无法进行准确分析。

两个个体即可构成集群中的单元。为了简化问题，人们通常把鸟类/鱼类集群简化成具有特定规律队形的两个扑翼[12,13]。当两个扑翼串列布置时，上游扑翼的尾涡会显著影响下游扑翼的推进效能[14]。这是因为上游扑翼的尾涡会改变下游扑翼的有效攻角，进而影响推力的产生[15,16]。当下游扑翼在上游扑翼尾涡中规避旋涡运动(即卡门步态)时，下游扑翼的推力得到显著提升，而上游扑翼不受影响[15]。只有当扑翼间距很小时，下游扑翼才会影响到上游扑翼的推进效能[17]。其中，下游扑翼会导致上游扑翼尾涡分裂，从而提高上游扑翼的推力[18]。对于其他特定的规律队形，如并列队形、斜排队形等，扑翼个体均会在适当的情况下获得增加推力的流体动力学收益[19,20]。然而，在上述研究中，扑翼的规律队形都是人为固定的，只有流场对扑翼运动的响应，忽略了扑翼运动对流场的响应，并且没有考虑相关规律队形的稳定性问题。

为了进一步探究鸟类/鱼类集群规律队形中的流体力学机理，需要考虑相关规律队形的稳定性问题。为此，首先考虑的是规律队形的纵向稳定性问题。Vandenberghe等[21]提出了由两个具有水平方向自主推进能力的扑翼组成的串列双扑翼模型。Zhu 等[22]通过数值模拟证明，串列双扑翼在自主推进过程中可以形成稳定的规律队形。这表明串列队形在纵向具有一维稳定性。在这种由流固耦合作用诱导的稳定串列队形中，下游扑翼并不是遵循卡门步态，而是穿过旋涡运动，即下游扑翼的前缘总是穿过上游扑翼脱落的旋涡，存在涡锁机制。而这种由涡锁机制引起的串列稳定队形随后被 Ramananarivo 等[23]的试验所证实。Becker 等[24]指出，下游扑翼与上游扑翼尾涡之间的流固耦合作用类似于某种弹性力，扑翼的稳定位置恰好对应弹性势最低的位置。然而，为了简化问题，当前的研究只考虑了扑翼同步运动的情况。在自然界中，鸟类/鱼类集群中相邻个体之间普遍存在运动相位差。目前，个体间运动相位差对集群运动的影响仍然有很多存疑的地方。因此，为了进一步探究鸟类/鱼类集群中的流体动力学问题，本节详细研究相位差对串列双扑翼集群运动的影响。

在本节的研究中，两个扑翼具有相同的外形、尺寸和质量。如图 4.1 所示，选择弦长为 c 的二维 NACA0012 翼型作为扑翼的外形。双扑翼在初始时刻为串列布置，双扑翼初始间距为 G_0。驱动双扑翼运动的沉浮俯仰组合运动控制方程为

$$\begin{cases} h_i(t) = A\sin\left[2\pi ft + (i-1)\phi\right] \\ \theta_i(t) = \theta_m\cos\left[2\pi ft + (i-1)\phi\right] \end{cases} \tag{4.1}$$

式中，$h_i(t)$ 和 $\theta_i(t)$ 分别表示扑翼的沉浮运动和俯仰运动，t 为时间，下标 i=1 和 2 表示串列队形中的前翼和后翼；f 为运动频率；A 为沉浮幅值；θ_m 为俯仰幅值；ϕ 为前后翼运动的相位差。

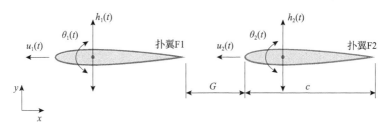

图 4.1　串列双扑翼的计算模型示意图

两个扑翼的俯仰轴都位于距离前缘 $c/3$ 处，本节只考虑扑翼沿纵向（x 方向）的自主推进运动，所以扑翼自主运动的控制方程为

$$m\frac{\mathrm{d}^2 X_i}{\mathrm{d}t^2} = F_{xi} \tag{4.2}$$

式中，X_i 为第 i 个扑翼俯仰轴在 x 方向上的位置坐标；F_{xi} 为周围流场施加在第 i 个扑翼纵向上的作用力；m 为扑翼质量，$m=\rho_s s$，ρ_s 和 s 分别为扑翼的面密度和面积。

扑翼与流体的质量比为 $\bar{m} = m/m_f$，其中 $m_f=\rho s$ 是流体质量，ρ 是周围流体的密度。定义雷诺数 $Re=\rho Vc/\mu$，其中 μ 为流体的运动黏性系数，$V=2\pi fA$ 为特征速度。

定义无量纲频率 $f^*=fc/V$。定义扑翼自主向前推进的正方向为 $-x$ 方向，因此前后扑翼的推进速度分别为 $u_1=u_{x1}$ 和 $u_2=u_{x2}$。双扑翼间距 G 是关键参数，其周期平均值为

$$\bar{G} = \frac{1}{T}\int_t^{t+T} G(t)\mathrm{d}t \tag{4.3}$$

式中，$G(t)$ 为双扑翼间距的瞬时值。

扑翼的自主推进速度、推力系数、能量系数的周期平均值为

$$\begin{cases} \bar{u}_i = \dfrac{1}{T}\displaystyle\int_t^{t+T} u_i\mathrm{d}t \\[2mm] \bar{c}_{ti} = \dfrac{1}{T}\displaystyle\int_t^{t+T} c_{ti}\mathrm{d}t \\[2mm] \bar{C}_{pi} = \dfrac{1}{T}\displaystyle\int_t^{t+T} C_{pi}\mathrm{d}t \end{cases} \tag{4.4}$$

式中，T 为扑翼运动的周期；c_{ti} 为第 i 个扑翼的推力系数；C_{pi} 为驱动第 i 个扑翼所需的能量系数。

推力系数定义为 $c_{ti}=-2F_{xi}/(\rho V^2 c)$，能量系数定义为 $C_{pi}=2P_i/(\rho V^3 c)$，其中 P_i 是第 i 个扑翼的能量，$P_i=F_{yi}\mathrm{d}h_i(t)/\mathrm{d}t+M_i\mathrm{d}\theta_i(t)/\mathrm{d}t$，$F_{yi}$ 和 M_i 分别是第 i 个扑翼上的侧向力和对俯仰轴的力矩。扑翼的推进效率为

$$\begin{cases} \eta_i = \dfrac{\bar{E}_{ki}}{\bar{P}_i} \\[2mm] \bar{E}_{ki} = \dfrac{1}{T}\displaystyle\int_t^{t+T} \dfrac{1}{2}mu_i^2\mathrm{d}t \\[2mm] \bar{P}_i = \dfrac{1}{T}\displaystyle\int_t^{t+T} P_i\mathrm{d}t \end{cases} \tag{4.5}$$

式中，$\bar{E}_{ki}$ 为第 i 个扑翼动能的周期平均值。

在本节的研究中，计算域是 $80c\times20c$ 的矩形域，对扑翼推进路径进行加密，该区域的尺寸是 $70c\times10c$，网格步长 $\Delta h=0.01c$。此外，A、G_0、G 和 $\bar{G}$ 用弦长 c 无量纲化，其他参数取为 $Re=200$、$\bar{m}=10$、$A=0.4$、$f^*=0.3$ 和 $\theta_m=20°$。

4.1.1　双扑翼集群运动的模式

扑翼推进速度是评估推进效能的重要指标之一。在本节考虑的参数空间中，串列双扑翼在经过若干周期之后都能形成稳定的规律串列队形。此时，串列双扑翼的周期平均推进速度彼此相等，即 $\bar{u}=\bar{u}_1=\bar{u}_2$，除三个特殊算例之外，它们的 ϕ 和 G_0 分别是 $\phi=0.2\pi$、$G_0=0.1$，$\phi=0.2\pi$、$G_0=0.25$，$\phi=0.3\pi$、$G_0=0.1$。对于这三个

算例，双扑翼在自主推进过程中会发生碰撞，即双扑翼间距变成零。在本小节中，选择扑翼推进速度作为分析对象。与单扑翼推进速度比较之后，可以把所有稳定的结果分为两种集群模式，即快速模式和慢速模式。在快速模式中，双扑翼集群的推进速度明显大于单扑翼的推进速度，增幅大于 5%。而在慢速模式中，双扑翼集群的推进速度与单扑翼的推进速度差别非常小，差异小于 5%。

图 4.2(a) 给出了不同相位差 ϕ 和初始间距 G_0 下稳定串列双扑翼队形的推进速度 $\bar{u}$ 与单扑翼推进速度 $\bar{u}_s$ 的比值及相应的俯视图。如图 4.2(a) 所示，只有当 ϕ 和 G_0 取值合适时，$\bar{u}$ 才能显著大于 $\bar{u}_s$。图 4.2(b) 是图 4.2(a) 的俯视图，图中的灰色阴影区域表示快速模式出现的参数范围，灰色阴影区域之外的区域表示慢速模式出现的参数范围，符号×表示双扑翼碰撞发生的参数组合。如图 4.2(b) 所示，快速模式的出现受 ϕ 和 G_0 的显著影响。只有在参数空间 $\phi=1.5\pi\sim1.9\pi$、$G_0=0.1\sim1$，$\phi=0$、0.1π、$G_0=0.1\sim0.5$，$\phi=1.5\pi$、$G_0=1.25$ 和 $\phi=0$、$G_0=0.75$ 中，快速模式才会出现，并且在快速模式中，$\bar{u}$ 与 G_0 无关，但与 ϕ 密切相关。例如，如图 4.2(b) 所示，在 $\phi=1.5\pi\sim1.9\pi$ 的快速模式中，$\bar{u}$ 不随 G_0 变化，但随 ϕ 的增加而递增。此外，快速模式的另一个特点是，双扑翼的周期平均间距 $\bar{G}$ 很小，远小于弦长，为 $0.1\sim0.3$，如图 4.3 所示。

从图 4.2 和图 4.3 可以看出，快速模式并不会在任何相位差下都能出现。这表明串列双扑翼的集群运动不仅受初始间距的影响[23]，同时也受相位差的影响。在不同相位差下，串列双扑翼形成快速模式的能力也有差异。例如，与双扑翼同步运动的情况相比，当相位差为 $1.5\pi\sim1.9\pi$ 时，串列双扑翼可以在更大的初始间距范围内形成快速模式。而在慢速模式中，双扑翼集群的推进速度与单扑翼的推进速度相似，双扑翼间距明显大于快速模式中的双扑翼间距，如图 4.3 所示。此外，

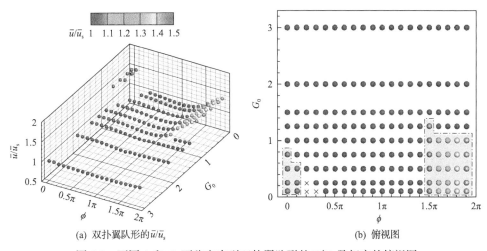

(a) 双扑翼队形的 $\bar{u}/\bar{u}_s$　　　　　　　　　　(b) 俯视图

图 4.2　不同 ϕ 和 G_0 下稳定串列双扑翼队形的 $\bar{u}/\bar{u}_s$ 及相应的俯视图

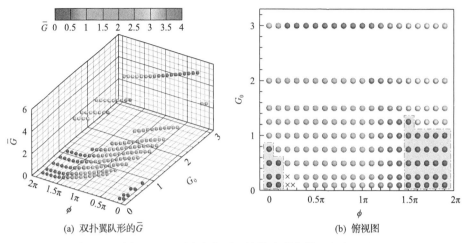

(a) 双扑翼队形的 $\bar{G}$　　　　　　　　(b) 俯视图

图 4.3　不同 ϕ 和 G_0 下稳定串列双扑翼队形的 $\bar{G}$ 及相应的俯视图

慢速模式中双扑翼的稳定间距随相位差呈间断式变化，在每个分段子区域中双扑翼间距与相位差呈单调递增的变化趋势，如图 4.3 所示，后续将对此进行详细的分析讨论。

图 4.4 和图 4.5 分别给出了不同 ϕ 和 G_0 下稳定串列双扑翼队形中前后扑翼能量系数 $\bar{C}_{p1}$、$\bar{C}_{p2}$ 和推进效率 η_1、η_2 与单扑翼结果（$\bar{C}_{ps}$、η_s）的比值。对于稳定串列队形中的前翼，在快速模式中，$\bar{C}_{p1}/\bar{C}_{ps} > 1$，如图 4.4（a）所示，同时 $\eta_1/\eta_s > 1$，如图 4.4（b）所示。与单扑翼相比，当 $\phi = 0.1\pi$ 和 $G_0 = 0.1 \sim 0.5$ 时，前翼的推进效率最佳（$\eta_1 = 38.9\%$），比单扑翼的推进效率提高了约 37%。而在慢速模式中，$\bar{C}_{p1}/\bar{C}_{ps} \approx 1$ 和 $\eta_1/\eta_s \approx 1$。这意味着在慢速模式中，前翼的推进运动未受影响。因此，前翼只有在快速模式中才能获得流体动力学收益，取得比单扑翼更大的推进速度和更高的推进效率。

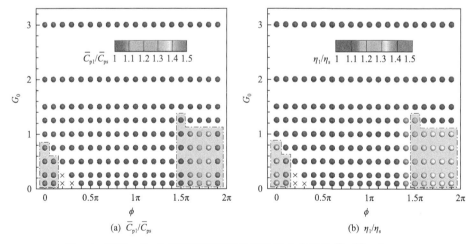

(a) $\bar{C}_{p1}/\bar{C}_{ps}$　　　　　　　　(b) η_1/η_s

图 4.4　不同 ϕ 和 G_0 下稳定串列双扑翼队形中前翼的 $\bar{C}_{p1}/\bar{C}_{ps}$ 和 η_1/η_s

如图 4.5(a) 所示，对于稳定串列双扑翼队形中的后翼，在快速模式中，当 $\phi=1.5\pi\sim1.7\pi$ 时，$\bar{C}_{p2}/\bar{C}_{ps}<1$，即其推进速度比单扑翼更快。这表明后翼具有节能的优势。但是当 $\phi=0$、0.1π、1.8π 和 1.9π 时，$\bar{C}_{p2}/\bar{C}_{ps}>1$。此外，在快速模式中始终有 $\eta_2/\eta_s>1$，如图 4.5(b) 所示。当 $\phi=1.6\pi$ 和 $G_0=0.1\sim1$ 时，后翼具有最佳的推进效率(约为 54.3%)，比单扑翼的推进效率提高了约 90%。而在慢速模式中，$\bar{C}_{p2}/\bar{C}_{ps}<1$，即使其推进速度与单扑翼相同。这表明在慢速模式中，后翼普遍具有节能的优势，所以有 $\eta_2/\eta_s>1$，如图 4.5(b) 所示。但是，后翼在慢速模式中的推进效率依然小于其在快速模式中的推进效率。因此，后翼在快速模式和慢速模式中都可以获得流体动力学收益，并且在快速模式中可以获得更多的流体动力学收益。

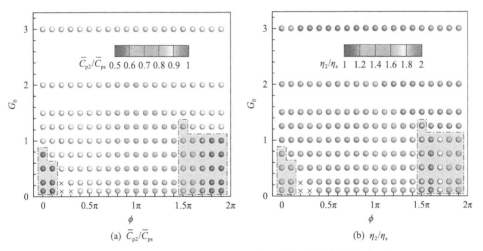

图 4.5 不同 ϕ 和 G_0 下稳定串列双扑翼队形中后翼的 $\bar{C}_{p2}/\bar{C}_{ps}$ 和 η_2/η_s

图 4.6 给出了不同 ϕ 和 G_0 下稳定串列双扑翼整体的平均能量系数 $\bar{C}_{pz}$ ($=(\bar{C}_{p1}+\bar{C}_{p2})/2$) 和推进效率 η_z ($=(\eta_1+\eta_2)/2$) 与单扑翼结果($\bar{C}_{ps}$、η_s)的比值。如图 4.6(a) 所示，无论在快速模式还是慢速模式中，$\bar{C}_{pz}/\bar{C}_{ps}<1$(除特例 $\phi=0$、0.1π 和 $1.7\pi\sim1.9\pi$ 的快速模式外)，且 $\eta_z/\eta_s>1$。同时，快速模式的整体推进效率优势更加明显，如图 4.6(b) 所示。当 $\phi=1.6\pi$ 和 $G_0=0.1\sim1$ 时，双扑翼集群的推进效率最高，约为 43.8%，比单扑翼的推进效率提高了约 55%。

除相位差和初始间距外，串列双扑翼的集群运动也受扑翼质量的影响。增加扑翼质量有利于形成慢速模式，而减小扑翼质量有利于形成快速模式，这主要是因为质量越小的扑翼越容易受流固耦合作用的影响[25]。本节不考察扑翼质量的影响，下面将详细讨论快速模式和慢速模式中双扑翼的流体动力学特性。

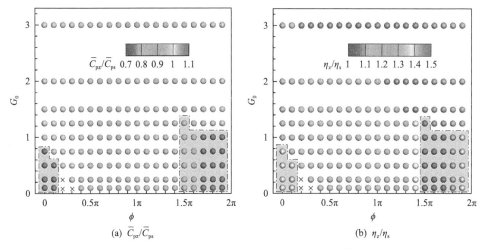

(a) $\overline{C}_{\mathrm{pz}}/\overline{C}_{\mathrm{ps}}$　　　　　　　　　　(b) $\eta_{\mathrm{z}}/\eta_{\mathrm{s}}$

图 4.6　不同 ϕ 和 G_0 下稳定串列双扑翼整体的 $\overline{C}_{\mathrm{pz}}/\overline{C}_{\mathrm{ps}}$ 和 $\eta_{\mathrm{z}}/\eta_{\mathrm{s}}$

4.1.2　快速模式中的集群推进

图 4.7 给出了不同 G_0 和 ϕ 下双扑翼的间距 G 的时间历程曲线。如图 4.7(a)所示，对于给定的 ϕ，不同 G_0 下的串列双扑翼最终都能形成间距稳定且相同的队形。但对于给定的 G_0，如图 4.7(b)所示，不同 ϕ 下的串列双扑翼最终会形成间距稳定但不同的队形。因此，在快速模式中，串列双扑翼最终的稳定队形不受初始间距的影响，但会受相位差的显著影响。这是因为相位差引起了双扑翼间两种完全不同的流固耦合作用，即融合作用和破裂作用。当 $\phi=1.5\pi\sim1.7\pi$ 时，双扑翼间出现融合作用；当 $\phi=0$、0.1π、1.8π 和 1.9π 时，双扑翼间出现破裂作用。双扑翼集群

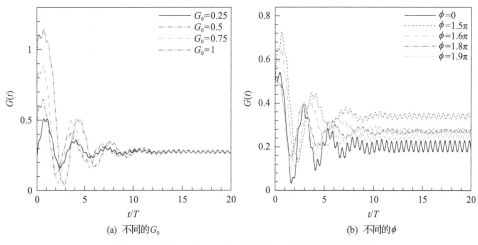

(a) 不同的 G_0　　　　　　　　　　(b) 不同的 ϕ

图 4.7　不同 G_0 和 ϕ 下双扑翼的 G 的时间历程曲线

的最大速度和最佳推进效率分别出现在 ϕ=0.1π 和 1.6π 的快速模式中。由此可见，融合作用有利于双扑翼集群获得更大的推进效率，而破裂作用有利于双扑翼集群获得更快的推进速度。

为了进一步探究融合作用和破裂作用的特性，选择 ϕ=1.6π、G_0=1 和 ϕ=0.1π、G_0=0.5 两组参数组合进行分析，它们分别对应融合作用和破裂作用，且分别对应双扑翼集群的推进效率最佳和推进速度最快的情况。当融合作用发生时，前翼的前缘涡大部分会被后翼捕获，并与后翼的前缘涡融合。图 4.8 给出了 ϕ=1.6π 和 G_0=1 下，融合作用过程中双扑翼在不同时刻的瞬时涡量云图。当 t/T=0.05 时，如图 4.8(a)所示，双扑翼各自形成一个前缘涡，如图中的 $\mathrm{LEV}_{1,F1}$ 和 $\mathrm{LEV}_{1,F2}$。随后，前缘涡脱落并沿扑翼下表面向后缘移动。当 t/T=0.4 时，如图 4.8(b)所示，前翼的前缘涡 $\mathrm{LEV}_{1,F1}$ 很快就被后翼捕获，并与后翼的前缘涡 $\mathrm{LEV}_{1,F2}$ 融合。这一过程与单扑翼前缘涡的发展完全不同，单扑翼的前缘涡脱落之后往往会被自身捕获并与后缘涡融合。在融合作用中，由于前翼的前缘涡大部分被后翼捕获，前翼只形成微弱的后缘涡 $\mathrm{TEV}_{1,F1}$，并且会在随后的发展过程中很快耗散消失，如图 4.8(c)和(d)所示。因此，当融合作用发生时，双扑翼集群的尾流中只有从后翼后缘脱落的旋涡组成的反卡门涡街，此时的串列双扑翼集群犹如一个尺寸更大的扑翼。

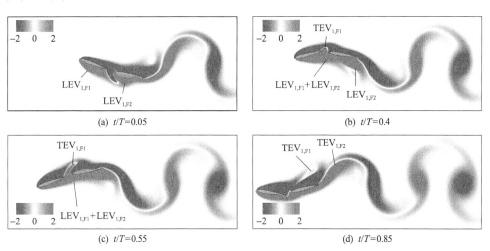

(a) t/T=0.05　　　　　　　　　　　(b) t/T=0.4

(c) t/T=0.55　　　　　　　　　　　(d) t/T=0.85

图 4.8　融合作用过程中双扑翼在不同时刻的瞬时涡量云图

图 4.9 给出了 ϕ=1.6π 和 G_0=1 下，融合作用过程中双扑翼的推力系数 c_t 和能量系数 C_p 的时间历程曲线，其中还包括单扑翼的结果。图 4.10 给出了 t/T=0.05 时双扑翼和单扑翼上下表面的压强系数(c_p)分布曲线及 t/T=0.05 和 0.4 时双扑翼的瞬时压强系数云图。

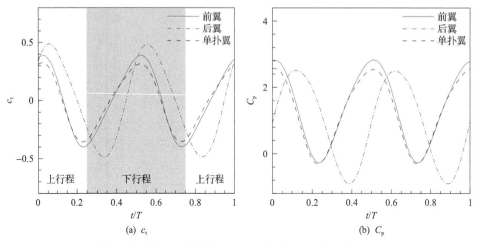

图 4.9　融合作用过程中双扑翼的 c_t 和 C_p 的时间历程曲线（ϕ =1.6π，G_0=1）

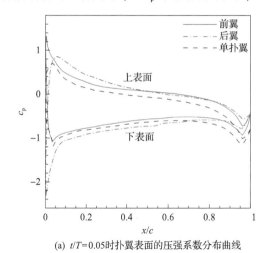

(a) t/T=0.05时扑翼表面的压强系数分布曲线

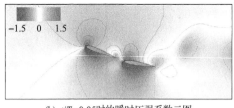

(b) t/T=0.05时的瞬时压强系数云图

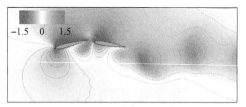

(c) t/T=0.4时的瞬时压强系数云图

图 4.10　扑翼表面的压强系数分布曲线和瞬时压强系数云图

　　如图 4.9（a）所示，前翼和后翼 c_t 的峰值都明显大于单扑翼的结果。后翼 c_t 峰值的增加主要有两方面的原因。首先，双扑翼间的流固耦合作用增大了后翼的上下表面压强差，如图 4.10（a）所示，后翼的上下表面压强差明显大于单扑翼的结果。其次，在后翼捕获前翼前缘涡的过程中，前翼微弱的后缘涡会产生负低压区，对后翼形成吸力效应, 如图 4.10(b) 所示。另外, 双扑翼间的流固耦合作用导致前翼的上下表面压强差明显大于单扑翼的结果, 所以前翼 c_t 的峰值也大于单扑翼的结果。

由于扑翼在稳定的自主推进过程中处于受力平衡状态, 双扑翼的周期平均推力系数均为零。扑翼的推进速度可以依据单个行程(上行程或下行程)中正 c_t 的平均值来做定量分析。如果正 c_t 的平均值越大, 意味着推进速度越大。如图 4.9(a) 所示, 在下行程中, 前翼和后翼的正 c_t 平均值分别是 0.12 和 0.15, 均大于单扑翼的正 c_t 平均值(0.1)。因此, 串列双扑翼能够获得比单扑翼更大的推进速度。需要指出的是, 虽然前翼和后翼的周期平均推进速度相同, 但是它们的正 c_t 平均值不相等。这是因为前翼推进产生的射流会对后翼产生额外的阻力, 需要后翼产生更大的推力来克服。

如图 4.9(b) 所示, 后翼的 C_p 在 $t/T=0.4$ 和 0.9 时是负值, 表明此时后翼从流场中吸收能量。这是因为后翼在捕获前翼前缘涡的过程中, 被捕获的前缘涡会诱导周围流体向后翼表面流动, 从而在后翼形成与拍动方向一致的压力。例如, 当 $t/T=0.4$ 时, 后翼捕获 $LEV_{1,F1}$, 如图 4.8(b) 所示, 这导致后翼的下表面形成正高压区, 同时上表面形成负低压区, 如图 4.10(c) 所示。该压强分布使扑翼产生与拍动方向一致的侧向力, 因此扑翼可以从流场中吸收能量。

当破裂作用发生时, 前翼的后缘涡会与后翼的前缘涡形成涡对并脱落, 同时诱导后翼的后缘涡破裂成两部分。图 4.11 给出了 $\phi=0.1\pi$ 和 $G_0=0.5$ 下破裂作用过程中双扑翼在不同时刻的瞬时涡量云图。当 $t/T=0.05$ 时, 如图 4.11(a) 所示, 前翼的后缘涡 $TEV_{1,F1}$ 非常靠近后翼的前缘涡 $LEV_{1,F2}$, 这将会导致两者形成涡对并脱落。当 $t/T=0.3$ 时, 如图 4.11(b) 所示, $TEV_{1,F1}$ 和 $LEV_{1,F2}$ 向下游移动并靠近后翼的后缘涡 $TEV_{1,F2}$, 从而诱导 $TEV_{1,F2}$ 破裂成两部分, 即 $TEV_{1,F2-P1}$ 和 $TEV_{1,F2-P2}$。

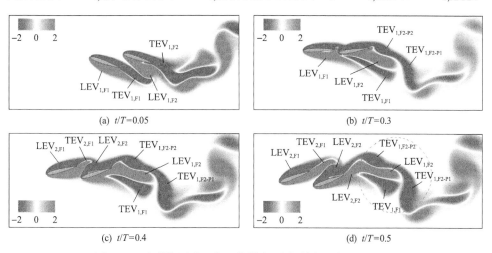

图 4.11　破裂作用过程中双扑翼在不同时刻的瞬时涡量云图

当 t/T=0.4 时，如图 4.11(c)所示，由于两个扑翼彼此靠得很近，前翼的后缘涡
$TEV_{1,F1}$ 会被后翼强制切断，随后前翼会形成一个新的后缘涡 $TEV_{2,F1}$，并与后翼
新的前缘涡 $LEV_{2,F2}$ 形成涡对。当 t/T=0.5 时，如图 4.11(d)所示，双扑翼间的破裂
作用将在后半个周期内再次发生。因此，当破裂作用发生时，双扑翼集群在半个
周期内会有四个旋涡脱落，这导致双扑翼集群的尾涡结构比单扑翼的尾涡结构更
加复杂。

　　图 4.12 给出了 ϕ=0.1π 和 G_0=0.5 下破裂作用过程中双扑翼的 c_t 和 C_p 的时间历
程曲线，其中也包括单扑翼的结果。图 4.13 给出了 t/T=0.3 和 0.55 时双扑翼的瞬
时压强系数云图。

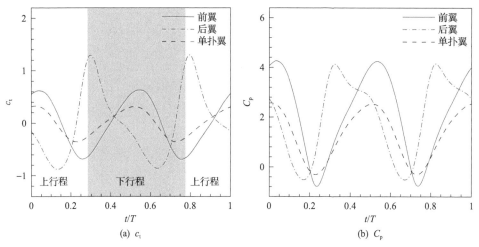

图 4.12　破裂作用过程中双扑翼的 c_t 和 C_p 的时间历程曲线（ϕ=0.1π，G_0=0.5）

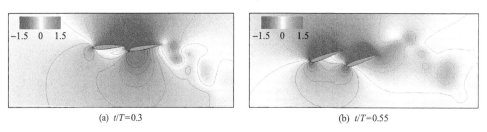

图 4.13　双扑翼在不同时刻的瞬时压强系数云图

　　如图 4.12(a)所示，在单个行程(如下行程)中，前翼和后翼正 c_t 的平均值分
别是 0.19 和 0.25，均大于单扑翼的结果。同时，与单扑翼相比，双扑翼的 C_p 大
了许多，如图 4.12(b)所示。后翼推力的增加主要出现在 t/T=0.3 和 0.8 时刻。如
图 4.13(a)所示，当 t/T=0.3 时，后翼在切割前翼后缘涡 $TEV_{1,F1}$ 的过程中，会导致
后翼形成较大的上下翼面压差，从而使后翼 c_t 的峰值大于单扑翼的结果。前翼推
力的增加主要出现在 t/T=0.05 和 0.55 时刻。如图 4.13(b)所示，当 t/T=0.55 时，

由于双扑翼彼此非常接近，后翼前缘的正高压区会对前翼形成推动效应，从而导致此时前翼 c_l 的峰值大于单扑翼的结果。

为了进一步探究快速模式产生的机理，可以考察双扑翼侧向间距的变化。本小节把双扑翼侧向间距定义为前翼后缘与后翼前缘的侧向间距，即

$$D_V = y_1 - y_2 \tag{4.6}$$

式中，y_1 和 y_2 分别为前翼后缘和后翼前缘在 y 方向的位置。

图 4.14 给出了双扑翼最大侧向间距 $D_{V,max}$（定义为 D_V 绝对值的最大值）随 ϕ 的变化情况和不同 ϕ 下 D_V 的时间历程曲线，其中 D_V 和 $D_{V,max}$ 均用弦长 c 无量纲化。如图 4.14(a) 所示，$D_{V,max}$ 存在一个阈值 0.46。当 $D_{V,max} \leqslant 0.46$ 时，双扑翼集群会形成快速模式；当 $D_{V,max} > 0.46$ 时，双扑翼集群则形成慢速模式。这表明双扑翼的最大侧向间距决定集群出现快速模式或慢速模式。此外，为了进一步探究融合作用和破裂作用发生的机制，需要考察双扑翼侧向间距的发展过程。如图 4.14(b) 所示，融合作用和破裂作用的产生与 $D_{V,max}$ 的出现密切相关。当 $D_{V,max}$ 出现在上行程时，双扑翼集群会产生融合作用；当 $D_{V,max}$ 出现在下行程时，双扑翼集群会产生破裂作用。其中的机理解释如下。

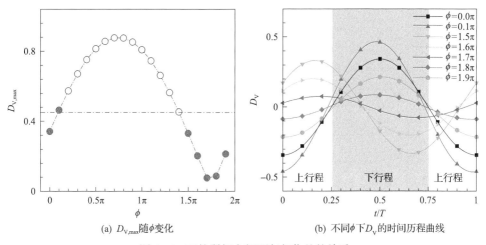

(a) $D_{V,max}$ 随 ϕ 变化　　　　(b) 不同 ϕ 下 D_V 的时间历程曲线

图 4.14　双扑翼侧向间距与相位差的关系

当 $D_{V,max}$ 出现在上行程时，前翼的后缘会出现在后翼的迎风面，致使前翼的后缘涡 TEV_{F1} 出现在后翼的迎风面，如图 4.15(a) 所示，此时双扑翼的空间位置关系非常有利于后翼捕获前翼的后缘涡。因此，当 $D_{V,max}$ 出现在上行程时，双扑翼间会发生融合作用。当 $D_{V,max}$ 出现在下行程时，前翼的后缘会出现在后翼的背风面，致使前翼的后缘涡 TEV_{F1} 出现在后翼的背风面，如图 4.15(b) 所示，此时前翼的后缘涡 TEV_{F1} 与后翼的前缘涡 LEV_{F2} 处于同一区域，非常适合两者形成涡对。

因此，当 $D_{V,max}$ 出现在下行程时，双扑翼间会发生破裂作用。

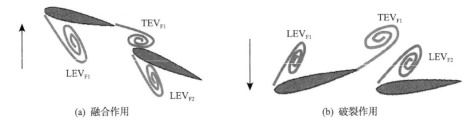

(a) 融合作用　　　　　　　　　　　　　　　　　(b) 破裂作用

图 4.15　串列双扑翼间发生融合作用和破裂作用的机制示意图

另外，快速模式中双扑翼间距的周期平均值 $\bar{G}$ 也与流固耦合的作用类型有关。图 4.16 给出了 $\bar{G}$ 随 $D_{V,max}$ 的变化曲线及融合作用和破裂作用下双扑翼在 $t/T=0.2$ 时刻的瞬时压强系数云图。如图 4.16(a)所示，当发生融合作用时，$\bar{G}$ 随 $D_{V,max}$ 的增加而递增；当发生破裂作用时，$\bar{G}$ 随 $D_{V,max}$ 的增加而递减。其中的机理解释如下。当 $t/T=0.2$ 时，在融合作用中，前翼的后缘涡会在后翼前缘形成负低压区，从而对后翼产生吸力效应，如图 4.16(b)所示。如果 $D_{V,max}$ 增加，这种吸力效

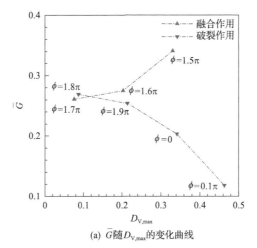

(a) $\bar{G}$ 随 $D_{V,max}$ 的变化曲线

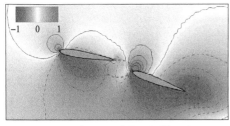
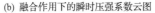

(b) 融合作用下的瞬时压强系数云图　　　　　　(c) 破裂作用下的瞬时压强系数云图

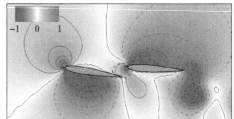

图 4.16　$\bar{G}$ 随 $D_{V,max}$ 的变化曲线及融合作用和破裂作用下双扑翼在 $t/T=0.2$ 时刻的
瞬时压强系数云图

应会变弱，从而导致双扑翼间距变大。而在破裂作用中，前翼后缘涡与后翼前缘涡形成涡对脱落，导致前翼后缘与后翼前缘之间形成正高压区，从而在双扑翼间形成排斥效应，如图 4.16(c) 所示。如果 $D_{V,max}$ 减小，这种排斥效应会增强，从而导致双扑翼间距变大。

4.1.3　慢速模式中的集群推进

在慢速模式中，只存在一种流固耦合作用，即涡锁机制。图 4.17 给出了 $\phi = 0.7\pi$ 和 $G_0 = 3$ 下，慢速模式中双扑翼在不同时刻的瞬时涡量云图。图 4.18 给出了后翼轨迹(图中的实线)与流场涡量、纵向速度和侧向速度云图的关系。

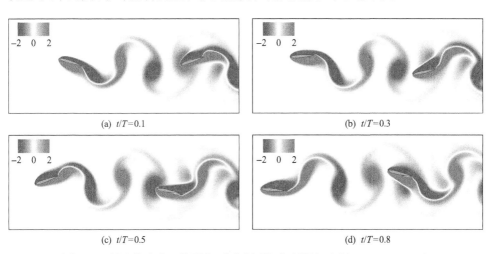

(a) t/T=0.1

(b) t/T=0.3

(c) t/T=0.5

(d) t/T=0.8

图 4.17　慢速模式中双扑翼在不同时刻的瞬时涡量云图(ϕ =0.7π，G_0=3)

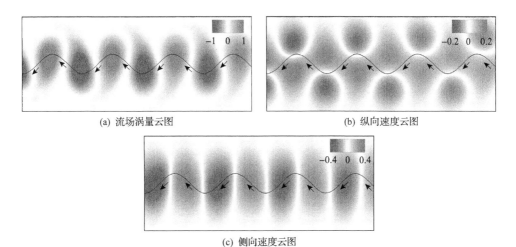

(a) 流场涡量云图

(b) 纵向速度云图

(c) 侧向速度云图

图 4.18　慢速模式中后翼轨迹与流场涡量、纵向速度和侧向速度云图的关系

如图 4.17 所示，后翼总是穿过前翼脱落的旋涡前进，其轨迹如图 4.18(a)所示。同时，如图 4.18(b)所示，后翼在穿涡行进的过程中，虽然会遭遇前翼尾涡诱导的纵向射流(沿 +x 方向流动的流体)的冲击作用，但是其穿涡行进的轨迹巧妙地避开了射流较大的区域，只经过射流较小的区域，并且后翼在拍动的最高点和最低点附近会遇到沿 −x 方向流动的流体。此外，如图 4.18(c)所示，后翼在向上(+y)拍动时会穿过向上(+y)流动的侧向流区域，在向下(−y)拍动时则会穿过向下(−y)流动的侧向流区域。这表明后翼的拍动运动与流场中旋涡诱导的侧向流同步。

图 4.19(a)和(b)给出了 ϕ=0.7π 和 G_0=3 下慢速模式中双扑翼的 c_t 和 C_p 的时间历程曲线，其中也包括单扑翼的结果。可以看出，前翼 c_t 和 C_p 的时间历程曲线均基本与单扑翼的结果相同。这表明在慢速模式中，前翼的自主推进运动不受双扑翼间流固耦合作用的影响，与单独运动时是一致的。但是，后翼 c_t 曲线的峰值则明显大于前翼的结果，如图 4.19(a)所示。因此，虽然后翼的周期平均推进速度与前翼相同，但后翼瞬时推进速度的振荡比前翼更大。这主要是因为后翼在推进的过程中会遭遇前翼产生的射流，如图 4.18(b)所示，使得后翼需要产生更大的推力来克服射流冲击引起的阻力。此外，如前所述，后翼在慢速模式中具有明显的节

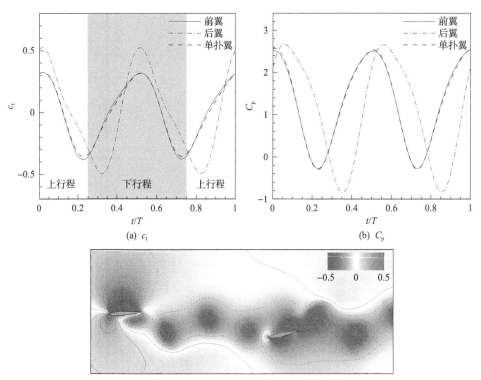

(a) c_t (b) C_p

(c) 双扑翼在t/T=0.3时刻的瞬时压强系数云图

图 4.19 慢速模式中双扑翼的 c_t 和 C_p 的时间历程曲线及瞬时压强系数云图

能优势，这主要是因为它从流场中吸收了能量。如图 4.19(b) 所示，后翼在 t/T=0.3～0.4 和 0.8～0.9 时间段内的 C_p 是负值，意味着此刻后翼从流场中吸收了能量。这是因为后翼在穿过流场旋涡的过程中，被穿透的旋涡会在后翼前缘产生正高压区，使得后翼产生与拍动方向一致的侧向力，从而后翼会从流场中吸收能量，如图 4.17(b) 和图 4.19(c) 所示。

最后，本小节探讨慢速模式中双扑翼间距与相位差的关系。图 4.20 给出了慢速模式中稳定串列双扑翼队形的 $\bar{G}$ 随 ϕ 的变化情况。它是图 4.3(a) 的侧视图，其中除去了快速模式中的数据。可以看出，$\bar{G}$ 与 ϕ 呈现出分段线性的关系，并且 $\bar{G}$ 随 ϕ 线性变化的斜率约为−0.41，约等于 $-L/(2\pi)$，其中 L 是前翼在一个周期内前进的距离。因此，在慢速模式中，平均双扑翼间距与相位差的关系可以表示为

$$\bar{G} \approx -\frac{L}{2\pi}\phi + C \tag{4.7}$$

式中，C 为代表分段点的常数。

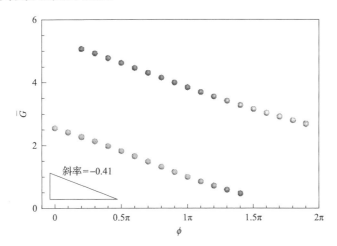

图 4.20　慢速模式中稳定串列双扑翼队形的 $\bar{G}$ 随 ϕ 的变化情况

受 Ramananarivo 等[23]工作的启发，C 可以定义为 $C=NL$，其中 N 是正整数（N=1, 2, …）。因此，慢速模式中双扑翼间距可以量化为整数 S，即

$$S = \frac{\bar{G}}{L} + \frac{\phi}{2\pi} \approx N \tag{4.8}$$

不同 ϕ 和 G_0 下慢速模式中稳定串列双扑翼队形的 S 和相应的俯视图如图 4.21 所示，利用式(4.8)计算的 S 非常接近整数。也就是说，在慢速模式中，双扑翼间距可以通过相位差量化为整数。当 ϕ=0 时，式(4.8)与 Ramananarivo 等[23]提出

的公式一致。然而，本节考虑了相位差的影响，提出了更加完整的量化公式，即式 (4.8)。该式表明，在慢速模式中，后翼的稳定运动轨迹不受相位差的影响，相位差的出现相当于使后翼沿稳定轨迹前进了大约 $0.5\phi L/\pi$ 的距离。

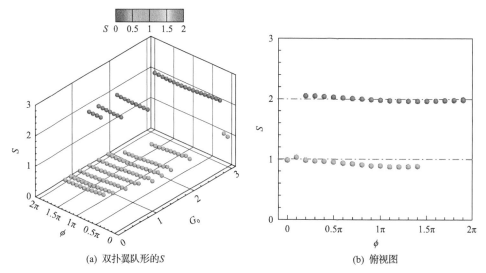

(a) 双扑翼队形的 S 　　　　　　　　　　(b) 俯视图

图 4.21　不同 ϕ 和 G_0 下慢速模式中稳定串列双扑翼队形的 S 和相应的俯视图

4.2　并列双扑翼的集群运动

生物的集群运动是自然界蔚为壮观的现象，如蚂蚁群[26]、斑马群[27]、鱼群和鸟群[28]。其中，鸟群和鱼群中最吸引人的地方就是，它们可以不借助任何外力的作用就能自发地形成并维持多种规律队形[29]。探究鸟群和鱼群的集群行为具有多方面的科学价值，包括生物进化[30]、控制理论[31]、流体动力学和工程技术[32]等。由于鸟类/鱼类都是在流体中活动，不可避免地会涉及流体力学。

Liao 等[33]通过试验观察圆柱尾涡中游鱼的运动行为，发现游鱼可以通过在旋涡之间穿梭运动来达到降低能耗的目的，表明流固耦合作用在鸟类/鱼类集群运动中具有重要作用。随后，流体力学在鸟类/鱼类集群运动中的作用逐渐开始受到关注[34]。为了简化问题，同时考虑鸟类/鱼类扑翼推进的特点，鸟类/鱼类集群往往简化为特定规律队形布置的两个扑翼模型。在许多规律队形中，包括串列、并列、斜排等，扑翼个体都能获得流体动力学收益[35-37]。然而在这些研究中，扑翼固定在均匀来流中而没有自主推进运动。为此，Zhu 等[22]把鸟类/鱼类集群简化为可以在水平方向自主运动的扑翼集群。扑翼个体之间的流固耦合作用可以诱导扑翼集群自发地形成稳定的规律队形，且集群中个体的运动行为与均匀来流中的固定扑翼集群存在明显的差异[15]。

　　然而，自然界鸟类/鱼类集群中的个体可以沿多个方向自由地运动，即个体存在多个自由度，包括纵向(顺航向)和侧向的自由度。为了进一步探究鸟类/鱼类集群中的流体力学机理，本节研究在(纵向和侧向)双自由度情况下初始并列双扑翼的自组织集群运动，验证流固耦合作用诱导的扑翼集群自组织规律队形是否具有二维(纵向和侧向)稳定性。

　　同样地，在本节的研究中，两个扑翼具有相同的外形、尺寸和质量。如图 4.22 所示，本节选用由半圆形前缘和等腰三角形后缘组成的扑翼模型，质量为 m，弦长为 c，半圆形前缘的直径 $b=0.1c$。双扑翼在初始时刻并列布置，在纵向和侧向的初始间距分别为 D_{x0} 和 D_{y0}。每个扑翼的驱动运动方程为

$$\theta_i(t) = \theta_m \sin\left[2\pi ft + (i-1)\phi\right] \tag{4.9}$$

式中，$\theta_i(t)$ 为扑翼的瞬时俯仰角度，t 为时间，下标 $i=1, 2$ 表示扑翼 F1 和扑翼 F2；θ_m 和 f 分别为俯仰运动的幅值和频率；ϕ 为两个扑翼俯仰运动的相位差。

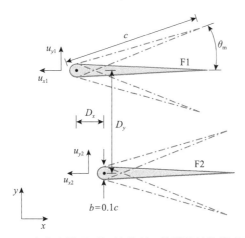

图 4.22　双自由度情况下初始并列双扑翼的计算模型示意图

　　具有双自由度扑翼的自主运动控制方程为

$$m\frac{\mathrm{d}^2 \boldsymbol{X}_i}{\mathrm{d}t^2} = \boldsymbol{F}_{fi} \tag{4.10}$$

式中，$\boldsymbol{X}_i=(X_i, Y_i)$ 为第 i 个扑翼俯仰轴的位置坐标；$\boldsymbol{F}_{fi}=(F_{xi}, F_{yi})$ 为周围流场作用在第 i 个扑翼上的力。

　　基于扑翼弦长 c 和特征速度 V 的雷诺数固定为 $Re=200$，其中 $V=200\mu/(\rho c)$。定义无量纲频率为 $f^*=fc/V$。定义扑翼自主向前推进的正方向为 $-x$ 方向，侧向偏航的正方向为 $+y$ 方向，因此双扑翼的纵向和侧向推进速度分别为 u_{x1}、u_{x2} 和 u_{y1}、u_{y2}。此外，扑翼的俯仰轴固定在半圆形前缘的圆心处，即 $x/c=0.05$。

扑翼的推进速度、推力系数、能量系数的周期平均值为

$$
\begin{cases}
\overline{u}_{xi} = \dfrac{1}{T}\displaystyle\int_{t}^{t+T} u_{xi}\,\mathrm{d}t \\[3mm]
\overline{u}_{yi} = \dfrac{1}{T}\displaystyle\int_{t}^{t+T} u_{yi}\,\mathrm{d}t \\[3mm]
\overline{c}_{ti} = \dfrac{1}{T}\displaystyle\int_{t}^{t+T} c_{ti}\,\mathrm{d}t \\[3mm]
\overline{C}_{pi} = \dfrac{1}{T}\displaystyle\int_{t}^{t+T} C_{pi}\,\mathrm{d}t
\end{cases}
\tag{4.11}
$$

扑翼的推进效率为

$$
\begin{cases}
\eta_i = \dfrac{\overline{E}_{ki}}{\overline{P}_i} \\[3mm]
\overline{E}_{ki} = \dfrac{1}{T}\displaystyle\int_{t}^{t+T}\dfrac{1}{2}m\left(u_{xi}^2 + u_{yi}^2\right)\mathrm{d}t \\[3mm]
\overline{P}_i = \dfrac{1}{T}\displaystyle\int_{t}^{t+T} P_i\,\mathrm{d}t
\end{cases}
\tag{4.12}
$$

式中，P_i 为第 i 个扑翼的能量，$P_i = M_i \mathrm{d}\theta_i(t)/\mathrm{d}t$。

此外，侧向力系数定义为 $c_{si} = 2F_{yi}/(\rho V^2 c)$。计算域是 $100c \times 20c$ 的矩形域，对扑翼推进路径进行加密，该区域的尺寸是 $90c \times 10c$，网格步长 $\Delta h = 0.01c$。同时，扑翼与流体的质量比固定为 $\overline{m} = 1$，双扑翼的间距 D_{x0}、D_{y0}、D_x 和 D_y 用弦长 c 无量纲化。另外，基于对实际鸟群/鱼群的观察研究得知，同步运动（$\phi = 0$）和异步运动（$\phi = \pi$）是鸟群/鱼群中最常出现的两种运动模式[1]。因此，本节的研究仅考虑同步运动和异步运动两种情况，暂不考虑其他相位差对并列双扑翼集群推进运动的影响。

4.2.1　同步运动双扑翼的集群运动

本小节研究同步运动（$\phi = 0$）双扑翼的集群运动，纵向和侧向的初始间距分别为 $D_{x0} = 0$ 和 $D_{y0} = 1$。图 4.23 给出了不同俯仰频率 f^* 和幅值 θ_m 下双扑翼纵向间距 D_x 和侧向间距 D_y 的时间历程曲线及 $f^* = 1$ 和 $\theta_m = 15°$ 时双扑翼和单扑翼的周期平均推进速度和运动轨迹随时间的发展情况。如图 4.23（a）和（b）所示，由于双扑翼在自主推进过程中受流固耦合作用的影响，随着时间的推进，D_x 逐渐增加，同时 D_y 逐渐减小。最终，在经过数十个周期之后，D_x 和 D_y 都达到稳定并呈周期性变化，且均不等于零。

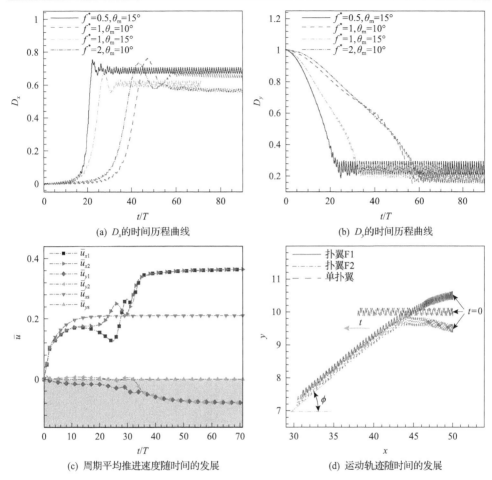

(a) D_x 的时间历程曲线

(b) D_y 的时间历程曲线

(c) 周期平均推进速度随时间的发展

(d) 运动轨迹随时间的发展

图 4.23　扑翼的 D_x 和 D_y 的时间历程曲线及周期平均推进速度和运动轨迹随时间的发展

　　如图 4.23(c)所示，双扑翼在经过一段时间的加/减速之后，获得相同的自主推进速度，所以双扑翼最终获得了稳定的斜排队形。这表明流固耦合作用可以诱导扑翼集群同时在纵向和侧向获得稳定的位置。也就是说，在(纵向和侧向)双自由度情况下，仅通过流固耦合作用，双扑翼集群就可以自发地形成稳定的规律队形。因此，该现象证明了在(纵向和侧向)双自由度情况下扑翼集群存在流致自组织规律队形。这表明鸟群/鱼群的规律队形至少在(纵向和侧向)二维层面完全可以通过流固耦合的作用实现自组织排列，而无须额外的控制。另外需要指出的是，在形成稳定的斜排队形之后，双扑翼侧向速度的周期平均值不为零，这意味着此时双扑翼集群存在侧向偏航运动，如图 4.23(d)所示。这种偏航运动现象与单扑翼不一样，如图 4.23(c)所示，在本节考虑的参数范围内，单扑翼均能沿纵向直线推进，没有明显的侧向偏航运动，即单扑翼侧向速度的周期平均值约为零。

斜排队形的主要特点是可以使扑翼集群获得提速优势，如图 4.23(c)所示，双扑翼集群的推进速度显著大于单扑翼的推进速度。此外，斜排队形的另一个特点是，双扑翼之间的流固耦合作用是不对称的。图 4.24 给出了 f^*=1 和 θ_m=15°时，斜排队形中同步双扑翼在不同时刻的瞬时涡量云图。如图 4.24(a)所示，当 t/T=0.1 时，位置靠前的扑翼(即图 4.24 中的扑翼 F2)在前一个周期脱落的后缘涡 TEV$_{F2,1}$ 会被位置靠后的扑翼(即图 4.24 中的扑翼 F1)捕获。随后，后缘涡 TEV$_{F2,1}$ 将会与扑翼 F1 的后缘涡 TEV$_{F1,1}$ 融合，如图 4.24(b)~(d)所示。接下来，扑翼 F2 的另一个后缘涡 TEV$_{F2,2}$ 也将重复上述相同的融合过程。

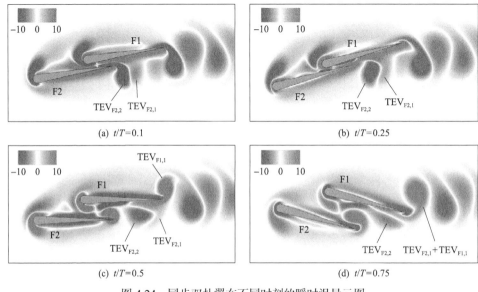

(a) t/T=0.1　　　　　　　　　　　　　　　　(b) t/T=0.25

(c) t/T=0.5　　　　　　　　　　　　　　　　(d) t/T=0.75

图 4.24　同步双扑翼在不同时刻的瞬时涡量云图

因此在斜排队形中，双扑翼的尾涡中只存在一个反卡门涡街，它们都是由从位置靠后的扑翼上脱落的旋涡组成的。在其他算例中，也都可以观察到斜排队形中双扑翼间不对称的流固耦合作用，这是双扑翼集群产生侧向偏航的根本原因。

为了进一步探究斜排队形的稳定性，图 4.25 给出了 f^*=1 和 θ_m=15°时，不同初始间距 D_{x0} 和 D_{y0} 下同步双扑翼的 D_x 和 D_y 的时间历程曲线。如图 4.25 所示，无论 D_{x0} 和 D_{y0} 如何变化，D_x 和 D_y 最终均会收敛于一个稳定值。这表明即使改变初始间距和初始排列队形，双扑翼集群最终均会形成相同的稳定队形。因此，扑翼集群的这种流致自组织规律队形不受初始间距(如 D_{x0}≤1.5 和 D_{y0}≤2)和流场扰动的影响，具有(纵向和侧向)二维稳定性。在(纵向)单自由度空间中，Park 等[38] 和 Peng 等[39]的研究表明，个体间的纵向间距和侧向间距会显著影响扑翼集群的流致自组织规律队形。然而，本小节的研究表明，扑翼集群的流致自组织规律队

形完全不受纵向间距和侧向间距的影响。形成这种不同结论的根本原因是，文献
[38]和[39]没有考虑侧向自由度对扑翼集群自组织行为的影响。

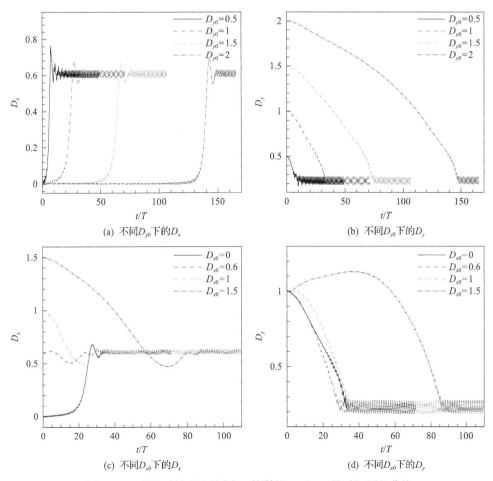

图 4.25　不同初始间距下同步双扑翼的 D_x 和 D_y 的时间历程曲线

在考虑(纵向和侧向)双自由度的情况下，本小节的研究成果证明了扑翼集群
的流致自组织规律队形具有二维稳定性。然而，双扑翼集群的这种流致自组织规
律队形会受拍动参数的显著影响。图 4.26 给出了频率-幅值空间中斜排队形的分
布情况。可以看出，只有在幅值较小的拍动参数空间中(圆形图标)，双扑翼才能
通过流固耦合作用自发地形成稳定的斜排队形。当扑翼的拍动参数不合适时，如
图 4.26 中的灰色区域，双扑翼无法形成稳定的规律队形。例如，在大部分灰色区
域对应的参数空间中，双扑翼在自主推进过程中会发生碰撞。本小节只讨论双扑
翼在稳定队形中的流体力学性能，稳定队形中双扑翼的周期平均纵向推进速度和
侧向速度均彼此相等，即 $\bar{u}_x = \bar{u}_{x1} = \bar{u}_{x2}$ 和 $\bar{u}_y = \bar{u}_{y1} = \bar{u}_{y2}$。

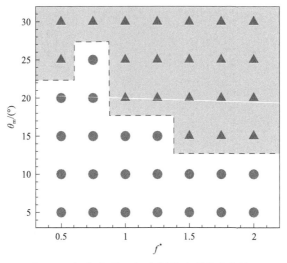

图 4.26　频率-幅值空间中斜排队形的分布情况

　　为了分析斜排队形中双扑翼集群推进效能的变化，图 4.27(a)～(c)给出了不同 θ_{m} 下双扑翼系统整体的周期平均纵向推进速度 $\bar{u}_x$、能量系数 $\bar{C}_{\mathrm{pz}}$ $(=(\bar{C}_{\mathrm{p1}}+\bar{C}_{\mathrm{p2}})/2)$ 和推进效率 η_z $(=(\eta_1+\eta_2)/2)$ 与单扑翼结果($\bar{u}_{xs}$、$\bar{C}_{\mathrm{ps}}$ 和 η_s)的比值随 f^* 的变化曲线。由于单扑翼的周期平均侧向速度为零，这里只考虑双扑翼集群的纵向推进速度。

　　如图 4.27(a)所示，相比于单扑翼，斜排队形双扑翼集群的 $\bar{u}_x$ 获得了显著提高，最大可提高一倍以上(如 $f^*=2$ 和 $\theta_{\mathrm{m}}=10°$的情况)。伴随着推进速度的提高，双扑翼集群的 $\bar{C}_{\mathrm{pz}}$ 也更大，如图 4.27(b)所示。因此，双扑翼集群的 η_z 既有提高的情况也有降低的情况，如图 4.27(c)所示。具体而言，双扑翼集群 η_z 的提高与否取决于拍动参数。这里定义拍动雷诺数 $Re_{\mathrm{f}}=\rho f A c/\mu$，其中 $A=1.9\sin\theta_{\mathrm{m}}$。图 4.27(d) 给出了 η_z/η_s 与 Re_{f} 的变化关系。可以看出，当 Re_{f} 较小时，如 $Re_{\mathrm{f}}<65$，$\eta_z/\eta_s<1$。

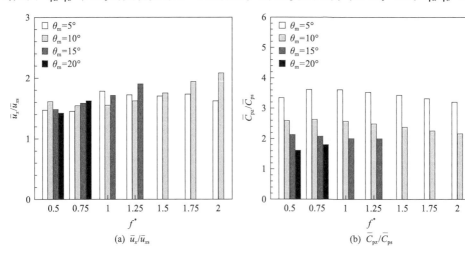

(a) $\bar{u}_x/\bar{u}_{xs}$　　　　　　　　　　　　　　　　(b) $\bar{C}_{\mathrm{pz}}/\bar{C}_{\mathrm{ps}}$

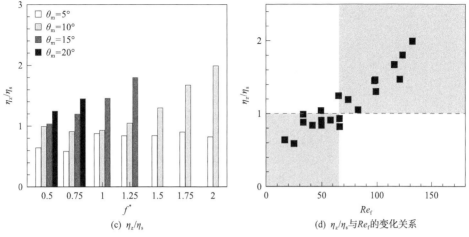

(c) η_z/η_s　　　　　　　　　　　　　(d) η_z/η_s 与 Re_f 的变化关系

图 4.27　不同 θ_m 下双扑翼整体的 $\bar{u}_x/\bar{u}_{xs}$、$\bar{C}_{pz}/\bar{C}_{ps}$ 和 η_z/η_s 随 f^* 的
变化曲线及 η_z/η_s 与 Re_f 的变化关系

当 Re_f 较大时，如 $Re_f > 65$，$\eta_z/\eta_s > 1$，且推进效率优势随拍动雷诺数递增。

为了探究扑翼集群推进速度与其拍动参数的关系，定义双扑翼整体的纵向推进雷诺数为 $Re_{ux} = \rho \bar{u}_x c/\mu$，侧向偏航雷诺数为 $Re_{uy} = \rho \bar{u}_y c/\mu$。图 4.28 给出了双扑翼整体 Re_{ux} 和 Re_{uy} 与 Re_f 的变化关系。可以看出，在斜排队形中，扑翼集群的纵向推进雷诺数与拍动雷诺数满足特定的标度律 $Re_{ux} \sim Re_f^{1.8}$，而侧向偏航雷诺数与拍动雷诺数也满足特定的标度律 $Re_{uy} \sim Re_f^{3.2}$。这表明不仅单扑翼的推进速度与拍动参数存在量化规律[40]，扑翼集群的推进速度与拍动参数也存在量化规律。与单扑翼相比，扑翼集群中的个体显然具有速度优势，即集群中的个体可以通过流固耦合作用获得流体动力学收益。并且，随着拍动雷诺数的增加，扑翼集群的速度优势更加明显，如图 4.28(a) 所示。

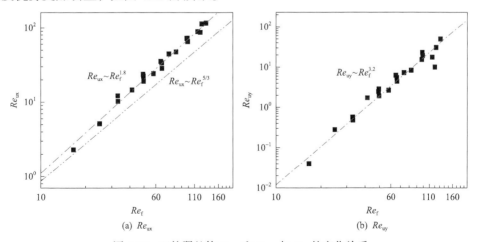

(a) Re_{ux}　　　　　　　　　　　　　(b) Re_{uy}

图 4.28　双扑翼整体 Re_{ux} 和 Re_{uy} 与 Re_f 的变化关系

　　为了进一步探究斜排队形中各扑翼的流体动力学特性,选择参数组合 f^*=1 和 θ_m=15°作为典型案例进行详细分析。图 4.29 给出了斜排队形中双扑翼的推进速度 u_{x1}、u_{x2}、u_{y1}、u_{y2}、推力系数 c_t 和侧向力系数 c_s 的时间历程曲线,其中也包括单扑翼的结果。如图 4.29(a)所示,在斜排队形中,双扑翼的 u_{x1} 和 u_{x2} 总是大于单扑翼的 u_{xs}。这表明和单扑翼相比,斜排队形中双扑翼具有全时域的速度优势。如图 4.29(b)所示,斜排队形中后翼(扑翼 F1)u_{y1} 的波峰值小于单扑翼 u_{ys} 的波峰值,而前翼(扑翼 F2)u_{y2} 的波谷值大于单扑翼 u_{ys} 的波谷值。由此可见,虽然双扑翼是同步运动且运动参数完全一致,但是两者的速度发展曲线却完全不同步。这主要是因为在斜排队形中,双扑翼之间的流固耦合作用不对称,从而导致双扑翼的受力不同步,如图 4.29(c)和(d)所示。

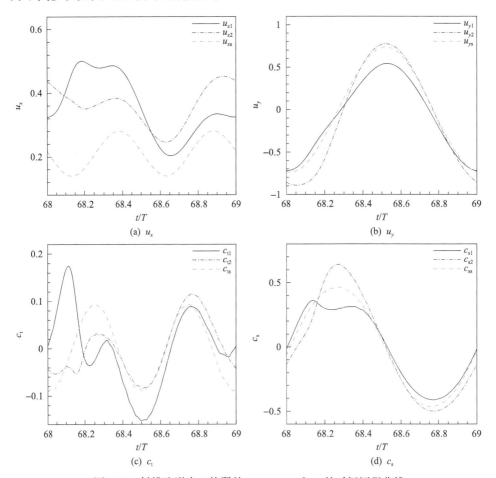

图 4.29　斜排队形中双扑翼的 u_x、u_y、c_t 和 c_s 的时间历程曲线

　　在双自由度情况下,当扑翼向下拍动时会产生向上的被动运动,当扑翼向上

拍动时会产生向下的被动运动。图 4.30 给出了 $f^*=1$ 和 $\theta_m=15°$ 时，斜排队形中同步双扑翼在不同时刻的瞬时压强系数云图。当 $t/T=0.1$ 时，如图 4.30(a)所示，双扑翼在向上拍动的同时会产生向下的被动运动。此时，扑翼 F1 的前部与扑翼 F2 的后部彼此相向运动(彼此靠近)，导致两者之间产生正高压区。它对扑翼 F1 产生向上的排斥作用力，同时对扑翼 F2 产生向下的排斥作用力，如图 4.30(a)中的箭头所示。双扑翼之间的这种相互排斥效应可以增加扑翼 F1 的推力和侧向力，同时减小扑翼 F2 的推力和侧向力。因此，此刻扑翼 F1 的推力和侧向力均大于扑翼 F2，如图 4.29(c)和(d)所示。

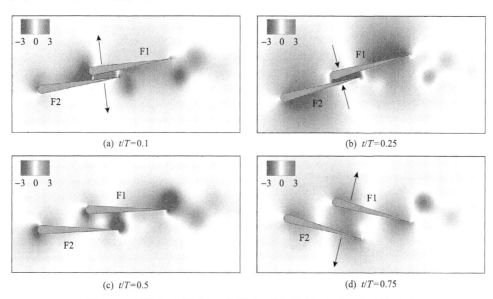

(a) $t/T=0.1$　　　　　　　　　　　　　　(b) $t/T=0.25$

(c) $t/T=0.5$　　　　　　　　　　　　　　(d) $t/T=0.75$

图 4.30　斜排队形中同步双扑翼在不同时刻的瞬时压强系数云图

当 $t/T=0.25$ 时，如图 4.30(b)所示，双扑翼从最高点开始向下拍动，扑翼会开始产生向上的被动运动。因此，扑翼 F1 的前部与扑翼 F2 的后部背向运动(彼此远离)，导致两者之间产生负低压区。它对扑翼 F1 产生向下的吸引力，同时对扑翼 F2 产生向上的吸引力，如图 4.30(b)中箭头所示。双扑翼之间的这种相互吸力效应会减小扑翼 F1 的推力和侧向力，同时增加扑翼 F2 的推力和侧向力。因此，此刻扑翼 F2 的推力和侧向力均大于扑翼 F1，如图 4.29(c)和(d)所示。

当 $t/T=0.5$ 时，双扑翼经过平衡位置向下拍动，扑翼 F1 的前缘涡会被扑翼 F2 抑制，导致扑翼 F1 的前缘涡比扑翼 F2 的前缘涡更弱，如图 4.24(c)所示。与扑翼 F2 相比，扑翼 F1 前缘涡产生的负低压区更弱，如图 4.30(c)所示。这直接导致扑翼 F1 前缘涡产生的吸力效应要弱于扑翼 F2，使得此刻扑翼 F1 的推力小于扑翼 F2 的推力，如图 4.29(c)所示。

当 $t/T=0.75$ 时，如图 4.30(d)所示，双扑翼从最低点开始向上拍动，双扑翼产生向下的被动运动。因此，扑翼 F1 前部与扑翼 F2 后部再次相向运动(即彼此靠近)，导致两者之间产生正高压区。它对扑翼 F1 产生向上的排斥力，同时对扑翼 F2 产生向下的排斥力，如图 4.30(d)中箭头所示。双扑翼之间的这种排斥效应会增加扑翼 F1 的侧向力和扑翼 F2 的推力，同时减小扑翼 F1 的推力和扑翼 F2 的侧向力。因此，此刻扑翼 F1 的推力小于扑翼 F2，同时扑翼 F1 的侧向力大于扑翼 F2，如图 4.29(c)和(d)所示。

4.2.2　异步运动双扑翼的集群运动

本小节研究双扑翼异步运动时($\phi = \pi$)的集群运动，同样地，纵向和侧向的初始间距分别取 $D_{x0}=0$ 和 $D_{y0}=1$。图 4.31 给出了 $f^*=2$ 和 $\theta_{\mathrm{m}}=25°$ 时异步双扑翼的周期平均推进速度和运动轨迹随时间的发展情况及在频率-幅值空间中的队形分布情

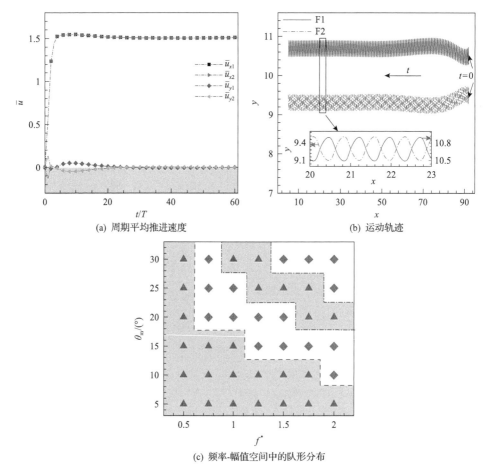

(a) 周期平均推进速度　　　　　　　　　　(b) 运动轨迹

(c) 频率-幅值空间中的队形分布

图 4.31　异步双扑翼周期平均推进速度和运动轨迹随时间的发展情况及在
频率-幅值空间中的队形分布情况($f^*=2$，$\theta_{\mathrm{m}}=25°$)

况。如图 4.31(a)所示，双扑翼的 $\bar{u}_{x1}$ 和 $\bar{u}_{x2}$ 始终一致，而 $\bar{u}_{y1}$ 和 $\bar{u}_{y2}$ 在经过初期的异步振荡之后也最终收敛于零。这表明异步双扑翼在经过数十个周期的自我调整之后，最终也能够获得稳定的并列队形。在并列队形中，双扑翼集群可以沿纵向直线推进，不会发生明显的侧向偏航运动，如图 4.31(b)所示。但是，并列队形的出现受扑翼拍动参数的显著影响。如图 4.31(c)所示，只有当扑翼拍动参数合适时(图中菱形图标所示)，异步双扑翼集群才能形成稳定的并列队形。

图 4.32 给出了 $f^*=2$ 和 $\theta_{\mathrm{m}}=25°$ 时并列队形中异步双扑翼在不同时刻的瞬时涡量云图。可以看出，在并列队形中，双扑翼的运动完全对称。同时，双扑翼的旋涡形成和脱落也完全对称，每个扑翼的尾迹中都会形成反卡门涡街。因此，并列队形中双扑翼之间的流固耦合作用完全同步和对称，这是并列队形中双扑翼集群不会发生侧向偏航运动的根本原因。

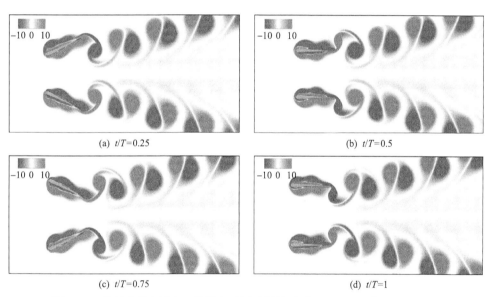

(a) $t/T=0.25$　　　　　　　　　　　　　　　　(b) $t/T=0.5$

(c) $t/T=0.75$　　　　　　　　　　　　　　　　(d) $t/T=1$

图 4.32　并列队形中异步双扑翼在不同时刻的瞬时涡量云图($f^*=2$，$\theta_{\mathrm{m}}=25°$)

为了进一步研究并列队形的稳定性，图 4.33 给出了 $f^*=2$ 和 $\theta_{\mathrm{m}}=25°$ 时不同初始间距 D_{x0} 和 D_{y0} 下异步双扑翼的 D_x 和 D_y 的时间历程曲线。可以看出，无论改变 D_{x0} 还是改变 D_{y0}，异步双扑翼的 D_x 最终都会收敛于零，同时 D_y 最终都会收敛于同一个稳定值。这表明改变初始间距和初始排列队形并不会影响最终的稳定并列队形。和同步双扑翼集群的斜排队形一样，异步双扑翼集群的并列队形也不受初始间距(如 $D_{x0} \leqslant 0.75$ 和 $D_{y0} \leqslant 2.0$)和流场扰动的影响，具有(纵向和侧向)二维稳定性。

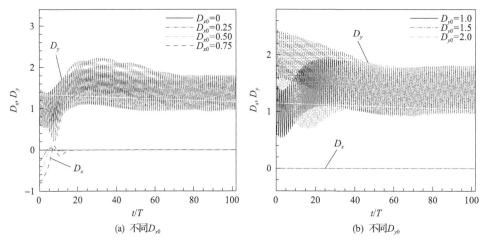

(a) 不同D_{x0}　　　　　　　　　　　　　(b) 不同D_{y0}

图 4.33　不同初始间距下异步双扑翼的 D_x 和 D_y 的时间历程曲线($f^*=2$，$\theta_{\mathrm{m}}=25°$)

　　为了探究并列队形中双扑翼集群的推进效能，可计算双扑翼集群推进效能与单扑翼推进效能的相对差异，计算公式为

$$\Delta\langle\cdot\rangle=\frac{\langle\cdot\rangle-\langle\cdot\rangle_{\mathrm{s}}}{\langle\cdot\rangle_{\mathrm{s}}}\times100\% \tag{4.13}$$

式中，$\langle\cdot\rangle$ 表示双扑翼集群的推进效能，包括双扑翼集群的周期平均推进速度、能量系数和推进效率；$\langle\cdot\rangle_{\mathrm{s}}$ 表示单扑翼的推进效能。

　　图 4.34 给出了不同 θ_{m} 下并列双扑翼与单扑翼的周期平均推进速度相对差异 Δu、周期平均能量系数相对差异 ΔC_{p} 和推进效率相对差异 $\Delta\eta$ 随 f^* 的变化情况，图中还给出了 Re_{ux} 与 Re_{f} 的变化关系。

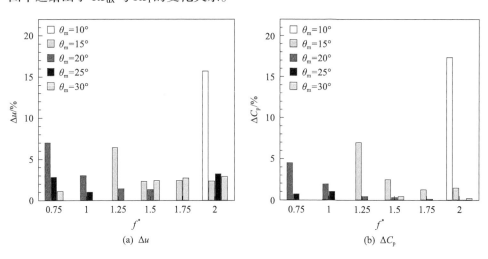

(a) Δu　　　　　　　　　　　　　　(b) ΔC_{p}

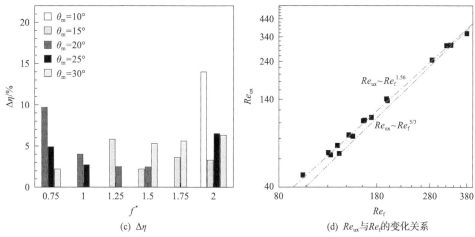

(c) $\Delta\eta$　　　　　　　　　　(d) Re_{ux} 与 Re_f 的变化关系

图 4.34　不同 θ_m 下并列双扑翼与单扑翼的 Δu、ΔC_p 和 $\Delta\eta$ 随 f^* 的
变化情况及双扑翼 Re_{ux} 与 Re_f 的变化关系

如图 4.34(a) 所示，与单扑翼相比，双扑翼集群在并列队形中可以获得一定的提速优势，提速效果最高可达 16%，具体的提速效果与扑翼的拍动参数密切相关。此外，在部分拍动参数空间中，双扑翼集群需要消耗比单扑翼更多的能量，如图 4.34(b) 所示。虽然如此，得益于并列队形的提速优势，双扑翼集群的推进效率依然大于单扑翼的推进效率，如图 4.34(c) 所示。双扑翼集群的效率优势最高可达 14%，具体的效率优势也与扑翼拍动参数密切相关。此外，与斜排队形中的双扑翼集群类似，并列队形中双扑翼集群的推进速度与拍动参数也满足特定的标度律 $Re_{ux} \sim Re_f^{1.56}$，如图 4.34(d) 所示。同时，随着拍动雷诺数的增加，并列队形中双扑翼集群的速度优势会减弱。

为了进一步探究并列队形中双扑翼的流体动力学特性，选择参数组合 f^*=2 和 θ_m=10° 作为典型案例进行详细分析。图 4.35 给出了并列队形中双扑翼的 u_x 和 c_t 的时间历程曲线，其中还包括单扑翼的结果。可以看出，并列队形中两个扑翼 u_x 和 c_t 的发展过程都是完全同步的。这是因为在并列队形中，两个扑翼之间的流固耦合作用是同步且对称的，如图 4.32 所示。此外，从图 4.35(a) 可以看出，与单扑翼相比，并列队形中双扑翼集群的 u_x 在后半周期内获得了显著的提高。同时，双扑翼集群的 c_t 在前半周期内获得了显著的提高，如图 4.35(b) 所示。

图 4.36 给出了 f^*=2 和 θ_m=10° 时并列双扑翼在不同时刻的瞬时压强系数云图。如图 4.36(a) 所示，当 t/T=0.25 时，双扑翼后部之间的区域出现了正的高压区，双扑翼前部之间的区域则出现了负的低压区。当 t/T=0.75 时，双扑翼前后部之间区域的压强分布刚好相反，如图 4.36(b) 所示。这种压强分布与均匀来流中固定的并列双扑翼的压强分布存在显著差异[19]，也和单(纵向)自由空间中并列双扑翼的压

强分布存在明显的区别[39]。对于固定在均匀来流中的并列双扑翼或单自由空间中的并列双扑翼，当两个扑翼相向拍动时(t/T=0.25)，两者之间会产生正的高压区；当两个扑翼背向拍动时(t/T=0.75)，两者之间会产生负的低压区。由于本节考虑的双自由度扑翼会产生侧向的被动运动，从而引起了压强分布的差异。

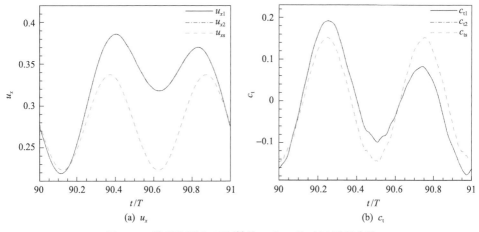

(a) u_x　　　　　　　　　　　　　　(b) c_t

图 4.35　并列队形中双扑翼的 u_x 和 c_t 的时间历程曲线

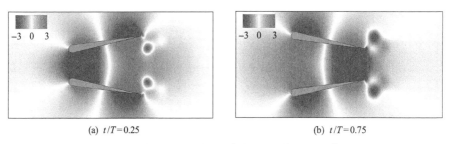

(a) t/T=0.25　　　　　　　　　　　(b) t/T=0.75

图 4.36　并列双扑翼在不同时刻的瞬时压强系数云图（f^*=2，θ_m=10°）

4.2.3　双扑翼的非定常流动控制机理

对于初始并列的双扑翼，当它们同步运动时会形成斜排队形，当它们异步运动时会形成并列队形。本小节将详细讨论不同稳定队形的形成机理。

对于斜排队形，从图 4.23（a）和（b）可以看出，随着时间的推进，双扑翼的 D_x 增加而 D_y 减小，直至获得稳定的队形。首先讨论为什么 D_y 会逐渐减小，计算双扑翼在任意时刻的有效攻角[41]：

$$\alpha_i(t) = \arctan \frac{u_{yi}(t)}{u_{xi}(t)} - \theta_i(t) \qquad (4.14)$$

图 4.37 给出了 f^*=1 和 θ_m=15°时，同步双扑翼的有效攻角 α_1 和 α_2 在 t/T=19～20 内的时间历程曲线。可以看出，α_1 曲线的波谷值小于 α_2 曲线的波谷值，而 α_1 曲线的波峰值小于 α_2 曲线的波峰值，并且 α_1 和 α_2 曲线各自的波峰和波谷幅度均不相等。例如，α_1 的波峰值和波谷值分别为 76.5° 和 –80.4°，而 α_2 的波峰值和波谷值分别为 77.8° 和 –74.8°。因此，集群中每个扑翼在上行程中的有效攻角不等于在下行程中的有效攻角，这必将导致两个扑翼的周期平均有效攻角（$\bar{\alpha}_i = \dfrac{1}{T}\displaystyle\int_0^T \alpha_i \mathrm{d}t$）不一致。例如，在 t/T=19～20 内，$\bar{\alpha}_1 = -0.8°$，$\bar{\alpha}_2$=0.9°。这就会使得扑翼 F1 产生向下的侧向力，同时扑翼 F2 产生向上的侧向力，从而扑翼 F1 的周期平均侧向速度 $\bar{u}_{y1}$ 是负值，而扑翼 F2 的周期平均侧向速度 $\bar{u}_{y2}$ 是正值，如图 4.23（c）所示。因此，对于同步运动的双扑翼，它们之间的侧向间距 D_y 会逐渐减小，直至达到稳定的队形，如图 4.23（b）所示。

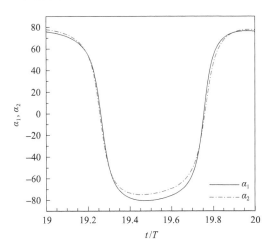

图 4.37　同步双扑翼的 α_1 和 α_2 在 t/T=19～20 内的时间历程曲线（f^*=1，θ_m=15°）

接着讨论同步双扑翼的 D_x 为什么会逐渐增加。图 4.38 给出了 f^*=1 和 θ_m=15° 时，同步双扑翼 c_t 和 u_x 在 t/T=19～20 内的时间历程曲线。如图 4.38（a）所示，在前半周期内（t/T=19～19.5），扑翼 F2 的 c_t 明显大于扑翼 F1 的 c_t。因此，扑翼 F2 在前半周期内可以获得比扑翼 F1 更大的 u_x，如图 4.38（b）所示，这样就会使扑翼 F2 领先于扑翼 F1。

在后半周期内（t/T=19.5～20），虽然扑翼 F1 的 c_t 大于扑翼 2 的 c_t，从而使扑翼 F1 的 u_x 比扑翼 F2 更快。但由于扑翼 F2 已经在前半周期内领先于扑翼 F1，后半周期内双扑翼间的相互作用面小于前半周期，进而使得后半周期中双翼间的相互作用要弱于前半周期。

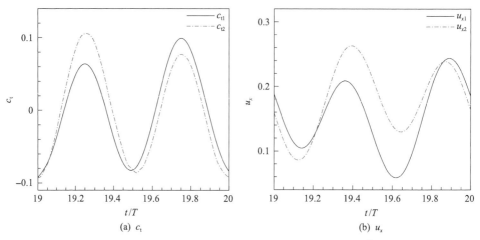

(a) c_t (b) u_x

图 4.38 同步双扑翼 c_t 和 u_x 在 $t/T=19\sim20$ 内的时间历程曲线($f^*=1$, $\theta_m=15°$)

图 4.39 给出了 $f^*=1$ 和 $\theta_m=15°$ 时，同步双扑翼在不同时刻的瞬时压强系数云图。当 $t/T=19.25$ 时，如图 4.39(a)所示，扑翼 F1 前部和扑翼 F2 后部会由于彼此背向运动而产生负低压区。同样地，当 $t/T=19.75$ 时，如图 4.39(b)所示，扑翼 F1 后部和扑翼 F2 前部也会由于彼此背向运动而产生负低压区。很显然，$t/T=19.25$ 时刻双翼间的负低压区(图 4.39 中的虚线所示区域)要比 $t/T=19.75$ 时刻的负低压区更加饱满。这导致前半周期内两个扑翼的推力差异要大于后半周期的推力差异，如图 4.38(a)所示。最终导致扑翼 F2 的周期平均推进速度大于扑翼 F1 的周期平均推进速度，在 $t/T=19\sim20$ 内，扑翼 F1 和 F2 的周期平均推进速度分别是 0.15 和 0.18。因此，扑翼 F2 会不断领先于扑翼 F1，即 D_x 逐渐增加，直至获得稳定队形。

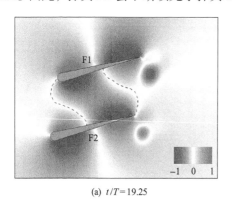 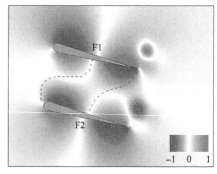

(a) $t/T=19.25$ (b) $t/T=19.75$

图 4.39 同步双扑翼在不同时刻的瞬时压强系数云图($f^*=1$, $\theta_m=15°$)

因此，对于斜排队形，最先从流固耦合作用中获得流体动力学收益的个体会取得靠前的稳定位置。在本节的结果中，都是扑翼 F2 的位置领先于扑翼 F1，这表明扑翼能否优先获得流体动力学收益取决于驱动运动方程。这里假设：如果扑

翼拍动驱动方程是 $\theta_i(t) = \theta_m \sin(2\pi ft + \pi)$，则扑翼 F1 将优先获得流体动力学收益并取得领先的位置。为了验证该假设，对由方程 $\theta_i(t) = \theta_m \sin(2\pi ft + \pi)$ 驱动的双扑翼集群运动进行数值模拟，结果如图 4.40 所示。因此，扑翼 F1 确实能够领先于扑翼 F2。

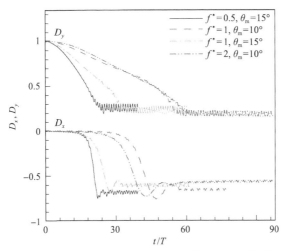

图 4.40　双扑翼由 $\theta_i(t) = \theta_m \sin(2\pi ft + \pi)$ 驱动时 D_x 和 D_y 的时间历程曲线

由于异步双扑翼的拍动运动完全对称，双扑翼间的流固耦合作用是完全同步和对称的，不存在某个扑翼优先获得流体动力学收益的情况。如图 4.31(a) 和图 4.35 所示，异步双扑翼的推进速度和推力都是完全同步的。结果，异步双扑翼的 D_x 始终保持为零，如图 4.33 所示。因此，当双扑翼异步运动时，不会形成斜排队形，只会形成并列队形。

4.3　串列多扑翼的集群运动

自然界中普遍存在多个个体之间的自组织集群运动，包括细菌群落[42]、沉积颗粒[43]、动物集群[26]等。其中，鸟类/鱼类的集群运动最为常见。它们在集群运动时，可以利用流体力学作用降低个体的能量消耗。根据鸟类/鱼类集群中规律队形的自组织特点，鸟类/鱼类集群可以被简化为具有单向自主推进能力的扑翼集群，其最大的特点是考虑了集群规律队形在纵向上的稳定性。考虑到集群个体的数量在一般情况下较大的事实，Peng 等[144]研究了串列多扑翼的集群运动。研究表明，当集群个体数量较大时，如个体数量大于 3，集群无法维持稳定的密集队形，从而分裂成多个子集队形。但是，该研究工作没有考虑个体运动相位差对集群运动的影响。因此，对于异步多扑翼集群，能否形成稳定的密集队形并获得流体动力学收益这个问题缺乏充分的研究。

　　为此，本节详细探究串列异步多扑翼的自组织集群运动，以解决两个问题：首先，串列异步多扑翼能否利用流固耦合作用形成稳定的密集队形；其次，如果可以形成稳定的密集队形，扑翼集群能否获得提高速度和降低能耗的流体动力学收益。

　　为了探究多扑翼集群的自组织行为及其流体动力学特性，本节构建由多个串列扑翼组成的自主推进系统，如图 4.41 所示。扑翼外形为 NACA0012 翼型，质量为 m，弦长为 c，相邻扑翼的初始间距均为 G_0。每个扑翼在侧向（y 向）进行沉浮俯仰组合运动，控制方程为

$$\begin{cases} h_i(t) = h_m \sin\left[2\pi ft + (i-1)\phi\right] \\ \theta_i(t) = \theta_m \sin\left[2\pi ft - \dfrac{\pi}{2} + (i-1)\phi\right] \end{cases} \tag{4.15}$$

式中，$h_i(t)$ 和 $\theta_i(t)$ 分别表示扑翼的沉浮运动和俯仰运动；t 为时间；h_m 和 θ_m 分别为沉浮运动和俯仰运动的幅值；f 为运动频率；ϕ 为相邻扑翼的运动相位差；$i=1$, 2, $\cdots$, N，表示扑翼在集群中的序列号，N 为扑翼的个数。

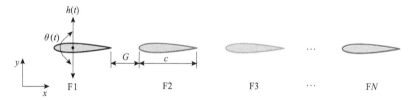

图 4.41　串列多扑翼的计算模型示意图

　　所有扑翼的俯仰轴都位于距离前缘 $c/3$ 处。本节只研究扑翼沿纵向（x 方向）的自主推进运动，所以控制方程与式(4.2)相同。定义雷诺数为 $Re=\rho Vc/\mu$，其中 μ 是流体的运动黏性系数，$V=2\pi fh_m$ 是特征速度。定义无量纲频率为 $f^*=fc/V$。定义扑翼自主向前推进的正方向为 $-x$ 方向，当扑翼集群获得稳定队形之后，所有扑翼的周期平均推进速度相等，即 $\bar{u}=\bar{u}_{xi}$。在本节的研究中，计算域是 $100c\times20c$ 的矩形域，对扑翼推进路径进行加密，该区域的尺寸是 $90c\times10c$，网格步长 $\Delta h=0.01c$。此外，G_0、G 和 h_m 用弦长 c 无量纲化，其他参数固定为 $Re=200$、$\bar{m}=1$ 和 $f^*=0.3$。

4.3.1　多扑翼集群的队形类型

　　本小节首先以五扑翼组成的集群为研究对象，研究其在不同初始间距 G_0 和相位差 ϕ 下的自组织行为。由数值模拟结果可知，五扑翼集群通过流固耦合作用可以自发地形成稳定的密集队形。对于密集队形的具体形成过程，下面以参数组合 $h_m=0.4$、$\theta_m=20°$、$\phi=1.6\pi$ 和 $G_0=0.25$ 为例进行详述。图 4.42 给出了五扑翼集群中

相邻扑翼间距和每个扑翼的周期平均推进速度 $\bar{u}_{xi}$ 的时间历程曲线。

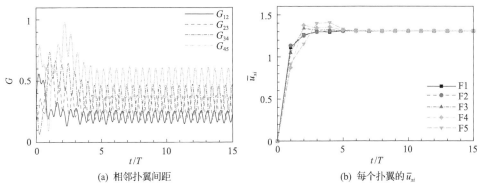

(a) 相邻扑翼间距   (b) 每个扑翼的 $\bar{u}_{xi}$

图 4.42 五扑翼集群中相邻扑翼间距和每个扑翼的 $\bar{u}_{xi}$ 的时间历程曲线

如图 4.42(a) 所示，在起始阶段 (如 $0\sim5T$)，相邻扑翼间距出现了剧烈的振荡。这是因为位于下游的扑翼与上游扑翼的尾涡相遇，流固耦合的作用使得下游扑翼的推力产生剧烈的增大或减小，从而导致下游扑翼出现加速或减速的自适应调整过程，如图 4.42(b) 所示。经过若干个周期 (如 5 个周期) 的加速或减速调整之后，所有扑翼的 $\bar{u}_{xi}$ 趋于一致。与此同时，相邻扑翼的间距也将呈周期性规律变化。最终，五扑翼组成的集群形成稳定的密集队形。如图 4.43(a) 所示，密集队形中扑翼集群的运动行为犹如一个完整的鳗鱼状波动推进物，在密集队形中，相邻扑翼间的距离非常小，且远小于弦长。这导致上游扑翼的尾涡大部分被下游扑翼捕获，并与下游扑翼尾涡融合。因此，对于密集队形中的多扑翼集群，尾部的反卡门涡街主要由末位扑翼脱落的旋涡组成。

为了探究密集队形在扑翼集群中是否具有普遍性，在保持上述参数不变的情况下增加扑翼的个数，考察扑翼数量对集群自组织行为的影响。结果表明，随着扑翼数量的不断增加，集群始终可以自发地形成稳定的密集队形。本节的数值模拟表明，可以稳定存在密集队形的扑翼集群个体数量在 15 以上，如图 4.43 所示。

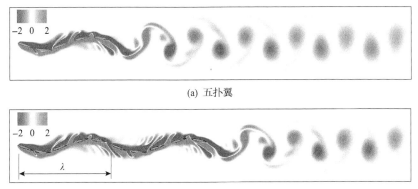

(a) 五扑翼

(b) 十扑翼

(c) 十五扑翼

图 4.43　由不同个数扑翼组成的集群在密集队形中的瞬时涡量云图

随后，改变扑翼集群中个体的 ϕ、G_0、h_m 和 θ_m，图 4.44 给出了五扑翼集群队形在 h_m=0.4 和 θ_m=20° 时相位差-初始间距空间和 ϕ=1.6π 和 G_0=0.25 时沉浮幅值-俯仰幅值空间中的分布情况及稀疏队形的两个例子。数值模拟表明，多扑翼集群可以在较大的参数空间内自发形成稳定的密集队形，如图 4.44(a) 和 (b) 中的圆形图标所示。因此，多扑翼集群的流致自组织密集队形具有普遍性。

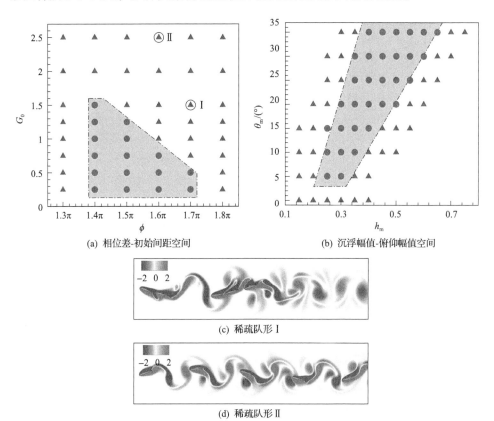

(a) 相位差-初始间距空间　　　　　　(b) 沉浮幅值-俯仰幅值空间

(c) 稀疏队形 I

(d) 稀疏队形 II

图 4.44　五扑翼集群队形在相位差-初始间距空间和沉浮幅值-俯仰幅值
空间中的分布情况及稀疏队形的例子

从图 4.44(a) 可以看出，扑翼集群的密集队形与 ϕ 和 G_0 密切相关。对于 h_m=0.4

和 θ_{m}=20°时的五扑翼集群，只有当 ϕ 和 G_0 取值合适时，如 $1.4\pi \leqslant \phi \leqslant 1.7\pi$ 和 $G_0 \leqslant 1.5$（如图 4.44(a) 灰色阴影区域所示），扑翼集群才能自发地形成稳定的密集队形，并且随着 ϕ 的降低，扑翼集群可以在更大的初始间距范围内形成稳定的密集队形。另外，如图 4.44(b) 所示，扑翼集群的密集队形也与 h_{m} 和 θ_{m} 密切相关。对于 ϕ=1.6π 和 G_0=0.25 时的五扑翼集群，h_{m} 和 θ_{m} 均会影响密集队形的形成。随着 h_{m} 的增加，扑翼集群可以在更大的 θ_{m} 范围内形成稳定的密集队形，如图 4.44(b) 中灰色阴影区域所示。而当扑翼集群的 ϕ、G_0、h_{m} 和 θ_{m} 取值在图 4.44(a) 和(b) 中的灰色区域之外时，扑翼集群可以形成稳定的稀疏队形，如图 4.44(a) 和(b) 中的三角形图标所示。这里的稀疏队形定义为出现了相邻扑翼的间距大于弦长的现象，如图 4.44(c) 和(d) 所示。

对于串列多扑翼集群，出现密集队形是出乎预料的结果，并且随着扑翼个体数量的增加，扑翼集群依然可以自发地形成稳定的密集队形，如十五扑翼组成的集群依然可以自发地形成稳定的密集队形。究其原因，个体之间的运动相位差对多扑翼集群的密集队形具有决定性作用。

图 4.45 给出了五扑翼集群的密集队形在 t/T=0.2 时刻的瞬时涡量和压强系数云图。如图 4.45(a) 所示，扑翼 2 的后缘涡（TEV$_2$）大部分都被扑翼 3 捕获并与其前缘涡融合，导致扑翼 2 和扑翼 3 之间充满着扑翼 2 的后缘涡。因此，扑翼 2 和扑翼 3 之间会形成负低压区（negative pressure region, NPR），如图 4.45(b) 所示。该负低压区会产生吸力效应，从而把扑翼 2 和扑翼 3 吸附在一起并保持较小的间隙。

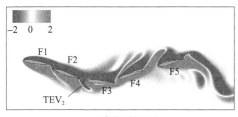
(a) 瞬时涡量云图

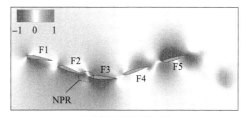
(b) 瞬时压强系数云图

图 4.45　五扑翼集群密集队形在 t/T=0.2 时刻的瞬时涡量和瞬时压强系数云图

需要强调的是，在所有相邻扑翼之间都可以观察到这种尾涡捕获现象和吸力效应。因此，相邻扑翼间的尾涡捕获机制是多扑翼集群维持稳定密集队形的关键机制，被捕获的尾涡犹如一根弹簧把相邻扑翼连接在一起。

4.3.2　密集队形的推进效能

为了探究扑翼集群在密集队形中的推进效能，图 4.46 给出了不同 ϕ 和 N 下多扑翼集群在密集队形中的整体周期平均推进速度 $\bar{u}$、平均能量系数 $\bar{C}_{pz}\left(=\sum_{i=1}^{N}\bar{C}_{pi}/N\right)$ 和

推进效率 $\eta_z\left(=\sum_{i=1}^{N}\eta_i/N\right)$ 与单扑翼结果($\bar{u}_s$、$\bar{C}_{ps}$ 和 η_s)的比值。

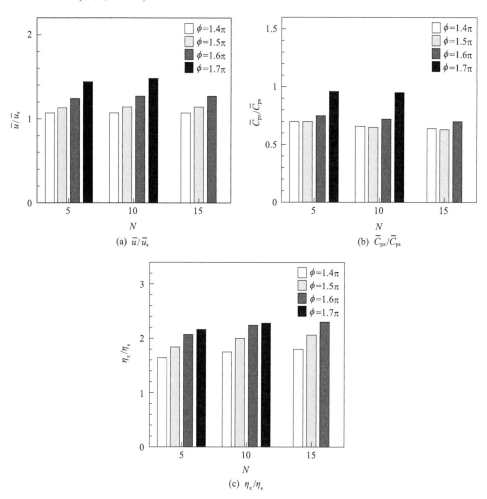

图 4.46　不同 ϕ 和 N 下多扑翼集群在密集队形中的 $\bar{u}/\bar{u}_s$、$\bar{C}_{pz}/\bar{C}_{ps}$ 和 η_z/η_s

从图 4.46(a)可以看出,扑翼集群的 $\bar{u}$ 显著大于单扑翼的 $\bar{u}_s$。这表明扑翼集群保持密集队形的推进运动具有明显的提速优势,并且集群的 $\bar{u}$ 基本不受个体数量 N 的影响。当 N 从 5 增加到 10 时,$\bar{u}$ 只有微弱的增加;当 N 进一步增加到 15 时,$\bar{u}$ 基本保持不变。这表明 N 存在某个阈值,当 N 小于该阈值时,扑翼集群的 $\bar{u}$ 随 N 递增;当 N 大于该阈值时,扑翼集群的 $\bar{u}$ 不再变化。本节的研究表明,个体数

量的阈值约为 5。

此外，随着 ϕ 的增加，扑翼集群的 $\bar{u}$ 呈现明显的增加趋势，说明两者之间有着密切的关系，这可以根据鳗状波动推进的特点进行解释。在密集队形中，扑翼集群的推进运动犹如一个完整的鳗状波动推进物。因此，密集队形中扑翼集群推进的等效波长可以定义为：拍动运动完全一致的相邻扑翼的纵向间距，如图 4.43 (b) 所示。等效波长计算公式为

$$\lambda = \frac{2\pi \left| X_1 - X_N \right|}{(N-1)(2\pi - \phi)} \tag{4.16}$$

式中，X_1 和 X_N 分别为位于集群首、尾两端的扑翼转轴的纵向坐标。

由计算结果可知，随着相位差的增加，扑翼集群的等效波长逐渐增加。例如，对于十扑翼组成的集群，其保持密集队形推进时的等效波长在 $\phi=1.4\pi$、1.5π、1.6π 和 1.7π 时分别为 5.08、5.65、6.71 和 8.89。由于鳗状波动推进物的推进速度随摆动波长的增加而递增[45,46]，随着相位差的增加，密集队形中扑翼集群的推进速度会增加。

从图 4.46 (b) 可以看出，扑翼集群的 $\bar{C}_{pz}$ 明显低于单扑翼的 $\bar{C}_{ps}$，表明扑翼集群的密集队形还具有降低个体能量消耗的作用。并且随着 N 的增加，扑翼集群的节能优势更加显著，所以扑翼集群的 η_z 远高于单扑翼的 η_s，如图 4.46 (c) 所示。此外，随着 ϕ 的增加，虽然扑翼集群的节能优势减弱了，但是 η_z 的优势更加显著。因此与单扑翼的推进运动相比，扑翼集群保持密集队形推进时，不仅可以获得更快的推进速度，而且可以降低个体的能量消耗，获得更高的推进效率。

为了进一步探究密集队形中扑翼集群节能优势的内在机理，图 4.47 给出了不同 ϕ 和 N 下密集队形中处于不同位置扑翼个体的周期平均能量系数 $\bar{C}_{pi}$ 和推进效率 η_i 与单扑翼结果的比值。如图 4.47 (a) ~ (c) 所示，$\bar{C}_{pi}$ 和扑翼个体在队形中的位置存在很强的相关性。从队形的头端到尾端，$\bar{C}_{pi}$ 呈现 U 形分布，并且在不同 ϕ 和 N 的集群中，这种 U 形分布始终存在。这表明相比于密集队形头、尾两端位置的扑翼个体，位于队形中间位置的扑翼个体具有更大的节能优势，因此也具有更高的推进效率，如图 4.47 (d) ~ (f) 所示。可以看出，扑翼集群在密集队形中的节能优势主要来自于队形中间位置扑翼个体的节能作用。从图 4.47 还可以看出，随着 N 的增加，队形中间位置扑翼个体的节能优势并没有明显减弱。相应地，集群整体的节能优势更加显著，如图 4.46 (b) 所示。这就是扑翼集群的节能优势会随个体数量递增的原因。对于鸟类在 V 形或斜排规律队形中的集群飞行过程，集群中个体的能量消耗和个体所处的位置密切相关，存在类似的 U 形分布关系[7,47]。这说明在鸟类的集群运动中，相比于位于队形头部和尾部的个体，位于队形中部的个体具有显著的节能优势。

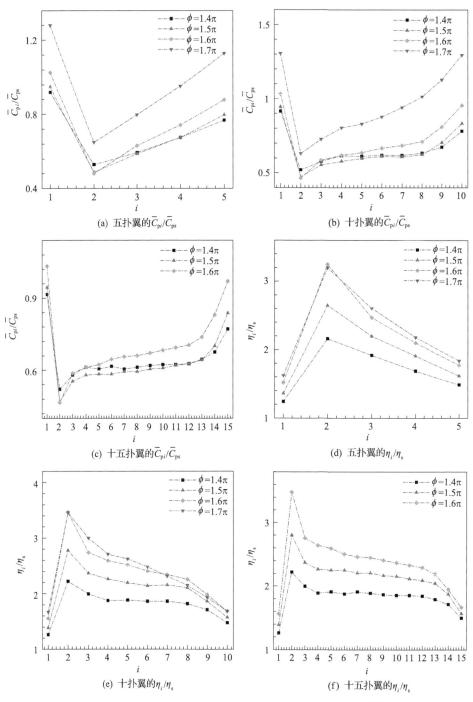

图 4.47　不同 ϕ 和 N 下密集队形中处于不同位置扑翼个体的 $\bar{C}_{\mathrm{p}i}/\bar{C}_{\mathrm{ps}}$ 和 η_i/η_{s}

为了进一步探究密集队形中间位置个体的节能机理,这里详细分析 $\phi=1.6\pi$ 的五扑翼集群的能量消耗情况。图 4.48 给出了 $\phi=1.6\pi$ 的五扑翼集群在密集队形中扑翼个体 $\bar{C}_{pi}$ 的时间历程曲线及 $t/T=0.4$ 和 0.1 时刻的瞬时压强系数云图。如图 4.48(a)所示,处于密集队形中间位置的扑翼个体,如扑翼 F2 和扑翼 F3,其 $\bar{C}_{pi}$ 在部分时间段内会出现明显的负值,如图 4.48(a)中箭头所指时刻($t/T=0.1$ 和 0.4)。这表明处于密集队形中间位置的扑翼个体在拍动过程中会从流场中吸收能量。这里以扑翼 F2 和扑翼 F3 为例进行解释说明。当 $t/T=0.4$ 时,扑翼 F2 拍动运动的上行程即将结束,受流固耦合作用的影响,扑翼的迎风翼面会形成负低压,同时背风翼面会形成正高压,如图 4.48(b)所示。这种翼面压强分布形式使扑翼 F2 产生与拍动方向一致的侧向力,从而实现从周围流场中吸收能量。同样,当 $t/T=0.1$ 时,扑翼 F3 在每个行程的末尾时刻也存在相同的翼面压强分布形式,如图 4.48(c)所示。因此,扑翼 F3 同样可以从周围流场中吸收能量。这就是位于密集队形中间位置的扑翼个体具有节能优势的原因。

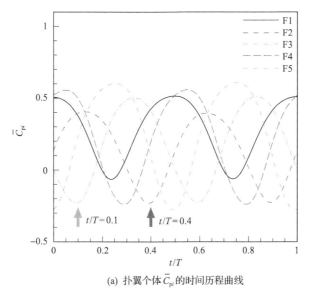

(a) 扑翼个体 $\bar{C}_{pi}$ 的时间历程曲线

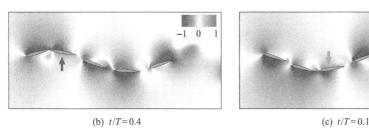

(b) $t/T=0.4$ (c) $t/T=0.1$

图 4.48 $\phi=1.6\pi$ 的五扑翼集群在密集队形中扑翼个体 $\bar{C}_{pi}$ 的时间历程曲线及不同时刻的瞬时压强系数云图

4.3.3　稀疏队形的推进效能

如图 4.44(a)和(b)所示，串列多扑翼集群在流固耦合作用下还会形成稀疏队形。为了进一步分析扑翼集群在密集队形和稀疏队形中的推进效能，图 4.49～图 4.51 分别比较了 $\phi=1.4\pi\sim1.7\pi$ 内的五扑翼集群在密集队形和稀疏队形中的 $\overline{u}/\overline{u}_s$、$\overline{C}_{pi}/\overline{C}_{ps}$ 和 η_i/η_s。如图 4.49 所示，与稀疏队形(图中白色区域内)相比，扑翼集群在密集队形中(图中灰色阴影区域内)具有更快的推进速度。此外，如图 4.50 所示，扑翼集群在密集队形中所需的能量也显著低于稀疏队形。因此，扑翼集群在密集队形中的推进效率要显著高于稀疏队形，如图 4.51 所示。这表明与稀疏队形相比，扑翼集群在密集队形中不仅具有更快的推进速度，而且可以消耗更少的能量，获得更高的推进效率。因此，密集队形比稀疏队形更有利于扑翼集群获得提速优势和节能优势。

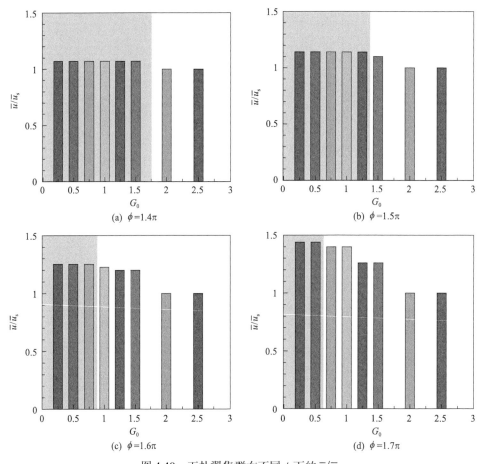

图 4.49　五扑翼集群在不同 ϕ 下的 $\overline{u}/\overline{u}_s$

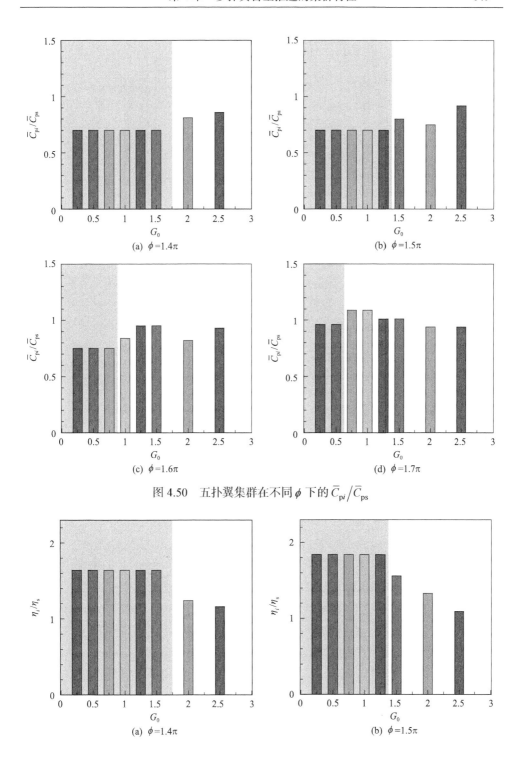

图 4.50　五扑翼集群在不同 ϕ 下的 $\bar{C}_{\mathrm{p}i}/\bar{C}_{\mathrm{ps}}$

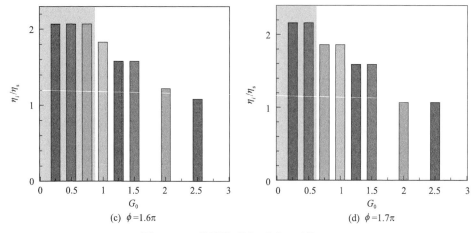

图 4.51　五扑翼集群在不同 ϕ 下的 η_i/η_s

从图 4.49～图 4.51 还可以看出，在密集队形中，不同初始间距下扑翼集群的周期平均推进速度、平均能量系数和推进效率完全一致，表明集群的推进效能不受初始间距的影响。这是因为在不同的初始间距下，扑翼集群最终会形成完全一样的密集队形。而在稀疏队形中，不同初始间距下扑翼集群的推进效能存在明显的差异。这是因为在不同的初始间距下，集群最终会形成不同形式的稀疏队形，如图 4.44(c) 和 (d) 所示。

另外，稀疏队形的具体表现形式不仅和初始间距有关，还受相位差的显著影响。在稀疏队形中，扑翼集群可以存在由少量扑翼组成的密集子队形，将它们标记为 CX，其中 X 表示密集子队形中的扑翼个体数量。例如，图 4.44(c) 所示的稀疏队形可以标记为 $C2+C3$。如果稀疏队形中没有密集子队形，则标记为 SN，N 为集群个体数量。例如，图 4.44(d) 所示的稀疏队形可以标记为 $S5$。以 $\phi=1.4\pi\sim1.7\pi$ 内的五扑翼集群为例，图 4.52 给出了其形成的不同形式的稀疏队形。由数值模拟结果可知，$\phi=1.4\pi\sim1.7\pi$ 内的五扑翼集群存在七种不同形式的稀疏队形，可以分别标记为 $C4+1$、$C3+C2$、$C3+1+1$、$C2+C3$、$1+C2+C2$、$1+C2+1+1$ 和 $S5$。

表 4.1 为五扑翼集群形成不同形式的稀疏队形时对应的参数取值。可以看出，在保持相位差不变的情况下，随着初始间距的增加，稀疏队形中密集子队形的个体数量将递减，直至密集子队形消失。例如，对于 $\phi=1.6\pi$ 的五扑翼集群，当 G_0 从 1 增至 1.25 时，稀疏队形中的密集子队形由 $C4$ 变成了 $C3$，子队形的个体数量从 4 减少到了 3。如果 G_0 继续增至 2，子队形的个体数量将进一步减少到 2，即形成 $C2$ 的密集子队形。进一步，如果 G_0 增至 2.5，密集子队形消失，从而形成 $S5$ 的稀疏队形。

(a) $C4+1$

(b) $C3+C2$

(c) $C3+1+1$

(d) $1+C2+C2$

(e) $1+C2+1+1$

(f) $S5$

图 4.52　五扑翼集群形成的不同形式的稀疏队形

表 4.1　五扑翼集群形成不同形式的稀疏队形时对应的参数取值

ϕ	G_0	稀疏队形
1.4π	2	1+C2+C2
	2.5	1+C2+1+1
1.5π	1.5	C3+C2
	2	1+C2+C2
	2.5	S5
1.6π	1	C4+1
	1.25、1.5	C3+1+1
	2	1+C2+1+1
	2.5	S5
1.7π	0.75、1	C4+1
	1.25、1.5	C2+C3
	2、2.5	S5

在稀疏队形中，扑翼集群的推进运动具有明显的头雁效应，即稀疏队形中扑翼集群的推进速度由第一个扑翼或第一个密集子集群决定。例如，对于 ϕ=1.5π 的五扑翼集群，当 G_0=2 和 2.5 时，扑翼集群虽然会形成两种不同形式的稀疏队形，即 1+C2+C2 和 S5，但是两种情况下扑翼集群的推进速度是一致的，均等于单扑翼的推进速度。当 G_0=1.5 时，扑翼集群会形成 C3+C2 的稀疏队形，此时扑翼集群的推进速度与第一个子集群 C3 单独运动时的推进速度一致。这种头雁效应存在于所有的稀疏队形中。Peng 等[44]曾指出，头雁效应可以通过提高下游扑翼的推进速度来维持稳定的规律队形。但本节的研究表明，头雁效应不仅可以提高下游个体的推进速度，也可以抑制下游个体的推进速度。如表 4.2 所示，对于 ϕ=1.6π 的五扑翼集群，在 C3+1+1 的队形中，子集群 C3 和单扑翼单独运动时的推进速度分别为 1.29 和 1.05，但是扑翼集群的推进速度也为 1.29，与子集群 C3 的推进速度一致。此时，头雁效应表现为提高下游扑翼个体的推进速度，避免其掉队。而在 1+C2+1+1 的队形中，子集群 C2 单独运动时的推进速度为 1.24，但是扑翼集群的推进速度为 1.05，与单扑翼单独运动时的推进速度相等。此时，头雁效应表现为抑制下游扑翼子集群 C2 的推进速度，以避免与上游个体相撞。因此，稀疏队形的流固耦合作用不仅可以提高下游个体/子集群的推进速度以避免其掉队，也可以抑制下游个体/子集群的推进速度以避免与其相撞，从而保证了规律队形的稳定性。

表 4.2　稀疏队形中扑翼个体和子集群单独运动与集群运动时的推进速度

推进队形	推进速度
$C3$	1.29
1	1.05
$C3+1+1$	1.29
$C2$	1.24
$1+C2+1+1$	1.05

　　另外，稀疏队形中扑翼集群所需的能量也和队形的具体形式密切相关。如图 4.50 所示，在不同形式的稀疏队形中，扑翼集群所消耗的能量存在较大差异。与扑翼个体单独运动时相比，扑翼集群在大部分稀疏队形中所需的能量更低，除了 $\phi=1.7\pi$ 时的 $C4+1$ 和 $C2+C3$ 队形之外。这表明扑翼集群在大部分稀疏队形中都具有一定的节能优势。此外，如图 4.51 所示，在所有的稀疏队形中，扑翼集群的推进效率均高于单扑翼。这表明稀疏队形也有利于提高扑翼集群的推进效率，但其提高的效果不如密集队形显著。因此，从提高集群的推进速度和推进效率方面来考虑，密集队形比稀疏队形更适合扑翼的集群推进运动。

参 考 文 献

[1] Ashraf I, Godoy-Diana R, Halloy J, et al. Synchronization and collective swimming patterns in fish (hemigrammus bleheri). Journal of The Royal Society Interface, 2016, 13(123): 20160734.

[2] Hemelrijch C K, Hildenbrandt H. Schools of fish and flocks of birds: Their shape and internal structure by self-organization. Interface Focus, 2012, 2(6): 726-737.

[3] Whittlesey R W, Liska S, Dabiri J O. Fish schooling as a basis for vertical axis wind turbine farm design. Bioinspiration & Biomimetics, 2010, 5: 035005.

[4] Streitlien K, Triantafyllou G S, Triantafyllou M S. Efficient foil propulsion through vortex control. AIAA Journal, 1996, 34(11): 2315-2319.

[5] Ashraf I, Bradshaw H, Ha T T, et al. Simple phalanx pattern leads to energy saving in cohesive fish schooling. Proceedings of the National Academy of Sciences of the United States of America, 2017, 114(36): 9599-9604.

[6] Larsson M. Why do fish school? Current Zoology, 2012, 58(1): 116-128.

[7] Weimerskirch H, Martin J, Clerquin Y, et al. Energy saving in flight formation. Nature, 2001, 413: 697-698.

[8] Marras S, Killen S S, Lindström J, et al. Fish swimming in schools save energy regardless of their spatial position. Behavioral Ecology and Sociobiology, 2015, 69(2): 219-226.

[9] Lighthill M. Mathematical Biofluiddynamics. Philadelphia: Society for Industrial and Applied Mathematics, 1975.

[10] Partridge B L, Pitcher T J. Evidence against a hydrodynamic function for fish schools. Nature, 1979, 279: 418-419.

[11] Usherwood J R, Stavrou M, Lowe J C, et al. Flying in a flock comes at a cost in pigeons. Nature, 2011, 474: 494-497.

[12] Dewey P A, Quinn D B, Boschitsch B M, et al. Propulsive performance of unsteady tandem hydrofoils in a side-by-side configuration. Physics of Fluids, 2014, 26: 041903.

[13] Maertens A P, Gao A, Triantafyllou M S. Optimal undulatory swimming for a single fish-like body and for a pair of interacting swimmers. Journal of Fluid Mechanics, 2017, 813: 301-345.

[14] Gao A, Triantafyllou M S. Independent caudal fin actuation enables high energy extraction and control in two-dimensional fish-like group swimming. Journal of Fluid Mechanics, 2018, 850: 304-335.

[15] Muscutt L E, Weymouth G D, Ganapathisubramani B. Performance augmentation mechanism of in-line tandem flapping foils. Journal of Fluid Mechanics, 2017, 827: 484-505.

[16] Xu G D, Duan W Y, Xu W H. The propulsion of two flapping foils with tandem configuration and vortex interactions. Physics of Fluids, 2017, 29: 097102.

[17] Deng J, Shao X M, Yu Z S. Hydrodynamic studies on two traveling wavy foils in tandem arrangement. Physics of Fluids, 2007, 19: 113104.

[18] Khalid M S U, Akhtar I, Dong H. Hydrodynamics of a tandem fish school with asynchronous undulation of individuals. Journal of Fluids and Structures, 2016, 66: 19-35.

[19] Raspa V, Godoy-Diana R, Thiria B. Topology-induced effect in biomimetic propulsive wakes. Journal of Fluid Mechanics, 2013, 729: 377-387.

[20] Chen S Y, Fei Y H J, Chen Y C, et al. The swimming patterns and energy-saving mechanism revealed from three fish in a school. Ocean Engineering, 2016, 122: 22-31.

[21] Vandenberghe N, Zhang J, Childress S. Symmetry breaking leads to forward flapping flight. Journal of Fluid Mechanics, 2004, 506: 147-155.

[22] Zhu X, He G, Zhang X. Flow-mediated interactions between two self-propelled flapping filaments in tandem configuration. Physical Review Letters, 2014, 113 (23): 238105.

[23] Ramananarivo S, Fang F, Oza A, et al. Flow interactions lead to orderly formations of flapping wings in forward flight. Physical Review Fluids, 2016, 1: 071201.

[24] Becker A D, Masoud H, Newbolt J W, et al. Hydrodynamic schooling of flapping swimmers. Nature Communications, 2015, 6: 8514.

[25] Arora N, Gupta A, Sanghi S, et al. Flow patterns and efficiency-power characteristics of a self-propelled, heaving rigid flat plate. Journal of Fluids and Structures, 2016, 66: 517-542.

[26] Couzin I D. Collective cognition in animal groups. Trends in Cognitive Sciences, 2009, 13(1): 36-43.

[27] Vicsek T, Zafeiris A. Collective motion. Physics Reports, 2012, 517: 71-140.

[28] Herbert-Read J E. Understanding how animal groups achieve coordinated movement. Journal of Experimental Biology, 2016, 219(19): 2971-2983.

[29] Lissaman P B S, Shollenberger C A. Formation flight of birds. Science, 1970, 168: 1003-1005.

[30] Ballerini M, Cabibbo N, Candelier R, et al. Interaction ruling animal collective behavior depends on topological rather than metric distance: evidence from a field study. Proceedings of the National Academy of Sciences of the United States of America, 2008, 105(4): 1232-1237.

[31] Cui Z, Gao X. Theory and applications of swarm intelligence. Neural Computing and Applications, 2011, 21(2): 205-206.

[32] Lu X Y, Liao Q. Dynamic responses of a two-dimensional flapping foil motion. Physics of Fluids, 2006, 18: 098104.

[33] Liao J C, Beal D N, Lauder G V, et al. Fish exploiting vortices decrease muscle activity. Science, 2003, 302: 1566-1569.

[34] Filella A, Nadal F, Sire C, et al. Model of collective fish behavior with hydrodynamic interactions. Physical Review Letters, 2018, 120(19): 198101.

[35] Dewey P A, Quinn D B, Boschitsch B M, et al. Propulsive performance of unsteady tandem hydrofoils in a side-by-side configuration. Physics of Fluids, 2014, 26: 041903.

[36] Huera-Huarte F J. Propulsive performance of a pair of pitching foils in staggered configurations. Journal of Fluids and Structures, 2018, 81: 1-13.

[37] Kurt M, Moored K W. Flow interactions of two- and three-dimensional networked bio-inspired control elements in an in-line arrangement. Bioinspiration & Biomimetics, 2018, 13: 045002.

[38] Park S G, Sung H J. Hydrodynamics of flexible fins propelled in tandem, diagonal, triangular and diamond configurations. Journal of Fluid Mechanics, 2018, 840: 154-189.

[39] Peng Z R, Huang H, Lu X Y. Collective locomotion of two closely spaced self-propelled flapping plates. Journal of Fluid Mechanics, 2018, 849: 1068-1095.

[40] Gazzola M, Argentina M, Mahadevan L. Scaling macroscopic aquatic locomotion. Nature Physics, 2014, 10(10): 758-761.

[41] Kinsey T, Dumas G. Parametric study of an oscillating airfoil in a power-extraction regime. AIAA Journal, 2008, 46(6): 1318-1330.

[42] Koch D L, Subramanian G. Collective hydrodynamics of swimming microorganisms: Living fluids. Annual Review of Fluid Mechanics, 2011, 43: 637-659.

[43] Guazzelli É, Hinch J. Fluctuations and instability in sedimentation. Annual Review of Fluid Mechanics, 2011, 43: 97-116.

[44] Peng Z R, Huang H, Lu X Y. Hydrodynamic schooling of multiple self-propelled flapping plates. Journal of Fluid Mechanics, 2018, 853: 587-600.

[45] Liao J C. Swimming in needlefish (belonidae): anguilliform locomotion with fins. Journal of Experimental Biology, 2002, 205(18): 2875-2884.

[46] Liu H, Curet O. Swimming performance of a bio-inspired robotic vessel with undulating fin propulsion. Bioinspiration & Biomimetics, 2018, 13: 056006.

[47] Mirzaeinia A, Hassanalian M, Lee K, et al. Energy conservation of V-shaped swarming fixed-wing drones through position reconfiguration. Aerospace Science and Technology, 2019, 94: 105398.

第 5 章 扑翼能量采集系统

5.1 阵风中的扑翼能量采集

关于扑翼能量采集的数值模拟和试验研究大多是基于均匀来流假设，但在实际流动中，如河道及潮汐流，来流通常是非均匀的。Zhu[1]模拟了全被动式扑翼在剪切流中的响应过程，发现当剪切率较低时，通过调整弹簧强度等参数，可得到周期性的可预测运动和持续可靠的能量采集性能。Cho 等[2]通过数值模拟研究了扑翼在自由剪切流中的能量采集效率。研究表明，当剪切率较低时，能量采集效率比相同情况下均匀来流中的采集效率要高；而当剪切率较高时，效率反而降低。但是，他们的模型只考虑了流速分层带来的剪切效果对扑翼能量采集的影响，并没有考虑时间对流速的影响。为了简单有效地表示来流随时间的波动效应，已有的数学模型包括正弦时变模型、幂函数模型和锐边模型。其中，应用最广泛的是正弦时变模型。Prater 等[3]研究了不同翼型布置情况下，翼型的升力随阵风强度的变化情况。研究表明，通过添加一个扑翼，可以有效减小静止翼型的峰值升力。另外，如果翼型是串联放置的，翼型的位置及翼型是否在拍动都对峰值升力产生影响。由数值结果可知，对于串联翼布置，当阵风增强时，前翼拍动、后翼静止是能达到升力最大的最优化组合。Nguyen 等[4]为了能最大限度地利用阵风中的能量，提出了理想叶尖速比控制器并且应用到实际控制中。

真实的扑翼式能量采集系统的工作环境是一个典型的阵风环境，并且强度及其他参数对能量采集效率的影响均会起到至关重要的作用。因此，本节对扑翼在阵风中的能量采集效率开展研究。为了分析阵风的参数对扑翼动力特性的影响，本节选择不同强度的阵风及阵风与拍动之间的相位差进行研究，同时考虑全主动式和半主动式两种扑翼运动模式，选用二维 NACA0015 翼型作为扑翼外形，其弦长为 c。

如图 5.1 所示，对于全主动式扑翼，运动控制方程为[5]

$$\begin{cases} \theta(t) = \theta_m \sin(2\pi f t) \\ h(t) = h_m \cos(2\pi f t) \end{cases} \tag{5.1}$$

式中，$\theta(t)$ 为扑翼的瞬时俯仰角；t 为时间；θ_m 为扑翼的俯仰幅值；f 为扑翼运动的频率；$h(t)$ 为扑翼沉浮运动的瞬时位置；h_m 为扑翼的沉浮幅值。

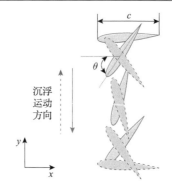

图 5.1　全主动式扑翼运动示意图

在大多数扑翼的应用中，俯仰轴的位置在距离前缘 $c/3$ 或者 $c/4$ 处，这是因为翼型的气动中心位于距离前缘 $c/4$ 处附近[6]。因此，在本节的研究中，俯仰轴放置在距离前缘 $c/3$ 处。此外，沉浮和俯仰的幅值分别为 $h_m/c=1$ 和 $\theta_m=60°$。

如图 5.2 所示，对于半主动式扑翼，运动控制方程为[7]

$$\theta(t) = \theta_m \cos(2\pi f t) \tag{5.2}$$

$$m\frac{\mathrm{d}^2 h(t)}{\mathrm{d}t^2} + b\frac{\mathrm{d}h(t)}{\mathrm{d}t} + kh(t) = F_y \tag{5.3}$$

式中，m 为扑翼的质量；b 为阻尼系数；k 为弹簧常数；F_y 为作用在扑翼上的升力。

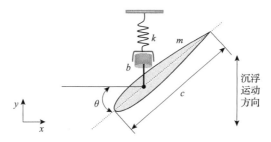

图 5.2　半主动式扑翼运动示意图

此外，俯仰轴的位置也在距离前缘 $c/3$ 处。由于真实的流场是复杂多变的，为了在保持阵风随时间变化的基础上，尽可能地简化模型，本节采用单一频率的简谐式阵风模型，其中风速在水平方向有波动，可以表示为

$$U(t) = U_{\mathrm{ave}}\left[1 + A\cos(2\pi f_g t + \varphi)\right] \tag{5.4}$$

式中，U_{ave} 为平均来流速度；A 为表征阵风强度的阵风波动峰值；f_g 为阵风的频率；φ 为阵风与扑翼运动之间的相位差。

图 5.3 给出了 $A=0.2$ 和 $\varphi=\pi$ 时一个周期内的阵风速度示意图，其中 T_g 为阵风周期。基于平均来流速度和扑翼弦长，定义雷诺数为 $Re=\rho_\infty U_{\text{avc}} c/\mu$，这里 ρ_∞ 为来流密度，μ 为流体的运动黏性系数。

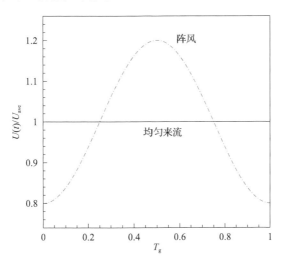

图 5.3　一个周期内的阵风速度示意图 ($A=0.2$，$\varphi=\pi$)

对于扑翼式能量采集系统，在不考虑能量损失的情况下，可以用力与位移的乘积表示流体对系统做的功。对于全主动式扑翼，由于不考虑激励装置，系统具有两个自由度，并且都有对应的力和位移(升力对应沉浮运动，力矩对应俯仰运动)。沉浮运动对系统的能量贡献为 $P_h(t)=F_y \mathrm{d}h(t)/\mathrm{d}t$，俯仰运动对系统的能量贡献为 $P_\theta(t)=M\mathrm{d}\theta(t)/\mathrm{d}t$，其中 M 为流体对俯仰轴的力矩，所以系统采集到的总能量为 $P(t)=P_h(t)+P_\theta(t)$。由此，可以定义瞬时总能量系数 $C_{\text{op}}(t)$ 为

$$C_{\text{op}}(t) = \frac{2P(t)}{\rho_\infty U_\infty^3 c} \tag{5.5}$$

它在一个周期 T 内的平均值为

$$\bar{C}_{\text{op}} = \bar{C}_{\text{ph}} + \bar{C}_{\text{p}\theta} = \frac{1}{T}\int_t^{t+T}\left(c_1 \frac{V_y(t)}{U_\infty} + c_m \frac{\Omega(t)c}{U_\infty}\right)\mathrm{d}t \tag{5.6}$$

式中，$\bar{C}_{\text{op}}$ 为平均总能量系数；$\bar{C}_{\text{ph}}$ 为平均沉浮能量系数；$\bar{C}_{\text{p}\theta}$ 为平均俯仰能量系数；$V_y(t)=\mathrm{d}h(t)/\mathrm{d}t$；$\Omega(t)=\mathrm{d}\theta(t)/\mathrm{d}t$；$c_1$ 和 c_m 分别为升力系数和力矩系数；U_∞ 为来流速度，本节中 $U_\infty=U_{\text{avc}}$。

对于半主动式扑翼，需要考虑外界的能量输入，即驱动扑翼做俯仰运动，故系统输入的能量为 $P_\theta(t)=M\Omega(t)$。与此同时，扑翼从沉浮运动中提取的能量为

$P_h(t) = F_y V_y(t)$。因此，系统采集到的净能量为 $P(t) = P_h(t) - P_\theta(t)$。在一个周期 T 内，瞬时总能量系数（也称为净能量系数）的平均值为

$$\bar{C}_{op} = \bar{C}_{ph} - \bar{C}_{p\theta} = \frac{1}{T} \int_t^{t+T} \left(c_1 \frac{V_y(t)}{U_\infty} - c_m \frac{\Omega(t)c}{U_\infty} \right) dt \tag{5.7}$$

为了评估系统的能量采集效率，可以用一个周期内扑翼采集的能量 $\bar{P}$ 与流过扑翼运动区域所包含的总能量 P_a 的比值来表示[5]，即

$$\eta = \frac{\bar{P}}{P_a} = \frac{2\bar{P}}{\rho_\infty U_\infty^3 d} = \bar{C}_{op} \frac{c}{d} \tag{5.8}$$

式中，d 为翼型的后缘所到达的最高点与最低点之间的距离。

当流动从层流变成湍流时，扑翼的能量采集效率仅略有增加[6]，因此本节的数值模拟考虑 $Re=1100$ 的层流情况。在本节的研究中，计算域是 $32c \times 24c$ 的矩形区域，其中加密区域是 $1.5c \times 2.5c$，加密区域网格步长 $\Delta h = 0.00625c$。在详细研究阵风强度和阵风与扑翼运动之间的相位差对扑翼能量采集效率的影响之前，首先考察阵风频率的影响。对于全主动式扑翼，选取运动参数 $h_m/c=1$ 和 $\theta_m=60°$。同时，阵风强度为 $A=0.1$，阵风与扑翼运动之间的相位差为 $\varphi=45°$。图 5.4 给出了不同阵风频率 f_g 下扑翼的能量采集效率 η 随约化频率 f^*（定义为 $f^*=fc/U_{ave}$）的变化曲线。为了做对比，图 5.4 中还给出了均匀来流的结果。

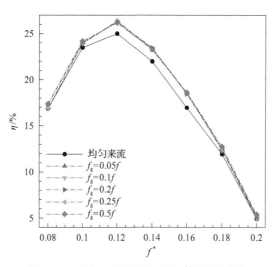

图 5.4 不同 f_g 下扑翼的 η 随 f^* 的变化曲线

如图 5.4 所示，随着 f^* 的增大，η 先增大，并在 $f^*=0.12$ 附近达到最大值，随后开始降低。值得注意的是，η 在均匀来流和阵风中的变化趋势是一致的。对于

给定的 f^*，f_g 对 η 基本没有影响。另外，当 f^* 较高或较低时，扑翼在均匀来流中与阵风中的 η 相差不大。但当扑翼以优化的 f^* 拍动时（如图中 f^*=0.12 附近），阵风中的 η 要比均匀来流中的 η 高。由于 f_g 几乎不影响扑翼的 η，后续将重点研究 A 和 φ 对扑翼能量采集性能的影响。

5.1.1 阵风强度对扑翼能量采集的影响

对于全主动式扑翼，本小节选取约化频率 f^*=0.1、0.12 和 0.16。同时，阵风频率 f_g=0.25f，阵风与拍动之间的相位差 φ=45°。图 5.5 给出了不同 f^* 下扑翼的 η 随 A 的变化曲线，其中 A=0 代表均匀来流。可以看出，A 对 η 的影响比较复杂。当 f^* 较小(0.1)时，η 随着 A 的增大而单调递减。表明当 θ_m 较大时，较低的 f^* 不利于扑翼在阵风中采集能量。当 f^* 较大(≥0.12)时，η 随着 A 的增大而增大，而且 f^* 越大，η 增长得越快。

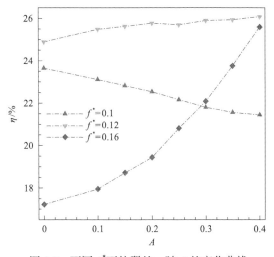

图 5.5 不同 f^* 下扑翼的 η 随 A 的变化曲线

图 5.6 给出了一个阵风周期内不同 A 下扑翼的总能量系数 C_{op}、无量纲速度 V_y/U_{ave}、俯仰能量系数 C_{p0} 和升力系数 c_1 随时间的变化曲线。为了进行对比，图 5.6(a) 给出了 f^*=0.1 时均匀来流的结果。由于 c_1 与 V_y/U_{ave} 同相，扑翼的平均沉浮能量系数 $\bar{C}_{ph}$ 相对较高。由于 $\bar{C}_{p0}$ 远小于 $\bar{C}_{ph}$，最终 η 也相对较高。如图 5.6(b) 和(c)所示，当 A 增大时，c_1 的最大值有所增加，但在部分周期内 c_1 小于均匀来流的结果，这也导致扑翼的 $\bar{C}_{ph}$ 和 η 反而低于均匀来流的结果。除此之外，尽管阵风强度不同(见图 5.6(b) 和(c))，由于 c_1 与 V_y/U_{ave} 同相，两种情况下的 $\bar{C}_{ph}$ 相差不大($\bar{C}_{ph}$ 从 A=0.1 的 0.556 降到 A=0.2 的 0.525)。当 f^* 增大时(见图 5.6(d))，尽管 c_1 与 V_y/U_{ave} 部分异相，但 C_{op} 的最大值增加，最终使得 η 比均匀来流中的 η 要高。

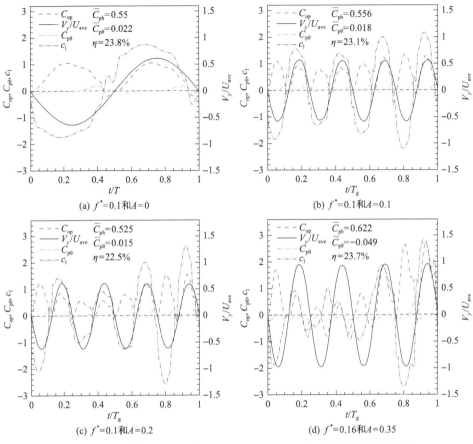

图 5.6　不同 f^* 和 A 下扑翼的 C_{op}、V_y/U_{ave}、$C_{p\theta}$ 和 c_l 随时间的变化曲线

对于半主动式扑翼，本小节定义三个无量纲参数[7]，分别为无量纲质量 m^*、无量纲阻尼系数 b^* 和无量纲弹簧常数 k^*，即

$$\begin{cases} m^* = \dfrac{2m}{\rho_\infty c^2} \\[3mm] b^* = \dfrac{2b}{\rho_\infty U_{ave} c} \\[3mm] k^* = \dfrac{2k}{\rho_\infty U_{ave}^2} \end{cases} \tag{5.9}$$

由于本小节不考虑扑翼质量的影响，设定 $m^*=1$。同时，在研究阵风对扑翼能量采集效率的影响之前，需要先模拟均匀来流中的情况，以确定最优化的结构参数(b^* 和 k^*)组合来获得最高的能量采集效率。图 5.7 给出了 $\theta_m=45°$ 和 $b^*=2\pi$ 时不

同无量纲弹簧常数 k^* 下扑翼的平均沉浮能量系数 $\bar{C}_{ph}$、平均总能量系数 $\bar{C}_{op}$ 和能量采集效率 η 随约化频率 f^* 的变化曲线。

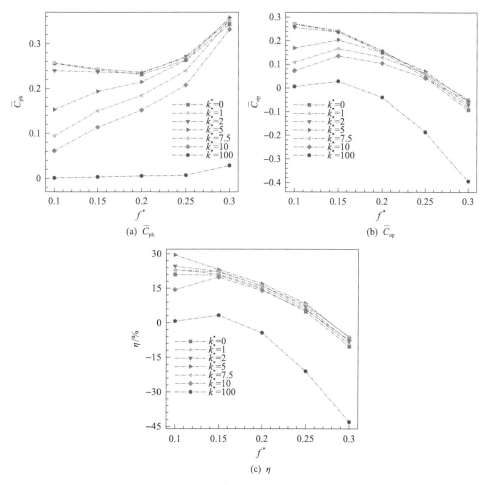

图 5.7 不同 k^* 下扑翼的 $\bar{C}_{ph}$、$\bar{C}_{op}$ 和 η 随 f^* 的变化曲线($\theta_m=45°$，$b^*=2\pi$)

从图 5.7(a) 和(b)可以看出，随着 f^* 的增大，$\bar{C}_{ph}$ 基本呈现出增大的变化趋势，而 $\bar{C}_{op}$ 逐渐减小。这主要是因为随着拍动频率的增加，驱动扑翼俯仰运动所需要的能量多于从沉浮运动采集到的能量。当 $f^*\leqslant0.2$ 时，如图 5.7(a) 所示，$k^*=1$ 是从沉浮运动获得能量的最优化弹簧常数。另外，随着 f^* 的增加，除 $k^*=100$ 外，不同 k^* 下 $\bar{C}_{ph}$ 之间的差异越来越小。而当 $k^*=100$ 时，$\bar{C}_{ph}$ 基本上保持在零附近，仅当 $f^*\geqslant0.25$ 时，它才随着 f^* 的增大而稍微增大。如图 5.7(b) 所示，当 $f^*\leqslant0.2$ 时，$\bar{C}_{op}$ 的最大值总是在 $k^*=1$ 时出现。当 f^* 继续增加时，不同 k^* 下的 $\bar{C}_{op}$ 相差不大。尽管随着 k^* 的变化，$\bar{C}_{op}$ 没有表现出很强的规律性，但是如图 5.7(c) 所示，对于

一个给定 f^*，η 的最大值总是出现在 k^*=5 时。

在确定了 k^* 之后，继续研究无量纲阻尼系数 b^* 的影响。图 5.8 给出了 k^*=5 和 f^*=0.2 时不同 b^* 下扑翼的 $\bar{C}_{ph}$、$\bar{C}_{op}$ 和 η 随俯仰幅值 θ_m 的变化曲线。如图 5.8(a) 和 (b) 所示，随着 θ_m 的增大，$\bar{C}_{ph}$ 和 $\bar{C}_{op}$ 均逐渐增大。当 θ_m＞75°时，b^*=0.5π 下的 $\bar{C}_{ph}$ 和 $\bar{C}_{op}$ 基本保持不变，而 b^*＞0.5π 下的 $\bar{C}_{ph}$ 和 $\bar{C}_{op}$ 开始减小。由于扑翼受力变化的规律性不强，不同结构参数组合下的 η 也表现出一定程度的复杂性。如图 5.8(c) 所示，η 随 θ_m 的增大先增大再减小。当 b^*=0.5π 时，η 的峰值出现在 θ_m=75°时。但当 b^*＞0.5π 时，η 的峰值出现在 θ_m=67.5°时。从图 5.8(c) 可以看出，当 θ_m＜67.5° 时，b^*=π 是获得最高 η 的最优阻尼系数（当 b^*=π 和 θ_m=67.5°时，η=31.7%）；但当 θ_m＞67.5°时，b^*=0.5π 是获得最高 η 的最优阻尼系数（当 b^*=0.5π 和 θ_m=75°时，η=33.8%）。

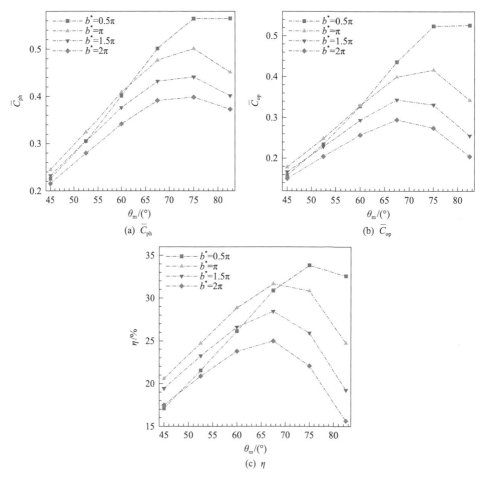

图 5.8　不同 b^* 下扑翼的 $\bar{C}_{ph}$、$\bar{C}_{op}$ 和 η 随 θ_m 的变化曲线（k^*=5，f^*=0.2）

综上所述，扑翼的结构参数对扑翼的能量采集效率会产生重要的影响。对于本小节考虑的扑翼质量(m^*=1)，推荐使用 k^*=5 以使扑翼获取最高的能量采集效率。当 θ_{m}<67.5°时，b^*=π 是最优的无量纲阻尼系数；但当 θ_{m}>67.5°时，b^*=0.5π 是最优的无量纲阻尼系数。为了研究阵风强度对扑翼能量采集效率的影响，本小节选择两组具有代表性的结构参数组合：θ_{m}=60°、b^*=π 和 θ_{m}=75°、b^*=0.5π。此外，约化频率 f^*=0.2，阵风频率取 f_{g}=f，阵风与俯仰运动之间的相位差 φ=45°和 180°。

图 5.9 给出了 θ_{m}=60°和 75°时 φ=45°和 180°下扑翼的 η 随 A 的变化曲线。相对于均匀来流，阵风能提高扑翼的能量采集效率，并且 A 越大，η 越高。当给定 φ 时，θ_{m} 越大，η 也越高。当 $A \geqslant 0.2$ 时，对于给定的 θ_{m}，φ=180°下的 η 高于 φ=45° 下的 η，特别是当 θ_{m} 较大时。

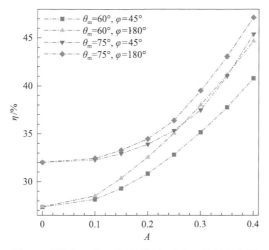

图 5.9　不同 θ_{m} 和 φ 下扑翼的 η 随 A 的变化曲线

为了进一步研究 A 对 η 的影响，图 5.10 给出了 θ_{m}=60°时，一个周期内不同 A 和 φ 下扑翼的总能量系数 C_{op}、无量纲速度 V_y/U_{ave}、俯仰能量系数 $C_{\mathrm{p\theta}}$ 和升力系数 c_l 随时间的变化曲线。为了进行对比，图 5.10(a)还给出了均匀来流的结果。可以看出，每个运动周期内都存在三个(两个)c_l 与 V_y/U_{ave} 同相的子区域，在这些区域中，扑翼会有正的能量输出。

如图 5.10(b)所示，当 A=0.1 时，c_l 具有两个负的峰值(区域 1 和 3)，并且这两个峰值都大于图 5.10(a)中均匀来流的结果。由于阵风很难影响 V_y/U_{ave} 的量级，而 $C_{\mathrm{p\theta}}$ 对 C_{op} 的影响一般都较小，C_{op} 也存在两个峰值(区域 1 和 3)。因此，平均总能量系数 $\bar{C}_{\mathrm{op}}$ 和能量采集效率 η 也都有所增大($\bar{C}_{\mathrm{op}}$ 从 0.33 增大到 0.336，η 从 27.4%增大到 28.1%)。当 A 增加到 0.2 时(见图 5.10(c))，c_l 两个负峰值的量级继续增大，而 V_y/U_{ave} 基本与 A=0.1 时的结果相同，这意味着从沉浮运动获得的能量

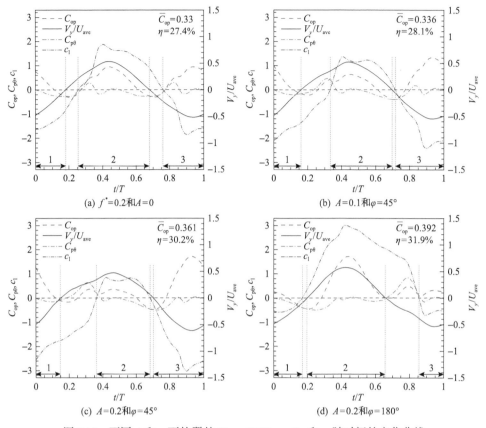

图 5.10　不同 A 和 φ 下扑翼的 C_{op}、V_y/U_{ave}、$C_{p\theta}$ 和 c_1 随时间的变化曲线

继续增加，最终 $\overline{C}_{op}$ 和 η 也相应增大(分别增大到 0.361 和 30.2%)。而当 φ 从 45° 增大到 180°时(见图 5.10(d))，c_1 的峰值得到很大的提高(区域 2)，结果 C_{op} 的峰值也高于其他情况下的结果，最终 $\overline{C}_{op}$ 和 η 都得到很大的提升(分别达到 0.392 和 31.9%)。图 5.10 中的结果很好地解释了图 5.9 中阵风情况下扑翼能量采集效率提高的原因。

5.1.2　阵风相位差对扑翼能量采集的影响

除了阵风强度，阵风与拍动之间的相位差 φ 也会对扑翼的能量采集效率产生重要影响。对于全主动式扑翼，本小节选取阵风的强度为 $A=0.2$。同时，选择两个阵风频率，即 $f_g=0.25f$ 和 f。此外，考虑三个约化频率，即 $f^*=0.1$、0.14 和 0.2，而相位差 φ 在 0°~270°每隔 45°取一个值。

图 5.11 给出了 $f_g=0.25f$ 时不同约化频率 f^* 下扑翼的能量采集效率 η 随相位差 φ 的变化曲线。可以看出，对于给定的 A，随着 φ 的增大，η 的变化幅度很小。当 f^* 较低时(0.1)，对于所有的 φ，阵风中的 η 低于均匀来流中的 η；当 f^* 较高时

（≥0.14），阵风中的 η 明显高于均匀来流中的 η。这说明如果阵风持续较长的时间，较快的运动频率更有利于扑翼在阵风中采集能量。

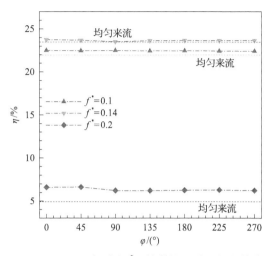

图 5.11　$f_g=0.25f$ 时不同 f^* 下扑翼的 η 随 φ 的变化曲线

　　图 5.12 给出了 $f_g=f$ 时不同 f^* 下扑翼的 η 随 φ 的变化曲线。可以看出，当 f^* 较高时（≥0.14），不同 f^* 下 η 具有相同的变化趋势。随着 φ 的增大，η 先增加，并在 $\varphi=90°$ 时达到最大值；随后开始降低，并在 $\varphi=180°$ 时达到最小值；接下来又开始增加，并在 $\varphi=270°$ 时达到第二个峰值。需要注意的是，当 f^* 较高时（≥0.14），阵风中的 η 总是高于均匀来流中的 η；而当 f^* 较低时（0.1），阵风中的 η 基本上低于均匀来流中的 η，且 η 随 φ 的变化趋势刚好与 f^* 较高时的情况相反。

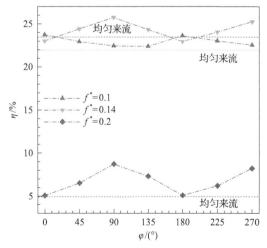

图 5.12　$f_g=f$ 时不同 f^* 下扑翼的 η 随 φ 的变化曲线

图 5.13 给出了 f^*=0.14 时一个阵风周期内扑翼的总能量系数 C_{op}、无量纲速度 V_y/U_{ave}、俯仰能量系数 $C_{p\theta}$ 和升力系数 c_l 的时间历程曲线。为了研究 φ 对 η 的影响，这里只给出了 $f_g=f$ 时几个典型 φ 下的结果。同样，图 5.13（a）也给出了均匀来流的结果。当 φ=0°时（见图 5.13（b）），在前半个阵风周期内，c_l 高于均匀来流的结果；而在后半个阵风周期内，c_l 低于均匀来流的结果。最终，阵风中的平均沉浮能量系数 $\bar{C}_{ph}$ 及效率 η 略高于均匀来流的结果（$\bar{C}_{ph}$ 从 0.569 增大到 0.581，η 从 22.4%增大到 23%）。当 φ=90°时（见图 5.13（c）），c_l 在后半个阵风周期内明显高于均匀来流的结果，而此时 V_y/U_{ave} 相同。最终，阵风中的 $\bar{C}_{ph}$ 和 η 也得到了提升（$\bar{C}_{ph}$=0.622、η=25.7%）。当 φ=180°时（见图 5.13（d）），在整个阵风周期内，c_l 的时间历程曲线与均匀来流的结果相似。尽管峰值有大有小，但最终 $\bar{C}_{ph}$ 和 η 均略高于均匀来流的结果。另外，由于均匀来流及阵风中的 $\bar{C}_{p\theta}$ 很小，俯仰运动对 η 的影响较小。

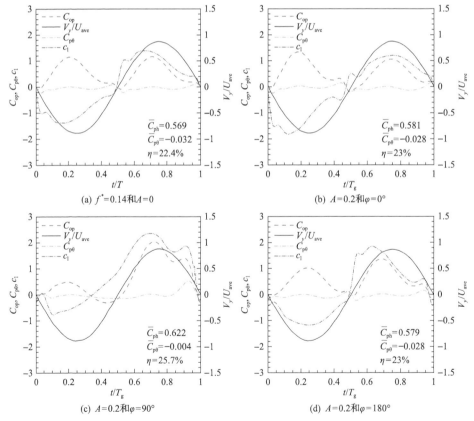

图 5.13　均匀来流及不同 φ 下扑翼的 C_{op}、V_y/U_{ave}、$C_{p\theta}$ 和 c_l 的时间历程曲线（全主动式扑翼）

为了进一步研究不同 φ 下 c_l 的变化，图 5.14 和图 5.15 分别给出了均匀来流及

阵风中 $\varphi=90°$和 $180°$时，四个典型时刻扑翼的瞬时涡量云图和压强系数等值线。

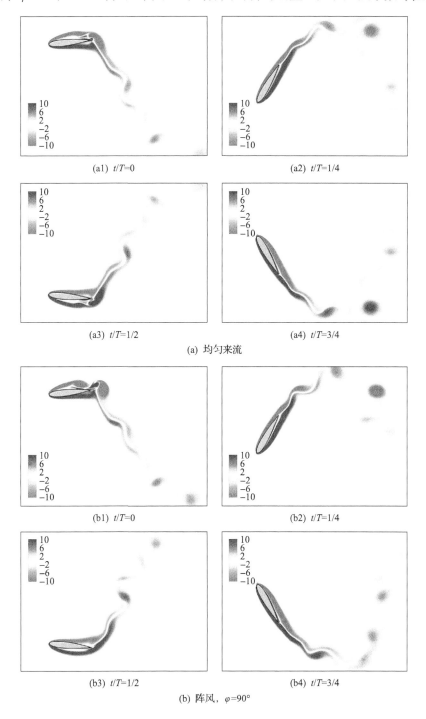

(a1) $t/T=0$ (a2) $t/T=1/4$

(a3) $t/T=1/2$ (a4) $t/T=3/4$

(a) 均匀来流

(b1) $t/T=0$ (b2) $t/T=1/4$

(b3) $t/T=1/2$ (b4) $t/T=3/4$

(b) 阵风，$\varphi=90°$

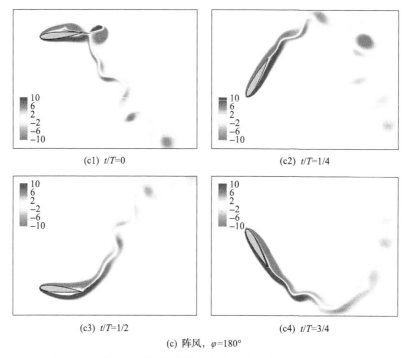

(c1) $t/T=0$　　　　　　　　(c2) $t/T=1/4$

(c3) $t/T=1/2$　　　　　　　　(c4) $t/T=3/4$

(c) 阵风, $\varphi=180°$

图 5.14　$f^*=0.14$ 时扑翼在均匀来流和阵风中的瞬时涡量云图

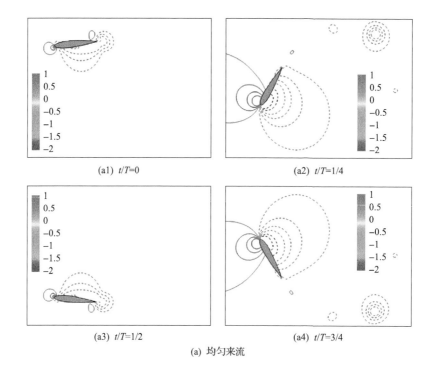

(a1) $t/T=0$　　　　　　　　(a2) $t/T=1/4$

(a3) $t/T=1/2$　　　　　　　　(a4) $t/T=3/4$

(a) 均匀来流

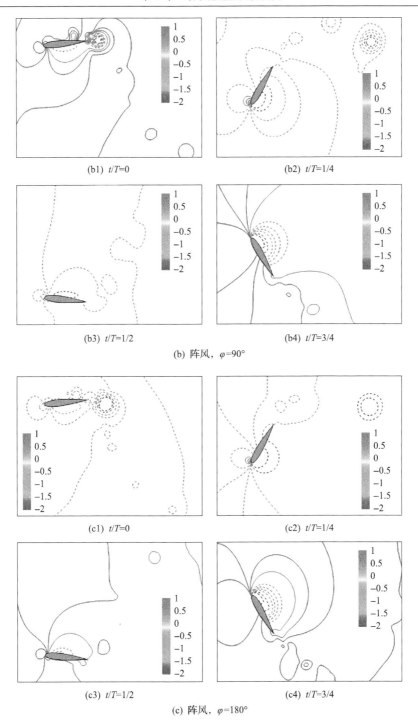

(b1) $t/T=0$　　　　　　　　　　　　　(b2) $t/T=1/4$

(b3) $t/T=1/2$　　　　　　　　　　　　(b4) $t/T=3/4$

(b) 阵风，$\varphi=90°$

(c1) $t/T=0$　　　　　　　　　　　　　(c2) $t/T=1/4$

(c3) $t/T=1/2$　　　　　　　　　　　　(c4) $t/T=3/4$

(c) 阵风，$\varphi=180°$

图 5.15　$f^*=0.14$ 时扑翼在均匀来流和阵风中的瞬时压强系数等值线

当 $t/T=0$ 时，扑翼位于沉浮运动的最高位置并逆时针旋转，此时扑翼的有效攻角为正，扑翼上表面的顺时针前缘涡往后缘运动，并开始与后缘相互作用(见图5.14(a))。由于扑翼下表面的压强小于上表面的压强(见图5.15(a))，扑翼的升力为负，此时扑翼的沉浮速度也刚好为负(见图5.13(a))，因此有正的能量输出。当 $\varphi=90°$ 时，来流速度大于均匀来流的速度，前缘涡开始从后缘脱落，并继续与后缘相互作用(见图5.14(b))，这使得扑翼表面的压强变化非常剧烈(见图5.15(b))。此外，下表面的压强变化与均匀来流中的情况类似，而上表面由于前缘涡的存在，压强减小，最终升力系数略大于均匀来流的结果(见图5.13(c))。当 $\varphi=180°$ 时，来流速度小于均匀来流的速度，上表面的顺时针前缘涡在后缘开始分离(见图5.14(c))，虽然下表面的压强变化不大，但上表面的压强显著增强(见图5.15(c))，最终升力系数大于均匀来流的结果(见图5.13(d))。

当 $t/T=1/4$ 时，扑翼运动到下行程的中间位置(最大负迎角)。由于扑翼运动的速度向下，有效迎角减小，流动重新附着在扑翼的上表面(见图5.14(a))，使得扑翼表面的压强分布有所改善(见图5.15(b))。同时，由于沉浮速度的增加，虽然此时升力仍为负，但升力系数和能量系数的量级增大(见图5.13(a))。当 $\varphi=90°$ 时，来流速度最小，扑翼上表面的压强减小(见图5.15(b))，导致升力系数减小(见图5.13(c))。这表明升力与沉浮运动之间的同步性比较差。当 $\varphi=180°$ 时，来流速度等于均匀来流速度，故两者的升力及压强系数相似。

当 $t/T=1/2$ 时，扑翼运动到沉浮运动的最低位置，扑翼下表面的前缘涡已经形成并开始往后缘运动。从图5.14(a)和(c)可以看出，在均匀来流及 $\varphi=180°$ 阵风中，前缘涡开始从扑翼后缘脱落，并继续与后缘相互作用，导致扑翼后缘下表面的压强减小(见图5.15(a)和(c))。而当 $\varphi=90°$ 时，流动附着在扑翼表面，使得升力系数高于均匀来流及 $\varphi=180°$ 的结果(见图5.13(c))。同时，与 $t/T=1/4$ 时刻相比，$t/T=1/2$ 时刻上下表面之间的压强差减小。

当 $t/T=3/4$ 时，扑翼运动到上行程的中间位置，此时具有最大的正迎角。从图5.14可以看出，由于流动附着在翼面，扑翼的升力系数都较高。当 $\varphi=90°$ 时，来流速度最大，且高于均匀来流的速度。前缘涡得到了增强，在扑翼的上表面产生一个低压区，导致扑翼表面的压强有一个突变(见图5.15(b))。同时，升力系数也高于均匀来流及 $\varphi=180°$ 的结果(见图5.13(c))，最终扑翼的能量采集效率也高于均匀来流及 $\varphi=180°$ 的结果。而当 $\varphi=180°$ 时，来流速度与均匀来流的速度相同，所以两者的升力及压强系数再次相似。

图5.14和图5.15很好地解释了图5.13中升力和能量系数的时间历程。因此，改变阵风与拍动之间的相位差能有效地调整扑翼表面的压强分布，进而改变升力的时间历程，同时也会改变扑翼速度与升力之间的同步性，最终达到改变扑翼能量采集性能的目的。

对于半主动式扑翼，本小节选择的两组结构参数组合依然为 $\theta_m=60°$、$b^*=\pi$ 和 $\theta_m=75°$、$b^*=0.5\pi$，约化频率 $f^*=0.2$，阵风频率 $f_g=f$。此外，选择两个具有代表性的阵风强度，即 $A=0.2$ 和 0.4。同样地，相位差 φ 在 $0°$ 到 $270°$ 每隔 $45°$ 取一个值。

图 5.16 给出了不同俯仰幅值 θ_m 和阵风强度 A 下扑翼的能量采集效率 η 随阵风相位差 φ 的变化曲线。可以看出，随着 φ 的增大，η 先减小，并在 $\varphi=90°$ 时达到最小值（$A=0.2$ 时 $\eta=28.5\%$，$A=0.4$ 时 $\eta=31.5\%$），之后 η 开始增加，并在 $\varphi=180°$ 时达到最大值（$A=0.2$ 时 $\eta=32.6\%$，$A=0.4$ 时 $\eta=44.6\%$）。因此，对于半主动式扑翼能量采集系统，$\varphi=0°$ 和 $180°$ 是扑翼在阵风中获得最佳能量采集效率的最优相位差。

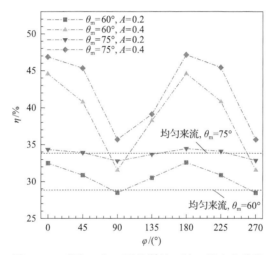

图 5.16　不同 θ_m 和 A 下扑翼的 η 随 φ 的变化曲线

图 5.17 给出了一个运动周期内不同 φ 下扑翼的总能量系数 C_{op}、无量纲速度 V_y/U_{ave}、俯仰能量系数 $C_{p\theta}$ 和升力系数 c_l 的时间历程曲线。这里考虑 $\theta_m=75°$ 及阵风强度 $A=0.2$ 时的情况。同样，图 5.17(a) 还给出了相同俯仰幅值情况下均匀来流的结果。

当 $\varphi=90°$ 时，如图 5.17(b) 所示，在区域 2 中 c_l 正的峰值小于图 5.17(a) 均匀来流的结果，而在区域 3 中负的峰值得到加强。因此，扑翼的平均总能量系数 $\overline{C}_{op}$ 和能量采集效率 η 基本保持不变。当 $\varphi=135°$ 时，如图 5.17(c) 所示，区域 1 中 c_l 负的峰值稍微减小，而区域 2 中正的峰值得到显著增强，因此，η 从 32.1% 增加到 33.7%。当 $\varphi=180°$ 时，如图 5.17(d) 所示，区域 2 中 $\overline{C}_{op}$ 正的峰值继续增加，而区域 1 和 3 中的峰值与 $\varphi=135°$ 相比基本保持不变，因此 η 得到了进一步的增强（达到 34.5%）。图 5.17 的结果很好地解释了图 5.16 中扑翼能量采集效率随阵风相位差的变化过程。

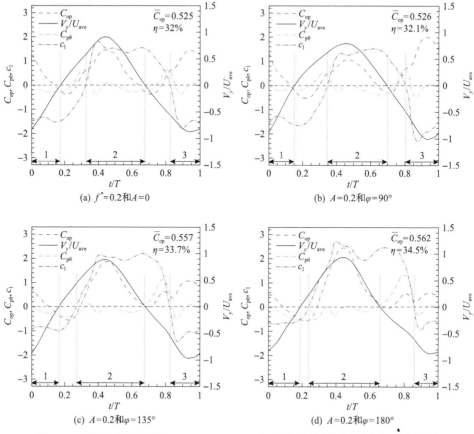

图 5.17　不同 φ 下扑翼的 C_{op}、V_y/U_{ave}、$C_{p\theta}$ 和 c_l 的时间历程曲线(半主动式扑翼)

　　由上述分析可知，扑翼上的升力对其能量采集效率有着重要的影响。为了进一步研究不同相位差下作用在翼型上升力变化的原因，图 5.18 给出了 $\theta_{\mathrm{m}}=75°$ 时扑翼在均匀来流和阵风中的瞬时涡量云图。

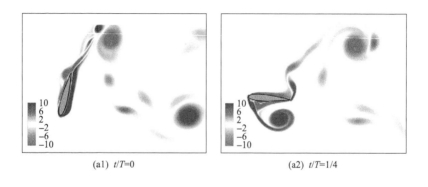

(a1) $t/T=0$　　　　　　　　　　　(a2) $t/T=1/4$

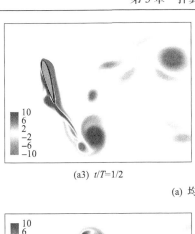

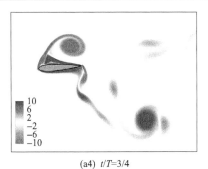

(a3)　$t/T=1/2$ 　　　　　　　　　　　　　　　(a4)　$t/T=3/4$

(a)　均匀来流

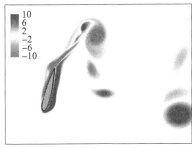

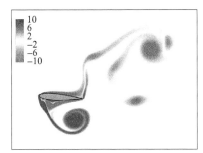

(b1)　$t/T=0$ 　　　　　　　　　　　　　　　(b2)　$t/T=1/4$

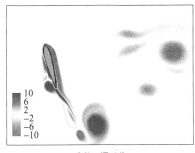

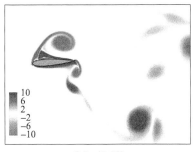

(b3)　$t/T=1/2$ 　　　　　　　　　　　　　　　(b4)　$t/T=3/4$

(b)　阵风，$\varphi=90°$

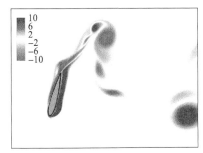

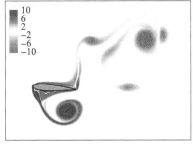

(c1)　$t/T=0$ 　　　　　　　　　　　　　　　(c2)　$t/T=1/4$

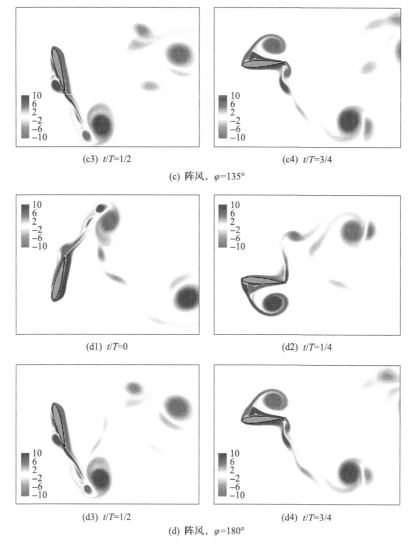

(c3) $t/T=1/2$　　　　　　　　　　(c4) $t/T=3/4$

(c) 阵风，$\varphi=135°$

(d1) $t/T=0$　　　　　　　　　　(d2) $t/T=1/4$

(d3) $t/T=1/2$　　　　　　　　　　(d4) $t/T=3/4$

(d) 阵风，$\varphi=180°$

图 5.18　$\theta_{\mathrm{m}}=75°$时扑翼在均匀来流和阵风中的瞬时涡量云图

当 $t/T=0$ 时，扑翼的正俯仰角达到最大值，上表面生成的顺时针前缘涡往后缘移动。当 φ 增大时（从图 5.18(b) 的 90°增大到图 5.18(d) 的 180°），来流速度稍微减小，且均小于均匀来流的速度。因此，前缘涡的强度也相应地减小。

当 $t/T=1/4$ 时，扑翼运动到下行程的最低位置。此时，扑翼的顺时针方向旋转角速度很大。在扑翼的前缘与后缘分别生成两个明显的逆时针涡，较强的前缘涡顺着下表面开始往下游运动，而从后缘脱落的较弱的涡开始与上表面的顺时针前缘涡相互作用。逆时针涡减小了下表面的压强，从而导致扑翼出现了动态失速。因此，如图 5.17 所示，升力系数在此时急剧下降。随着 φ 的增大，扑翼前缘的逆时针涡稍微减弱，但后缘的逆时针涡增强。

当 t/T=1/2 时，扑翼的负俯仰角达到最大值。由于流动附着在扑翼表面，如图 5.17 所示，扑翼上的正升力能够保持在一个较高的水平。而随着 φ 的增大，来流速度增加，并且大于均匀来流的速度。当 φ=90°时（见图 5.18(b)），逆时针涡依然存在且开始往下游移动，并与后缘相互作用。但当 φ=180°时（见图 5.18(d)），逆时针涡已经开始从扑翼脱落，并且一个新的顺时针涡在上表面形成。这能很好地解释扑翼的升力系数从图 5.17(b) 到图 5.17(d) 增加的原因。

当 t/T=3/4 时，扑翼运动到上行程的最高位置，并具有逆时针方向的转速。因此，扑翼前缘生成一个较大的顺时针前缘涡，并且开始往下游运动。由于流动分离的产生，扑翼上的升力开始急剧下降(见图 5.17)。然而，随着相位差的增大，顺时针前缘涡得到增强，这能有效减缓升力的下降。

图 5.18 表明，扑翼周围的流场是复杂的，并且涡量的变化与作用在扑翼上的非定常力相关。通过调整扑翼俯仰运动与阵风之间的相位差，作用在扑翼上的升力会产生变化，从而达到提高能量采集效率的目的。对于半主动式扑翼在阵风中的能量采集，φ=180°是最优的相位差。

5.2　壁面效应对扑翼能量采集的影响

当翼型靠近壁面时，来流会比自由来流产生更高的升力和更小的诱导阻力，这种有趣的现象称为壁面效应。其中基本机理是，当翼型与壁面的距离低于某一临界值时，翼型下表面的压强增大。目前，壁面效应主要应用在地效船、赛车等基于固定翼的装置上，而有关扑翼壁面效应的研究工作非常有限。Moryossef 等[8]采用数值方法研究了近壁面垂直振荡翼型周围的流场。他们发现，当翼型靠近壁面并做低频振荡运动时，黏性效应占主导地位。Gao 等[9]研究了壁面效应对昆虫悬停气动性能的影响。Truong 等[10]通过试验测量了甲虫从地面起飞时单翅膀产生的气动力和流场结构。但是，目前的研究工作尚未考虑壁面效应对扑翼能量采集性能的影响。因此，本节将开展这方面的研究，主要考虑壁面与扑翼之间距离的影响。本节考虑全主动式和半主动式两种扑翼运动模式，选用二维 NACA0015 翼型作为扑翼外形，其弦长为 c。

如图 5.19 所示，对于壁面效应下的全主动式扑翼，运动控制方程为

$$\begin{cases} \theta(t) = \theta_{\mathrm{m}} \sin(2\pi f t) \\ h(t) = \overline{h} + h_{\mathrm{m}} \cos(2\pi f t) \end{cases} \tag{5.10}$$

式中，$\theta(t)$ 为扑翼的瞬时俯仰角；t 为时间；θ_{m} 为扑翼的俯仰幅值；f 为扑翼运动的频率；$h(t)$ 为扑翼沉浮运动的瞬时位置；$\overline{h}$ 为扑翼离壁面的平均距离；h_{m} 为扑

翼的沉浮幅值。

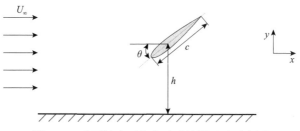

图 5.19　壁面效应下全主动式扑翼运动示意图

同样，在本节的研究中，扑翼的俯仰轴位于距离前缘 $c/3$ 处。此外，采用名义有效迎角 α_n 表征俯仰幅度，它定义为[5]

$$\alpha_n = \theta_m - \arctan \frac{2\pi f h_m}{U_\infty} \tag{5.11}$$

如图 5.20 所示，对于壁面效应下的半主动式扑翼，运动控制方程为

$$\begin{cases} \theta(t) = \theta_m \cos(2\pi f t) \\ h(t) = h_0 + h_p(t) \end{cases} \tag{5.12}$$

$$m \frac{\mathrm{d}^2 h_p(t)}{\mathrm{d}t^2} + b \frac{\mathrm{d}h_p(t)}{\mathrm{d}t} + k h_p(t) = F_y \tag{5.13}$$

式中，m 为扑翼的质量；b 和 k 分别为阻尼系数和弹簧常数；h_0 为扑翼离壁面的初始距离；$h_p(t)$ 为扑翼的瞬时位移；F_y 为作用在扑翼上的升力。

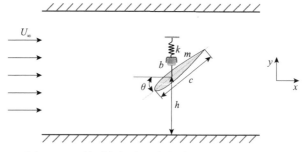

图 5.20　两块平行板中的半主动式扑翼运动示意图

在本节的研究中，使用的优化结构参数组合为 $m^*=1$、$k^*=1$ 和 $b^*=\pi$，扑翼的俯仰轴也位于距离前缘 $c/3$ 处。

全主动式和半主动式扑翼的能量系数在一个周期 T 内的平均值分别与式(5.6)

和式(5.7)相同，能量采集效率与式(5.8)相同。此外，本节考虑 Re=1100 的情况，计算域是 $32c\times24c$ 的矩形区域，其中扑翼周围加密区域的尺寸是 $1.5c\times2.5c$，加密区域的网格步长 Δh=0.00625c。

5.2.1　壁面距离的影响

对于全主动式扑翼，本小节选取的运动参数为 h_m/c=0.5、α_n=10° 和 20°，斯特劳哈尔数(定义为 Sr=$2fh_m/U_\infty$)的取值范围为 0.05～0.5。考虑两个壁面平均距离的影响，即 $\bar{h}/c$ =1 和 1.5，同时选择无壁面的情况(即 $\bar{h}/c$=∞)作为参考。图 5.21 给出了不同壁面平均距离 $\bar{h}$ 下扑翼的平均总能量系数 $\bar{C}_{op}$ 和能量采集效率 η 随 Sr 的变化曲线。可以看出，当扑翼靠近壁面时，$\bar{C}_{op}$ 和 η 均会受到影响。总的来说，由于壁面效应的影响，它们都得到了不同程度的提升。

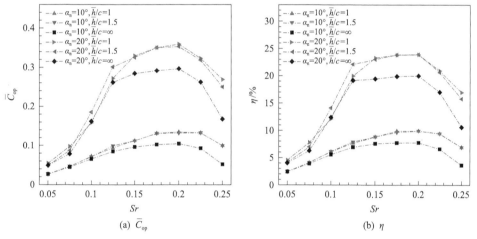

(a) $\bar{C}_{op}$　　　　　　　　　　　　　　　　(b) η

图 5.21　不同 $\bar{h}$ 下扑翼的 $\bar{C}_{op}$ 和 η 随 Sr 的变化曲线

如图 5.21(a)所示，随着 Sr 逐渐增大，$\bar{C}_{op}$ 先增大，在 Sr=0.2 时达到最大值，然后开始减小。对于相同的 Sr，$\bar{C}_{op}$ 在 $\bar{h}/c$=1 和 1.5 时没有明显的差异，但更大的 α_n 能够产生更高的 $\bar{C}_{op}$。与无壁面情况相比，当 Sr<0.1 时，$\bar{C}_{op}$ 在 $\bar{h}/c$=1 和 1.5 时的提升比较小；当 Sr 进一步增大时，$\bar{C}_{op}$ 的提升慢慢变大。如图 5.21(b)所示，η 与 $\bar{C}_{op}$ 有类似的变化趋势，其最大值出现在 Sr=0.2 处。对于 $\bar{h}/c$=1，当 α_n=10° 和 20°时，对应的最大能量采集效率分别为 9.89% 和 23.95%；而对于无壁面情况，相应的最大能量采集效率分别为 7.72% 和 19.97%。

为了进一步考察壁面距离对扑翼能量采集性能的影响，考虑另外四个壁面平均距离的情况，即 $\bar{h}/c$=2～5，扑翼的运动参数取 h_m/c=0.5 和 α_n=10°。图 5.22 给出了不同 $\bar{h}$ 下扑翼的 $\bar{C}_{op}$ 随 Sr 的变化曲线。当 $\bar{h}/c$ 从 1.5 增大到 2 时，$\bar{C}_{op}$ 在 Sr=0.15

处出现了一定程度的下降；而当 $\bar{h}/c$ 从 2 增大到 3 时，$\bar{C}_{op}$ 则在 $Sr=0.2$ 和 0.25 处出现了明显的下降。

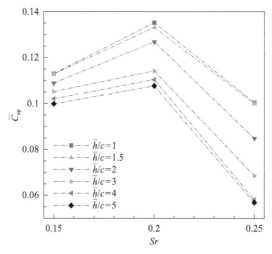

图 5.22　$\bar{h}/c=1\sim5$ 时扑翼的 $\bar{C}_{op}$ 随 Sr 的变化曲线

对于半主动式扑翼，本小节取约化频率 $f^*=0.2$，俯仰幅值 $\theta_m=15°$、$30°$ 和 $45°$。首先考虑单个固壁位于扑翼下方的情况。由于扑翼能够沿着垂直方向自由移动，它可能会先由于壁面效应而向上移动，然后在某个固定位置附近振荡。图 5.23 给出了 $\theta_m=30°$ 时不同初始距离 h_0 下壁面距离 $h(t)$ 随时间的变化过程。

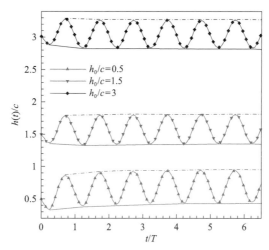

图 5.23　$\theta_m=30°$ 时不同 h_0 下壁面距离随时间的变化过程（单固壁）

当 $h_0/c=0.5$ 时，扑翼在运动的前几个周期内逐渐离开固壁。但当 $h_0/c=1.5$ 时，扑翼的向上偏移明显受到了限制。而当 $h_0/c=3$ 时，壁面效应对扑翼位移的影响大大减弱。当 $\theta_{\mathrm{m}}=15°$ 和 45° 时，壁面距离有类似的变化趋势，这里不再展示。

为了展示壁面效应对扑翼能量采集性能的影响，图 5.24 给出了单固壁情况时不同 θ_{m} 下扑翼的平均沉浮能量系数 $\bar{C}_{\mathrm{ph}}$、平均俯仰能量系数 $\bar{C}_{\mathrm{p\theta}}$、平均总能量系数 $\bar{C}_{\mathrm{op}}$ 和扑翼能量采集效率 η 随初始距离 h_0 的变化曲线。如图 5.24(a) 所示，由于壁面效应使得升力增大，不同 θ_{m} 下的 $\bar{C}_{\mathrm{ph}}$ 随着 h_0 的增加而逐渐减小。当 $h_0/c=5$ 时，$\bar{C}_{\mathrm{ph}}$ 与无壁面的结果几乎一致。如图 5.24(b) 所示，$\bar{C}_{\mathrm{p\theta}}$ 随 h_0 的变化趋势与 $\bar{C}_{\mathrm{ph}}$ 一致，但当 $h_0/c=5$ 时，$\bar{C}_{\mathrm{p\theta}}$ 大于无壁面的结果，并且 θ_{m} 越大，两者之间的差异越明显。同样，$\bar{C}_{\mathrm{op}}$ 和 η 也随着 h_0 的增大而减小，如图 5.24(c) 和 (d) 所示。此外，与无壁面情况相比，所有 θ_{m} 下的 $\bar{C}_{\mathrm{op}}$ 和 η 在 $h_0/c=5$ 时均会有所减小。这是因为壁面的存在使得扑翼运动消耗更多能量。但当 $h_0/c \leqslant 1$ 时，$\theta_{\mathrm{m}}=15°$ 和 30° 下的 $\bar{C}_{\mathrm{op}}$ 和 η 均会在壁面效应的作用下得到提升。

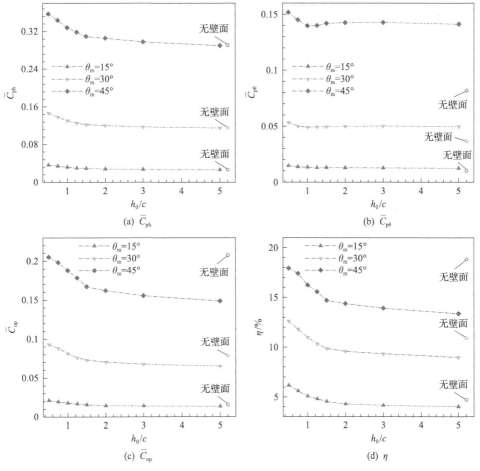

图 5.24　不同 θ_{m} 下扑翼的 $\bar{C}_{\mathrm{ph}}$、$\bar{C}_{\mathrm{p\theta}}$、$\bar{C}_{\mathrm{op}}$ 和 η 随 h_0 的变化曲线 (单固壁)

在单固壁情况下，由于扑翼会逐渐偏离初始位置，从而减弱壁面效应对扑翼能量采集性能的提升作用。为了避免扑翼远离固壁，进一步考虑扑翼上下方各有一个固壁的情况。图 5.25 给出了双固壁情况时不同 θ_m 下扑翼的 $\bar{C}_{ph}$、$\bar{C}_{p\theta}$、$\bar{C}_{op}$ 和 η 随 h_0 的变化曲线。与单固壁情况相比，双固壁下的 $\bar{C}_{ph}$、$\bar{C}_{p\theta}$、$\bar{C}_{op}$ 和 η 有着相同的变化趋势。不同的是，虽然 $\bar{C}_{op}$ 和 η 的量级在 $h_0/c=5$ 时仍小于无固壁的结果，但它们在 $h_0/c=1$ 时均大于无固壁的结果。并且与单固壁情况相比，双固壁在 $h_0/c=1$ 下的壁面效应对扑翼能量采集效率的提升更加显著。

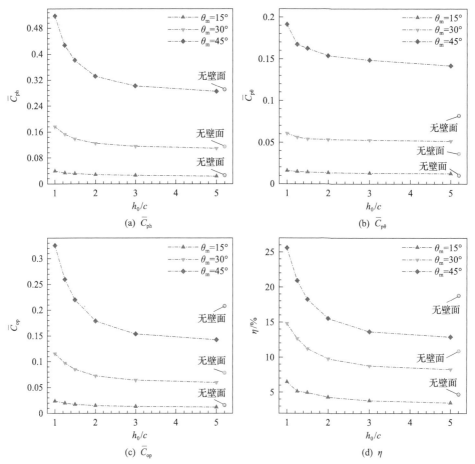

图 5.25　不同 θ_m 下扑翼的 $\bar{C}_{ph}$、$\bar{C}_{p\theta}$、$\bar{C}_{op}$ 和 η 随 h_0 的变化曲线（双固壁）

5.2.2　壁面效应的作用机理

为了探究壁面效应在扑翼能量采集中的作用机理，需要详细分析扑翼运动过程中的受力情况。对于全主动式扑翼，本小节选取的运动参数为 $h_m/c=1$、$Sr=0.4$

和 $\alpha_n=20°$，壁面平均距离为 $\bar{h}/c=1.5$。为了进行对比，还考虑相同运动参数下无壁面的情况。

由式(5.6)可知，总能量系数 C_{op} 包括沉浮能量系数 C_{ph} 和俯仰能量系数 $C_{p\theta}$ 两部分。其中，C_{ph} 取决于升力系数 c_l 和无量纲沉浮速度 V_y/U_∞，而 $C_{p\theta}$ 取决于力矩系数 c_m 和无量纲俯仰速度 $\Omega c/U_\infty$。图 5.26 给出了一个运动周期内全主动式扑翼的 c_l、C_{ph}、V_y/U_∞、c_m、$C_{p\theta}$、$\Omega c/U_\infty$ 和 C_{op} 的时间历程曲线。整体上来说，C_{ph} 对 C_{op} 的贡献为正，$C_{p\theta}$ 对 C_{op} 的贡献为负。如图 5.26(a)所示，c_l 和 V_y/U_∞ 之间的同步性比较好(即在大部分周期内它们的正负号是相同的)。因此，C_{ph} 正的部分要多于负的部分，并最终使得平均沉浮能量系数 $\bar{C}_{ph}$ 是正的。相反，c_m 和 $\Omega c/U_\infty$ 之间的同步性比较差，如图 5.26(b)所示。因此，$C_{p\theta}$ 负的部分多于正的部分，并最终产生负的平均俯仰能量系数 $\bar{C}_{p\theta}$。虽然 V_y/U_∞ 和 $\Omega c/U_\infty$ 的量级基本一致，但 c_l 的量级要比 c_m 的量级大四倍。因此，C_{op} 主要由 C_{ph} 决定，从而使得平均值 $\bar{C}_{op}$ 是正的，如图 5.26(c)所示。

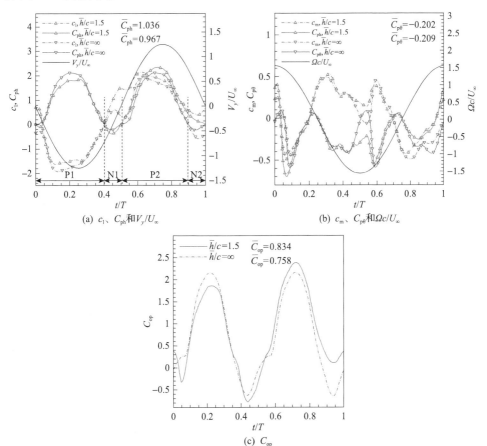

图 5.26　全主动式扑翼的 c_l、C_{ph}、V_y/U_∞、c_m、$C_{p\theta}$、$\Omega c/U_\infty$ 和 C_{op} 的时间历程曲线

为了进一步研究壁面效应对沉浮能量系数 C_{ph} 的影响,把图 5.26(a)中一个周期内 C_{ph} 的时间历程分成四个部分。其中,P1 和 N1 分别表示前半周期内 C_{ph} 的正值和负值所占的时间段,P2 和 N2 则表示后半周期相应的时间段。分别计算 P1、N1、P2 和 N2 四个时间段内有无壁面情况下的平均沉浮能量系数,则有 $\bar{C}_{ph,P1}^{w}=$ 0.449、$\bar{C}_{ph,N1}^{w}=-0.024$、$\bar{C}_{ph,P2}^{w}=0.613$、$\bar{C}_{ph,N2}^{w}=-0.002$、$\bar{C}_{ph,P1}^{nw}=0.501$、$\bar{C}_{ph,N1}^{nw}=-0.013$、$\bar{C}_{ph,P2}^{nw}=0.493$、$\bar{C}_{ph,N2}^{nw}=-0.014$(上标 w 表示有壁面,nw 表示无壁面)。可以看出,与无壁面情况相比,壁面效应虽然使得前半周期内的平均沉浮能量系数有所下降(减小 0.063),但能使后半周期内的平均沉浮能量系数有明显的提升(增大 0.132)。另外,如图 5.26(b)所示,壁面效应对俯仰能量系数的影响几乎可以忽略不计。这意味着由壁面效应引起的扑翼升力的提升,使得沉浮运动采集到了更多的能量,最终提高了扑翼的能量采集性能。

对于半主动式扑翼,本小节选取的运动参数为 $f^{*}=0.2$ 和 $\theta_{m}=45°$,壁面初始距离为 $h_0/c=0.925$。同样地,为了做对比,考虑相同的结构和运动参数下无壁面的情况。

由式(5.7)可知,总能量系数 C_{op} 包括沉浮能量系数 C_{ph} 和俯仰能量系数 $C_{p\theta}$ 两部分。其中,C_{ph} 取决于升力系数 c_1 和无量纲沉浮速度 V_y/U_∞,而 $C_{p\theta}$ 取决于力矩系数 c_m 和无量纲俯仰速度 $\Omega c/U_\infty$。图 5.27 给出了一个运动周期内半主动式扑翼的 c_1、C_{ph}、V_y/U_∞、c_m、$C_{p\theta}$、$\Omega c/U_\infty$ 和 C_{op} 的时间历程曲线。

如图 5.27(a)和(b)所示,c_1 和 V_y/U_∞ 之间及 c_m 和 $\Omega c/U_\infty$ 之间都具有良好的同步性。因此,虽然 c_1、V_y/U_∞、c_m 和 $\Omega c/U_\infty$ 在一个周期内只有一个峰值,但 C_{ph} 和 $C_{p\theta}$ 有两个峰值,这使得 C_{op} 在一个周期内同样有两个峰值,如图 5.27(c)所示。此外,从图 5.27(a)和(b)还可以看出,c_1、V_y/U_∞ 和 c_m 的值在壁面效应的作用下都有所增大,进而使得 C_{ph} 和 $C_{p\theta}$ 的值也有所增大。由式(5.15)可知,C_{ph} 对 C_{op} 的贡

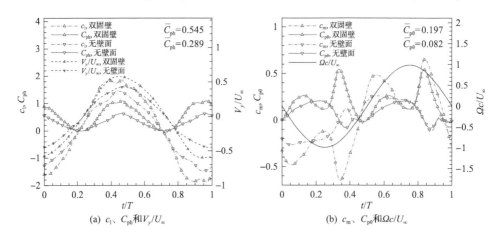

(a) c_1、C_{ph} 和 V_y/U_∞ (b) c_m、$C_{p\theta}$ 和 $\Omega c/U_\infty$

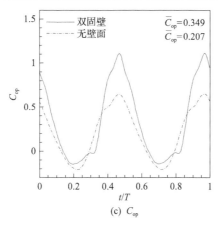

(c) C_{op}

图 5.27 半主动式扑翼的 c_l、C_{ph}、V_y/U_∞、c_m、$C_{p\theta}$、$\Omega c/U_\infty$ 和 C_{op} 的时间历程曲线

献为正，而 $C_{p\theta}$ 对 C_{op} 的贡献为负。与无壁面情况相比，由于壁面效应对沉浮能量采集的提升（$\bar{C}_{ph}$ 从 0.289 增至 0.545）要比俯仰能量消耗的提升（$\bar{C}_{p\theta}$ 从 0.082 增至 0.197）大得多，所以净能量采集依然得到了提升。

5.3 弹性尾梢对扑翼能量采集的影响

人们对扑翼的研究是受鸟类/昆虫飞行和鱼类游动的启发。目前，人们对用于推进的扑翼问题进行了相关研究，结果发现，有些因素对扑翼的推进性能有着重要的影响，其中之一就是结构的柔性[11]。在考虑柔性效应的扑翼推进应用中，目前有两种变形方式，即主动控制和被动变形[12]。值得注意的是，被动变形通常被视为一种更加真实的模仿柔性翼的模型。

然而，柔性对扑翼能量采集性能的影响很少被研究过。Liu 等[13]利用主动变形模型对带有后缘控制和前缘控制的柔性扑翼能量采集性能进行了数值模拟研究。Tian 等[14]研究了主动柔性变形对拍动板能量采集能力的影响。因此，本节将开展柔性对扑翼能量采集性能影响的研究，详细考察扑翼的运动频率、尾梢的质量和柔度的影响。与先前的工作不同的是，本节采用一个附在扑翼后缘的平板来模拟尾梢，并将扑翼和尾梢视为一个整体用以采集能量。本节考虑全主动式和半主动式两种扑翼运动模式，选用二维 NACA0015 翼型作为扑翼外形，扑翼加尾梢的整体长度为 c。

如图 5.28(a) 所示，对于带尾梢的全主动式扑翼，运动控制方程与式 (5.1) 相同。其中，本节固定沉浮幅值为 $h_m/c=0.5$。而对于带尾梢的半主动式扑翼，如图 5.28(b) 所示，运动控制方程与式 (5.2) 和式 (5.3) 相同。其中，本节选择的优化结构参数组合为 $m^*=5$、$k^*=1$ 和 $b^*=\pi$。同样，全主动式和半主动式扑翼的俯仰轴都位于距离前缘 $c/3$ 处。为了模拟尾梢，选用一块长度为 L_t 的平板。虽然尾梢长度可能会影响扑翼的能量采集性能，但本节暂时不考虑其影响。因此，本节选取的尾梢长度为 $L_t=c/3$。对于弹性尾梢[14]，它的变形控制方程与式(2.2)相同。

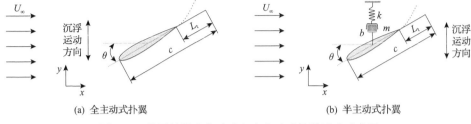

(a) 全主动式扑翼　　　　　　　　　　　　(b) 半主动式扑翼

图 5.28　带尾梢的全主动式和半主动式扑翼运动示意图

为了便于研究弹性尾梢对扑翼能量采集性能的影响，本节同样定义了三个无量纲参数，它们分别是质量比 m_t^*、频率比 ω^* 和无量纲拉伸系数 K_s^*，其表达式与式(2.4)相同。

在本节的研究中，同样选取 $K_s^* = O(10^3)$ 以确保尾梢不可拉伸。ω^* 表征尾梢的柔度，ω^* 越大则尾梢柔度越高，而 $\omega^*=0$ 表示刚性尾梢。

对于带弹性尾梢的全主动式和半主动式扑翼，其能量系数在一个周期 T 内的平均值分别与式(5.6)和式(5.7)相同，能量采集效率与式(5.8)相同。同样地，本节考虑 $Re=1100$ 的情况，计算域是 $32c\times24c$ 的矩形区域，其中扑翼周围加密区域的尺寸是 $1.5c\times2.5c$，加密区域的网格步长 $\Delta h=0.00625c$。

5.3.1　运动频率的影响

对于全主动式扑翼，本小节选取的运动参数为 $\alpha_n=10°$ 和 $20°$，弹性尾梢的参数为 $m_t^*=5$ 和 $\omega^*=0.4$，同时选择刚性尾梢的情况(即 $\omega^*=0$)作为参考。图 5.29 给出

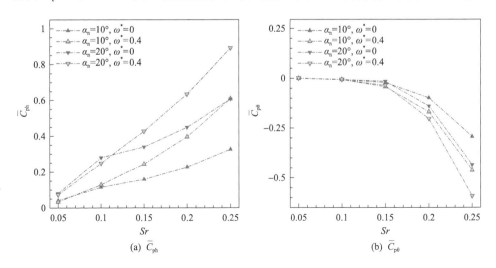

(a) $\bar{C}_{ph}$　　　　　　　　　　　　　　(b) $\bar{C}_{p\theta}$

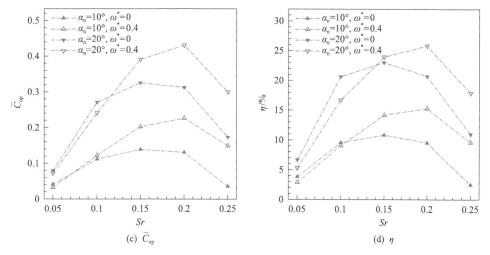

图 5.29　不同 α_n 和 ω^* 下全主动式扑翼的 $\bar{C}_\mathrm{ph}$、$\bar{C}_\mathrm{p\theta}$、$\bar{C}_\mathrm{op}$ 和 η 随 Sr 的变化曲线

了平均沉浮能量系数 $\bar{C}_\mathrm{ph}$、平均俯仰能量系数 $\bar{C}_\mathrm{p\theta}$、平均总能量系数 $\bar{C}_\mathrm{op}$ 和能量采集效率 η 随斯特劳哈尔数 Sr 的变化曲线。

从图 5.29(a) 和 (b) 可以看出，$\bar{C}_\mathrm{ph}$ 和 $\bar{C}_\mathrm{p\theta}$ 对 $\bar{C}_\mathrm{op}$ 分别有正的贡献和负的贡献。在相同的 Sr 下，$\bar{C}_\mathrm{ph}$ 的量级总是大于 $\bar{C}_\mathrm{p\theta}$ 的量级。因此，$\bar{C}_\mathrm{op}$ 的值总是正的，如图 5.29(c) 所示。另外，虽然 $\bar{C}_\mathrm{ph}$ 和 $\bar{C}_\mathrm{p\theta}$ 的量级都随着 Sr 的增大而单调上升，但当 Sr 比较小时，$\bar{C}_\mathrm{ph}$ 比 $\bar{C}_\mathrm{p\theta}$ 变化得更快，当 Sr 比较大时则相反。最终，随着 Sr 的增大，$\bar{C}_\mathrm{op}$ 先上升再下降。此外，当 $Sr \geqslant 0.15$ 时，与刚性尾梢相比，弹性尾梢的 $\bar{C}_\mathrm{ph}$ 得到了显著的提升。因此，刚性尾梢的最大 $\bar{C}_\mathrm{op}$ 出现在 $Sr=0.15$ 处，而弹性尾梢的最大 $\bar{C}_\mathrm{op}$ 出现在 $Sr=0.2$ 处。η 的变化趋势与 $\bar{C}_\mathrm{op}$ 类似，如图 5.29(d) 所示。同时，对于弹性尾梢，η 在 $\alpha_\mathrm{n}=10°$ 和 $20°$ 的最大值(出现在 $Sr=0.2$ 处)分别为 15.37% 和 25.85%；而对于刚性尾梢，η 在 $\alpha_\mathrm{n}=10°$ 和 $20°$ 的最大值(出现在 $Sr=0.15$ 处)分别为 10.9% 和 23.08%。当采用相同的运动参数时，对于单独的 NACA0015 翼型，相应的 η 分别为 7.55% 和 19.42%。因此，扑翼的外形对能量采集性能并不会产生明显的影响[5]。

对于半主动式扑翼，本小节选择的运动参数为 $\theta_\mathrm{m}=20°$ 和 $40°$，弹性尾梢的参数为 $m_\mathrm{t}^*=5$ 和 $\omega^*=0.4$，同样选择刚性尾梢($\omega^*=0$)的情况作为参考。图 5.30 给出了不同 θ_m 和 ω^* 下半主动式扑翼的平均沉浮能量系数 $\bar{C}_\mathrm{ph}$、平均俯仰能量系数 $\bar{C}_\mathrm{p\theta}$、平均净能量系数 $\bar{C}_\mathrm{op}$ 和能量采集效率 η 随约化频率 f^* 的变化曲线。

如图 5.30(a) 所示，当 $\theta_\mathrm{m}=20°$ 时，$\bar{C}_\mathrm{ph}$ 随着 f^* 的增大而单调下降。当 $\theta_\mathrm{m}=40°$ 时，对于刚性尾梢，随着 f^* 的增大，$\bar{C}_\mathrm{ph}$ 先下降，在 $f^*=0.25$ 之后再上升。对于柔性尾梢，$\bar{C}_\mathrm{ph}$ 在 $0.15 \leqslant f^* \leqslant 0.25$ 区间处于下降阶段，而在 $f^*<0.15$ 和 $f^*>0.25$ 区

间处于上升阶段。同时，$\overline{C}_{p\theta}$ 总能随着 f^* 的增大而单调上升，如图 5.30(b)所示。此外，当 $f^*>0.15$ 时，$\overline{C}_{p\theta}$ 在 $\theta_m=40°$ 下的上升速度比在 $\theta_m=20°$ 下的上升速度快很多。对于相同的 f^*，$\overline{C}_{p\theta}$ 在 $\theta_m=40°$ 下的值大于在 $\theta_m=20°$ 下的值。因此，θ_m 越大，$\overline{C}_{ph}$ 和 $\overline{C}_{p\theta}$ 也越大。伴随着 $\overline{C}_{ph}$ 和 $\overline{C}_{p\theta}$ 的变化，$\overline{C}_{op}$ 呈现出随 f^* 的增大而单调递减的变化趋势，如图 5.30(c)所示。当 $f^*\geqslant0.25$ 时，$\overline{C}_{op}$ 已经变成负值，这意味着扑翼已经不能从流体中采集到能量。而当 $f^*\leqslant0.2$ 时，弹性尾梢能使 $\overline{C}_{op}$ 得到有效的提升。另外，η 与 $\overline{C}_{op}$ 的变化趋势类似，如图 5.30(d)所示。

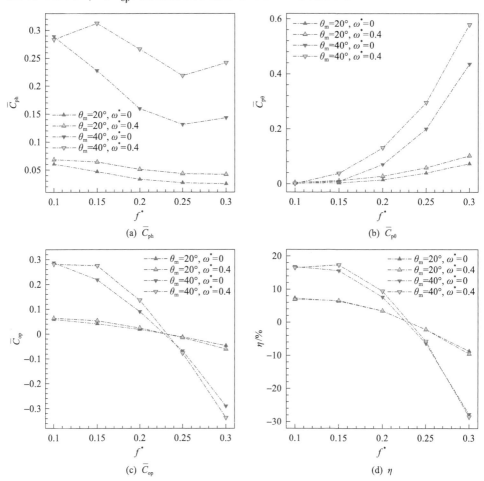

图 5.30　不同 θ_m 和 ω^* 下半主动式扑翼的 $\overline{C}_{ph}$、$\overline{C}_{p\theta}$、$\overline{C}_{op}$ 和 η 随 f^* 的变化曲线

5.3.2　尾梢质量的影响

从物理的角度上讲，m_t^* 表征尾梢的惯性力和作用在尾梢上的流体压力之比。

因此可以直观地判断，惯性力的变化会影响扑翼和尾梢系统的能量采集性能[15]。

对于全主动式扑翼，本小节选取的运动参数为 Sr=0.2、α_{n}=10° 和 20°，弹性尾梢的柔度为 ω^{*}=0.4 和 0.8。图 5.31 给出了 α_{n} 和 ω^{*} 下全主动式扑翼的 $\overline{C}_{ph}$、$\overline{C}_{p\theta}$、$\overline{C}_{op}$ 和 η 随 m_{t}^{*} 的变化曲线。如图 5.31(a)所示，当 ω^{*}=0.4 时，$\overline{C}_{ph}$ 基本不随 m_{t}^{*} 的增大而发生变化；而当 ω^{*}=0.8 时，$\overline{C}_{ph}$ 在 m_{t}^{*}=10 达到最大值。如图 5.31(b)所示，$\overline{C}_{p\theta}$ 先随 m_{t}^{*} 的增大而略微增大，然后在 m_{t}^{*}>5 之后开始减小。由于 $\overline{C}_{ph}$ 和 $\overline{C}_{p\theta}$ 的变化过程不同，如图 5.31(c)所示，$\overline{C}_{op}$ 在 ω^{*}=0.4 时仅随 m_{t}^{*} 发生轻微的变化，在 ω^{*}=0.8 时随 m_{t}^{*} 的增大而逐渐下降。此外，如图 5.31(d)所示，η 的变化趋势与 $\overline{C}_{op}$ 类似。从图 5.31 可以看出，当尾梢的柔度较低时，尾梢质量对扑翼能量采集性能

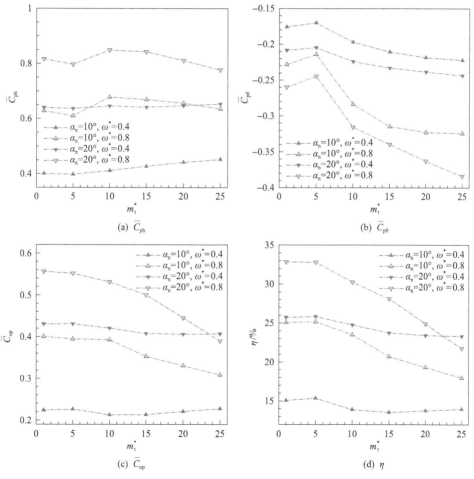

(a) $\overline{C}_{ph}$　　　　　　　　　　(b) $\overline{C}_{p\theta}$

(c) $\overline{C}_{op}$　　　　　　　　　　(d) η

图 5.31　不同 α_{n} 和 ω^{*} 下全主动式扑翼的 $\overline{C}_{ph}$、$\overline{C}_{p\theta}$、$\overline{C}_{op}$ 和 η 随 m_{t}^{*} 的变化曲线

的影响有限；当尾梢柔度较高时，中等以上的尾梢质量不利于扑翼采集能量。究其原因，是因为尾梢的质量越大，它在大变形的情况下需要消耗更多能量来克服更大的惯性力，从而减少了采集到的能量。

对于半主动式扑翼，本小节选择的运动参数为 f^*=0.15、θ_{m}=20° 和 40°，弹性尾梢的柔度为 ω^*=0.4 和 0.8。图 5.32 给出了不同 θ_{m} 和 ω^* 下半主动式扑翼的 $\bar{C}_{\mathrm{ph}}$、$\bar{C}_{\mathrm{p\theta}}$、$\bar{C}_{\mathrm{op}}$ 和 η 随 m_{t}^* 的变化曲线。如图 5.32(a) 和 (b) 所示，随着 m_{t}^* 的增大，$\bar{C}_{\mathrm{ph}}$ 和 $\bar{C}_{\mathrm{p\theta}}$ 先略微减小，并在 m_{t}^*=5 达到最小值，然后再逐步增大。由于 $\bar{C}_{\mathrm{p\theta}}$ 的量级远小于 $\bar{C}_{\mathrm{ph}}$ 的量级，$\bar{C}_{\mathrm{op}}$ 随 m_{t}^* 的变化趋势与 $\bar{C}_{\mathrm{ph}}$ 类似，如图 5.32(c) 所示。这使得 η 也有类似的变化趋势，如图 5.32(d) 所示。从图 5.32 可以看出，当 $1 \leqslant m_{\mathrm{t}}^* \leqslant 20$ 时，扑翼的总能量系数和能量采集效率几乎不受尾梢质量的影响。

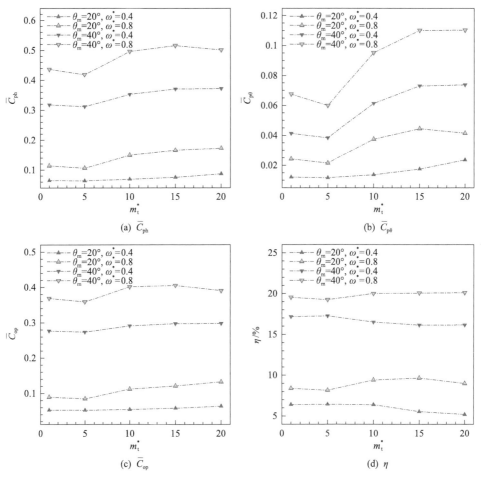

图 5.32　不同 θ_{m} 和 ω^* 下半主动式扑翼的 $\bar{C}_{\mathrm{ph}}$、$\bar{C}_{\mathrm{p\theta}}$、$\bar{C}_{\mathrm{op}}$ 和 η 随 m_{t}^* 的变化曲线

5.3.3　尾梢柔度的影响

　　当前的能量采集系统由扑翼和尾梢组成，需要独立考察尾梢柔度对能量采集性能的影响。对于全主动式扑翼，本小节选取的运动参数为 $Sr=0.2$ 和 $\alpha_n=20°$，尾梢的质量比为 $m_t^*=5$。图 5.33 给出了全主动式扑翼、尾梢及两者之和的 $\bar{C}_{ph}$、$\bar{C}_{p\theta}$、$\bar{C}_{op}$ 和 η 随 ω^* 的变化曲线。如图 5.33（a）所示，扑翼部分的 $\bar{C}_{ph}$（记为 $\bar{C}_{ph,f}$）在所有的 ω^* 下都是正的，而尾梢部分的 $\bar{C}_{ph}$（记为 $\bar{C}_{ph,t}$）在 $\omega^*\leqslant0.2$ 下是负的。同时，$\bar{C}_{ph,f}$ 和 $\bar{C}_{ph,t}$ 随着 ω^* 的增大而逐渐变大，并在 $\omega^*=1$ 时达到最大值。对于 $\bar{C}_{ph,f}$ 和 $\bar{C}_{ph,t}$ 之和，即 $\bar{C}_{ph}$，它有着类似的变化趋势。因此，高的尾梢柔度有利于提升沉浮运动采集到的能量。如图 5.33（b）所示，扑翼部分的 $\bar{C}_{p\theta}$（记为 $\bar{C}_{p\theta,f}$）和尾梢部分的 $\bar{C}_{p\theta}$

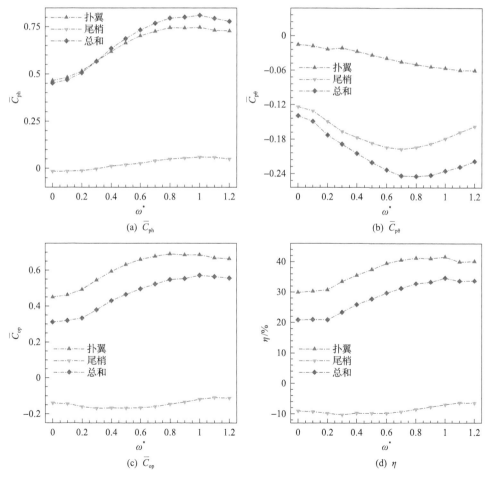

图 5.33　全主动式扑翼、尾梢及两者之和的 $\bar{C}_{ph}$、$\bar{C}_{p\theta}$、$\bar{C}_{op}$ 和 η 随 ω^* 的变化曲线

（记为 $\bar{C}_{p\theta,t}$）都是负的，同时 $\bar{C}_{p\theta,t}$ 的量级远大于 $\bar{C}_{p\theta,f}$ 的量级，表明 $\bar{C}_{p\theta,t}$ 对 $\bar{C}_{p\theta}$ 的贡献占主要地位，这一点与 $\bar{C}_{ph}$ 的情况相反。由于 $\bar{C}_{ph,t}$ 接近于零而 $\bar{C}_{p\theta,t}$ 是负值，尾梢部分的 $\bar{C}_{op}$（记为 $\bar{C}_{op,t}$）也为负值，如图 5.33（c）所示。因此，扑翼部分的 $\bar{C}_{op}$（记为 $\bar{C}_{op,f}$）大于整体的 $\bar{C}_{op}$。与 $\bar{C}_{ph}$ 一样，$\bar{C}_{op}$ 的最大值出现在 ω^*=1 处。如图 5.33（d）所示，η 的变化趋势与 $\bar{C}_{op}$ 类似。因此，尾梢柔度对能量采集性能的提升主要归因于它提高了沉浮运动采集到的能量。

对于半主动式扑翼，本小节选取的运动参数为 f^*=0.15 和 θ_m=40°，尾梢的质量比为 m_t^*=10。图 5.34 给出了半主动式扑翼、尾梢及两者之和的 $\bar{C}_{ph}$、$\bar{C}_{p\theta}$、$\bar{C}_{op}$ 和 η 随 ω^* 的变化曲线。如图 5.34（a）所示，$\bar{C}_{ph,f}$ 和 $\bar{C}_{ph,t}$ 在所有的 ω^* 下都是正的。随着 ω^* 的增大，$\bar{C}_{ph,f}$ 和 $\bar{C}_{ph,t}$ 分别上升和下降。由于 $\bar{C}_{ph,t}$ 的量级远小于 $\bar{C}_{ph,f}$ 的量

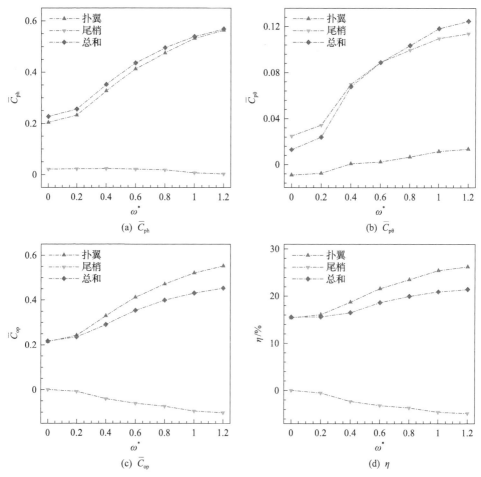

图 5.34　半主动式扑翼、尾梢及两者之和的 $\bar{C}_{ph}$、$\bar{C}_{p\theta}$、$\bar{C}_{op}$ 和 η 随 ω^* 的变化曲线

级，$\overline{C}_{ph}$ 也随 ω^* 的增大而逐步上升，并最终靠近 $\overline{C}_{ph,f}$。因此可以说，由于尾梢柔度提升了 $\overline{C}_{ph,f}$，进而 $\overline{C}_{ph}$ 也得到了有效的提高。如图 5.34(b)所示，随着 ω^* 的增大，$\overline{C}_{p\theta,f}$ 和 $\overline{C}_{p\theta,t}$ 单调上升。此外，$\overline{C}_{p\theta,t}$ 总为正而 $\overline{C}_{p\theta,f}$ 在 $\omega^*<0.4$ 下为负，表明高柔度的弹性尾梢会消耗更多能量。由于 $\overline{C}_{ph,t}$ 在零附近变化而 $\overline{C}_{p\theta,t}$ 随 ω^* 增长，$\overline{C}_{op,t}$ 总为负值，如图 5.34(c)所示，从而 $\overline{C}_{op}$ 小于 $\overline{C}_{op,f}$。与 $\overline{C}_{ph}$ 一样，$\overline{C}_{op}$ 也随着 ω^* 的增大而单调上升。如图 5.34(d)所示，η 的变化趋势与 $\overline{C}_{op}$ 类似。因此，弹性尾梢的存在能够增加扑翼尾梢系统采集到的能量，进而提升了扑翼尾梢整体的能量采集性能。

5.3.4　弹性尾梢的作用机理

为了研究弹性尾梢如何影响扑翼和尾梢的能量采集性能，需要仔细分析它们在运动过程中的受力情况。对于全主动式扑翼，本小节选取的运动参数为 $Sr=0.2$ 和 $\alpha_n=10°$，弹性尾梢的参数为 $\omega^*=0.8$、$m_t^*=5$ 和 20，同样选择相同运动参数下的刚性尾梢作为参考。

由式(5.6)可知，总能量系数 C_{op} 包括沉浮能量系数 C_{ph} 和俯仰能量系数 $C_{p\theta}$ 两部分。其中，C_{ph} 取决于升力系数 c_l 和无量纲沉浮速度 V_y/U_∞，$C_{p\theta}$ 取决于力矩系数 c_m 和无量纲俯仰速度 $\Omega c/U_\infty$。图 5.35 给出了一个运动周期内全主动式扑翼的 c_l、V_y/U_∞、c_m、$\Omega c/U_\infty$、C_{ph}、$C_{p\theta}$ 和 C_{op} 的时间历程曲线。如图 5.35(a)所示，由于 c_l 和 V_y/U_∞ 之间的同步性好，C_{ph} 的正值多于负值，所以平均沉浮能量系数 $\overline{C}_{ph}$ 为正，如图 5.35(c)所示。当 $t/T=1/8$(图 5.35(c)中的 s_1 时刻)，弹性尾梢比刚性尾梢产生更高的 C_{ph}，这是由于弹性尾梢有效地提升了 c_l。但是当 $t/T=7/16$(图 5.35(c)中的 s_3 时刻)时，由于 c_l 几乎为零，C_{ph} 也趋近于零。

如图 5.35(b)所示，由于 c_m 和 $\Omega c/U_\infty$ 之间的同步性差，$C_{p\theta}$ 的正值少于负值，所以平均俯仰能量系数 $\overline{C}_{p\theta}$ 为负，如图 5.35(d)所示。当 $t/T=3/16$(图 5.35(d)中的

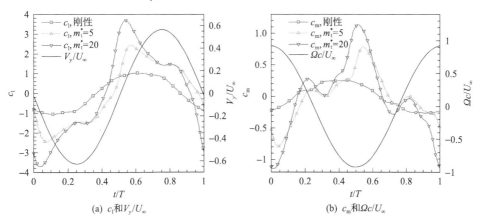

(a) c_l 和 V_y/U_∞　　　　　　　　　　(b) c_m 和 $\Omega c/U_\infty$

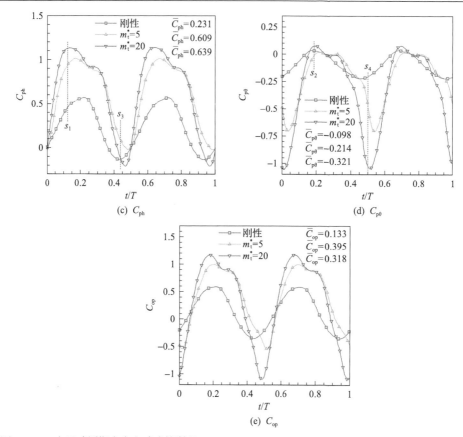

图 5.35　一个运动周期内全主动式扑翼的 c_1、V_y/U_∞、c_m、$\Omega c/U_\infty$、C_{ph}、$C_{p\theta}$ 和 C_{op} 的时间历程曲线

s_2 时刻)时，c_m 趋向于零，所以 $C_{p\theta}$ 几乎为零。但当 $t/T=1/2$ (图 5.35 (d) 中的 s_4 时刻)时，相比于刚性尾梢，弹性尾梢能产生更大的 c_m，因而 $C_{p\theta}$ 的量级也更大。同时，$C_{p\theta}$ 在 $m_t^*=20$ 下的量级远大于在 $m_t^*=5$ 下的量级，这是因为此时 c_m 和 $\Omega c/U_\infty$ 的值都很大。这一点可以解释为什么大质量的弹性尾梢会降低扑翼的能量采集性能。此外，虽然 V_y/U_∞ 的值略小于 $\Omega c/U_\infty$ 的值，但 c_1 的值比 c_m 的值大很多，这就使得 C_{ph} 占据 C_{op} 的主要部分，并最终使 $\overline{C}_{op}$ 为正值，如图 5.35 (e) 所示。

从图 5.35 可以看出，弹性尾梢可以显著地提升第一个和第三个四分之一周期内沉浮运动采集到的能量。与此同时，弹性尾梢也增加了第二个和第四个四分之一周期内俯仰运动消耗掉的能量。比较增加的这两部分能量，发现总采集到的能量依然有明显的提升。这表明由于弹性尾梢的存在，沉浮运动采集到更多能量，是提升扑翼能量采集性能的关键因素。

对于半主动式扑翼，本小节选取的运动参数为 $f^*=0.15$ 和 $\theta_m=40°$，弹性尾梢的参数为 $\omega^*=1$ 和 $m_t^*=10$，同样选择相同运动参数下的刚性尾梢作为参考。由式(5.7)可知，总能量系数 C_{op} 包括沉浮能量系数 C_{ph} 和俯仰能量系数 $C_{p\theta}$ 两部分。其中，C_{ph} 取决于升力系数 c_l 和无量纲沉浮速度 V_y/U_∞，而 $C_{p\theta}$ 取决于力矩系数 c_m 和无量纲俯仰速度 $\Omega c/U_\infty$。

图 5.36 给出了一个运动周期内半主动式扑翼的 c_l、C_{ph}、V_y/U_∞、c_m、$C_{p\theta}$、$\Omega c/U_\infty$ 和 C_{op} 的时间历程曲线。如图 5.36(a) 和(b) 所示，c_l、V_y/U_∞ 之间和 c_m、$\Omega c/U_\infty$ 之间的同步性都比较好。因此，虽然 c_l、V_y/U_∞、c_m 和 $\Omega c/U_\infty$ 在一个周期内只有一个峰值，但 C_{ph} 和 $C_{p\theta}$ 有两个峰值，从而使得 C_{op} 有类似的变化趋势，如图 5.36(c) 所示。从图 5.36(a) 和(b) 还可以看出，与刚性尾梢相比，弹性尾梢能使 c_l、V_y/U_∞ 和 c_m 产生更大的峰值，进而使 C_{ph} 和 $C_{p\theta}$ 的峰值也有所增大。由式(5.7)可知，C_{ph} 和 $C_{p\theta}$ 对 C_{op} 分别产生正的贡献和负的贡献。但是，由于弹性尾梢对沉浮能量采集的提升($\overline{C}_{ph}$ 从 0.228 增至 0.54)比俯仰能量消耗的提升($\overline{C}_{p\theta}$ 从 0.009 增至 0.109)大得多，总能量采集依然得到了显著的提升($\overline{C}_{op}$ 从 0.219 增至 0.431)。

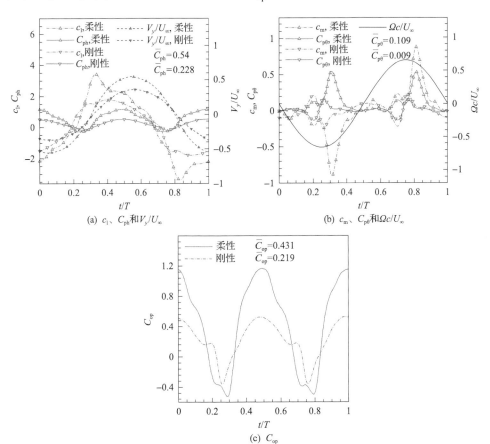

图 5.36　一个运动周期内半主动式扑翼的 c_l、C_{ph}、V_y/U_∞、c_m、$C_{p\theta}$、$\Omega c/U_\infty$ 和 C_{op} 的时间历程曲线

5.4　横向运动对扑翼能量采集的影响

扑翼的运动通常包含绕轴的俯仰运动和沿垂直方向的沉浮运动，然而，有些情况下扑翼还包含沿水平方向的横向运动[16]，从而形成一些在鸟类飞行过程中常见的运动轨迹[17,18]，包括椭圆形、八字形等。在特定的飞行条件下，利用这些运动轨迹可以获得较高的气动性能。受此启发，本节将研究包含俯仰、沉浮和横向运动的全主动式扑翼的能量采集性能，详细考察横向运动幅值、相位差和频率的影响。本节继续选用二维 NACA0015 翼型作为扑翼外形，其弦长为 c。

对于包含横向运动的全主动式扑翼，如图 5.37 所示，运动的控制方程为[19]

$$\begin{cases} \theta(t) = \theta_{\mathrm{m}} \sin(2\pi f t) \\ h(t) = h_{\mathrm{m}} \cos(2\pi f t) \\ s(t) = s_{\mathrm{m}} \cos(k_{\mathrm{s}} \pi f t + \varphi) \end{cases} \tag{5.14}$$

式中，$\theta(t)$ 为扑翼的瞬时俯仰角；t 为时间；θ_{m} 为扑翼的俯仰幅值；f 为扑翼运动的频率；$h(t)$ 为扑翼沉浮运动的瞬时位置；h_{m} 为扑翼的沉浮幅值；$s(t)$ 为扑翼横向运动的瞬时位置；s_{m} 为扑翼的横向幅值；k_{s} 为横向运动频率的调整参数；φ 为沉浮和横向运动之间的相位差。

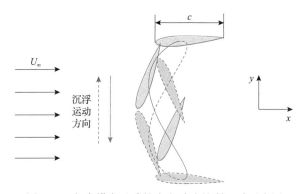

图 5.37　包含横向运动的全主动式扑翼运动示意图

在本节的研究中，扑翼的俯仰轴依然位于距离前缘 $c/3$ 处，沉浮和俯仰的幅值分别取为 $h_{\mathrm{m}}/c=1$ 和 $\theta_{\mathrm{m}}=75°$。扑翼的总能量系数 $C_{\mathrm{op}}(t)$ 为

$$C_{\mathrm{op}}(t) = C_{\mathrm{ph}} + C_{\mathrm{ps}} + C_{\mathrm{p}\theta} = \frac{1}{U_{\infty}}\left(c_{\mathrm{l}}\frac{\mathrm{d}h(t)}{\mathrm{d}t} + c_{\mathrm{d}}\frac{\mathrm{d}s(t)}{\mathrm{d}t} + c_{\mathrm{m}}\frac{\mathrm{d}\theta(t)c}{\mathrm{d}t} \right) \tag{5.15}$$

它在一个周期 T 内的平均值为

$$\overline{C}_{\mathrm{op}} = \overline{C}_{\mathrm{ph}} + \overline{C}_{\mathrm{ps}} + \overline{C}_{\mathrm{p\theta}} = \frac{1}{T}\int_{t}^{t+T}\left(c_{\mathrm{l}}\frac{V_y(t)}{U_\infty} + c_{\mathrm{d}}\frac{V_x(t)}{U_\infty} + c_{\mathrm{m}}\frac{\Omega(t)c}{U_\infty} \right)\mathrm{d}t \qquad (5.16)$$

式中，$\overline{C}_{\mathrm{op}}$ 为平均总能量系数；$\overline{C}_{\mathrm{ph}}$ 为平均沉浮能量系数；$\overline{C}_{\mathrm{ps}}$ 为平均横向能量系数；$\overline{C}_{\mathrm{p\theta}}$ 为平均俯仰能量系数；c_{l}、c_{d} 和 c_{m} 分别为升力系数、阻力系数和力矩系数。

扑翼的能量采集效率与式(5.8)相同。此外，本节考虑 $Re=1100$ 的情况，计算域是 $32c\times24c$ 的矩形区域，其中扑翼周围加密区域的尺寸是 $1.8c\times2.5c$，加密区域的网格步长 $\Delta h=0.00625c$。

5.4.1 横向运动参数的影响

1. 横向幅值的影响

为了研究横向幅值 s_{m} 的影响，本小节分别取相位差和调整参数为 $\varphi=0°$ 和 $k_{\mathrm{s}}=4$。图 5.38 给出了不同 s_{m} 下扑翼的平均沉浮能量系数 $\overline{C}_{\mathrm{ph}}$、平均横向能量系数 $\overline{C}_{\mathrm{ps}}$、平均俯仰能量系数 $\overline{C}_{\mathrm{p\theta}}$ 和能量采集效率 η 随约化频率 f^* 的变化曲线，其中 $s_{\mathrm{m}}=0$ 表示无横向运动。如图 5.38(a)所示，随着 f^* 的增大，$s_{\mathrm{m}}=0$ 下的 $\overline{C}_{\mathrm{ph}}$ 先增大，并在 $f^*=0.18$ 时达到最大值，之后开始减小。当 $s_{\mathrm{m}}/h_{\mathrm{m}}=0.05$ 时，$\overline{C}_{\mathrm{ph}}$ 的变化趋势与 $s_{\mathrm{m}}=0$ 时类似，表明小振幅的横向运动几乎不会影响扑翼的能量采集性能。但是当 $s_{\mathrm{m}}/h_{\mathrm{m}}\geqslant0.1$ 时，$\overline{C}_{\mathrm{ph}}$ 随着 f^* 的增大而单调上升，意味着横向运动开始对沉浮运动的能量采集产生影响。同时，对于给定的 f^*，s_{m} 越大则 $\overline{C}_{\mathrm{ph}}$ 越大，表明横向运动有利于沉浮运动采集能量，随着 f^* 逐渐增大，这种趋势越来越明显。如图 5.38(b)所示，所有 s_{m} 下的 $\overline{C}_{\mathrm{ps}}<0$，这表示横向运动需要消耗能量，并且对扑翼能量采集的贡献是负的。对于给定的 s_{m}，$\overline{C}_{\mathrm{ps}}$ 随着 f^* 的增大而单调下降，当 s_{m} 增大时，$\overline{C}_{\mathrm{ps}}$ 的下降速度也增大。此外，在相同的 f^* 下，横向幅值越大，扑翼消耗的能量越多。

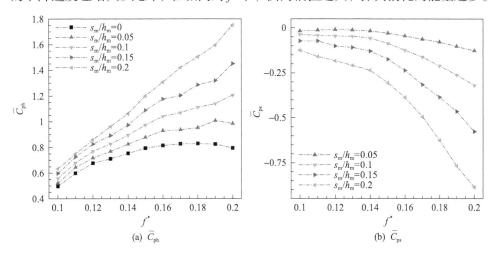

(a) $\overline{C}_{\mathrm{ph}}$　　　　　　　　　　　　　　　　　(b) $\overline{C}_{\mathrm{ps}}$

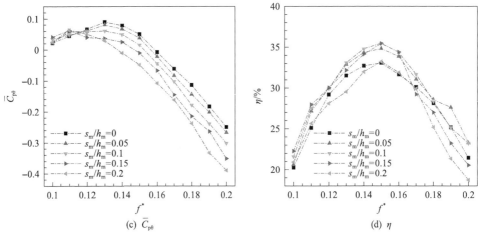

图 5.38　不同 s_m 下扑翼的 $\overline{C}_{ph}$、$\overline{C}_{ps}$、$\overline{C}_{p\theta}$ 和 η 随 f^* 的变化曲线

如图 5.38(c)所示,从某个正值开始,所有下 s_m 的 $\overline{C}_{p\theta}$ 随着 f^* 的增大先增大,在达到最大值后开始减小并最终变成负值。因此,俯仰运动在小 f^* 下能采集能量,而在其他 f^* 下会消耗能量。同时,当 $f^* \leqslant 0.12$ 时,横向运动对俯仰运动的能量采集几乎没有影响;而当 $f^* > 0.12$ 时,s_m 越大,俯仰运动需要消耗更多能量。从图 5.38(a)~(c)可以看出,当 $f^* \leqslant 0.15$ 时,$\overline{C}_{ps}$ 和 $\overline{C}_{p\theta}$ 的量级比 $\overline{C}_{ph}$ 的量级小得多。因而,扑翼的总能量采集主要来自沉浮运动,并且 η 的变化趋势与 $\overline{C}_{ph}$ 类似,如图 5.38(d)所示。但是当 $f^* > 0.15$ 时,由于 $\overline{C}_{ps}$ 和 $\overline{C}_{p\theta}$ 的量级变得越来越大,扑翼的总能量采集主要受横向运动和俯仰运动的影响,且 η 的变化趋势与 $\overline{C}_{ps}$ 和 $\overline{C}_{p\theta}$ 类似。因此,η 在 $f^* = 0.15$ 时达到最大值,与无横向运动的扑翼(最大能量采集效率为 33.13%)相比,横向运动能够进一步提升最大能量采集效率,最大能量采集效率出现在 $s_m/h_m = 0.1$ 处(35.55%)。

2. 相位差的影响

为了研究沉浮与横向运动相位差 φ 的影响,本小节分别取横向幅值和调整参数为 $s_m/h_m = 0.1$ 和 $k_s = 4$。此外,考虑三个不同的约化频率,即 $f^* = 0.12$、0.15 和 0.18。图 5.39 给出了不同 f^* 下扑翼的 $\overline{C}_{ph}$、$\overline{C}_{ps}$、$\overline{C}_{p\theta}$ 和 η 随 φ 的变化曲线,其中 $s_m = 0$ 表示无横向运动的结果。与横向幅值的影响不同,扑翼的能量采集性能在 $0° \leqslant \varphi \leqslant 360°$ 范围内呈现出周期性的变化。如图 5.39(a)所示,$\overline{C}_{ph}$ 先减小再增大,它的最小值和最大值分别出现在 $\varphi = 135°$ 和 315° 处。与无横向运动相比,横向运动在 $45° < \varphi < 225°$ 范围内减小了 $\overline{C}_{ph}$。如图 5.39(b)所示,$\overline{C}_{ps}$ 先增大再减小,它的最大值和最小值分别出现在 $\varphi = 90°$ 和 270° 处,同时在 $0° < \varphi < 180°$ 范围内 $\overline{C}_{ps} > 0$。

这表明横向运动在某些特定的相位差下也能采集能量。如图 5.39(c) 所示，$\overline{C}_{p\theta}$ 随 φ 的变化规律也受 f^* 的影响。从整体上看，横向运动既能增大 $\overline{C}_{p\theta}$ 也能减小 $\overline{C}_{p\theta}$。此外，在给定的 φ 下，$\overline{C}_{ps}$ 和 $\overline{C}_{p\theta}$ 的量级都小于 $\overline{C}_{ph}$ 的量级。因此，η 的变化规律基本与 $\overline{C}_{ph}$ 保持一致，如图 5.39(d) 所示。其中，f^*=0.12、0.15 和 0.18 下 η 的最大值分别出现在 φ=45°、0° 和 45° 处。与无横向运动相比，横向运动能在一定的相位差范围内提升能量采集效率，并且该相位差范围会随着 f^* 的增大而缩小。

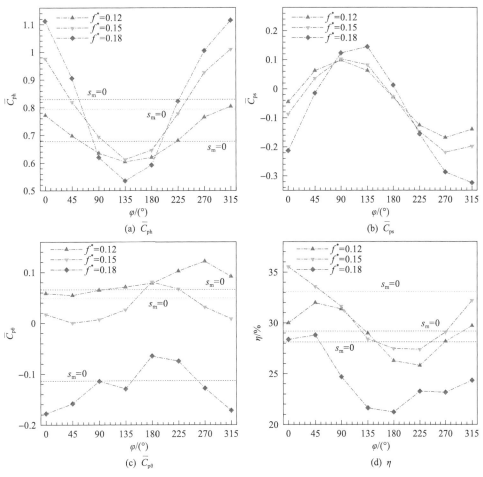

图 5.39 不同 f^* 下扑翼的 $\overline{C}_{ph}$、$\overline{C}_{ps}$、$\overline{C}_{p\theta}$ 和 η 随 φ 的变化曲线

3. 频率的影响

除了横向幅值和相位差，横向运动频率(由调整参数来控制)在扑翼的能量采集性能中也扮演着重要的角色。为了研究调整参数 k_s 的影响，本小节分别取横向

幅值和约化频率为 s_m/h_m=0.1 和 f^*=0.15。图 5.40 给出了不同 φ 下扑翼的 $\bar{C}_{ph}$、$\bar{C}_{ps}$、$\bar{C}_{p\theta}$ 和 η 随 k_s 的变化曲线。如图 5.40(a) 所示，当 k_s 从 3 增大到 4 和从 4 增大到 5 时，$\bar{C}_{ph}$ 都会有一个突然的变化，它在 k_s=4 时达到一个极值，并且不同 φ 下的情况有明显的区别。而当 k_s 从 2 增大到 3 和从 5 增大到 6 时，$\bar{C}_{ph}$ 的变化非常小。同时，对于给定的 k_s(2、3、5 和 6)，不同 φ 下 $\bar{C}_{ph}$ 的量级很接近。如图 5.40(b) 和(c) 所示，$\bar{C}_{ps}$ 和 $\bar{C}_{p\theta}$ 的变化趋势与 $\bar{C}_{ph}$ 类似。由于 $\bar{C}_{ps}$ 和 $\bar{C}_{p\theta}$ 的量级在给定 k_s 下依然比 $\bar{C}_{ph}$ 的量级小，η 的变化趋势几乎与 $\bar{C}_{ph}$ 一致，如图 5.40(d) 所示。因此，扑翼的能量采集性能在特定的横向运动频率下对相位差很敏感。

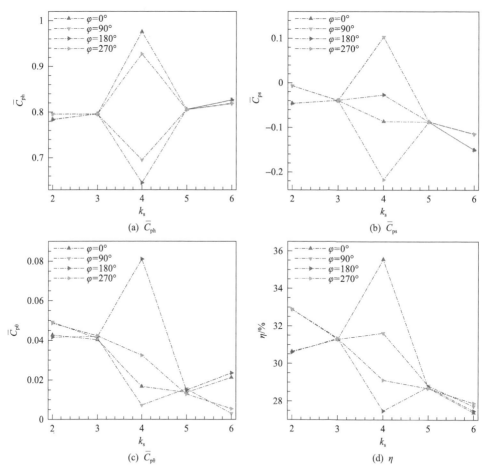

图 5.40　不同 φ 下扑翼的 $\bar{C}_{ph}$、$\bar{C}_{ps}$、$\bar{C}_{p\theta}$ 和 η 随 k_s 的变化曲线

5.4.2　横向运动的作用机理

为了研究横向运动影响扑翼能量采集性能的机理，需要仔细分析它在运动过

程中的受力情况。由于俯仰运动的能量贡献远小于沉浮运动和横向运动，本小节仅考察升力系数和阻力系数的变化。选取的横向幅值和约化频率分别为 $s_m/h_m=0.1$ 和 $f^*=0.15$。此外，考虑三组调整参数和相位差的组合：$k_s=2$、$\varphi=0°$，$k_s=4$、$\varphi=0°$ 和 $k_s=4$、$\varphi=90°$，选择相同运动参数下的无横向运动情况作为参考。由式(5.15)可知，沉浮能量系数 C_{ph} 取决于升力系数 c_l 和无量纲沉浮速度 V_y/U_∞，横向能量系数 C_{ps} 取决于阻力系数 c_d 和无量纲横向速度 V_x/U_∞。图 5.41 给出了一个运动周期内扑翼的 c_l、V_y/U_∞、c_d、V_x/U_∞、C_{ph} 和 C_{ps} 的时间历程曲线。

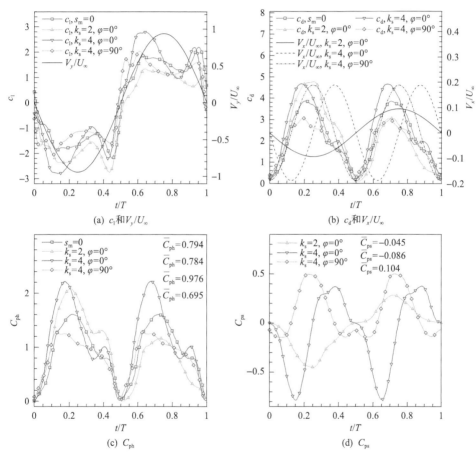

图 5.41　不同 k_s 和 φ 组合下一个运动周期内扑翼的 c_l、V_y/U_∞、c_d、
V_x/U_∞、C_{ph} 和 C_{ps} 的时间历程曲线

　　如图 5.41(a)所示，c_l 和 V_y/U_∞ 之间的同步性较好。因此，虽然 c_l 和 V_y/U_∞ 在一个周期内只有一个正的峰值，但 C_{ph} 能够形成两个正的峰值，如图 5.41(c)所示。与无横向运动相比，横向运动对 c_l 产生了明显的影响。在前半周期内，c_l 在 $\varphi=0°$

下为负值且量级较大，而在 $\varphi=90°$ 下为仍负值但量级较小。在后半周期内，$k_s=2$ 下正的 c_l 总是小于无横向运动的 c_l。但是，$k_s=4$ 时 $\varphi=0°$ 和 90° 下大部分的正 c_l 分别被横向运动增大和减小了。因此，C_{ph} 既出现了下降（$\overline{C}_{ph}$ 从 0.794 分别减至 0.784 和 0.695，对应 $k_s=2$、$\varphi=0°$ 和 $k_s=4$、$\varphi=90°$），也出现了提升（$\overline{C}_{ph}$ 从 0.794 增至 0.976，对应 $k_s=4$、$\varphi=0°$）。

由于 $c_d>0$，c_d 和 V_x/U_∞ 呈现出一些不同的变化规律，如图 5.41（b）所示。对于 $k_s=2$，c_d 和 V_x/U_∞ 在前后半周期内分别有相反和相同的正负号，因此 C_{ps} 只能形成一个正的峰值，如图 5.41（d）所示。对于 $k_s=4$ 和 $\varphi=90°$，c_d 和 V_x/U_∞ 的变化趋势几乎一致，所以 C_{ps} 能形成两个正的峰值，且它的平均值最大（$\overline{C}_{ps}=0.104$）。但是对于 $k_s=4$ 和 $\varphi=0°$，c_d 和 V_x/U_∞ 在第一个和第三个四分之一周期内的正负号相反，而在第二个和第四个四分之一周期内的正负号相同，因而虽然 C_{ps} 也能形成两个正的峰值，但它的平均值最小（$\overline{C}_{ps}=-0.086$）。

5.5　合成射流对扑翼能量采集的影响

流动控制技术作为提高系统性能的有效手段之一，在各种工程问题中得到了广泛应用。根据能量输入的要求，流动控制方式可分为被动控制和主动控制。与被动控制相比，主动控制更加灵活高效。其中一个代表性技术方案是使用合成射流驱动器，它可以产生零净质量通量射流。由于结构简单、反应迅速，合成射流驱动器受到了越来越多的关注，并取得了广泛的应用[20]。特别是槽口型合成射流，因具有准二维流动剖面而经常被用于翼型的流动控制[21, 22]。

合成射流也已开始应用于垂直轴风力机旋转叶片的流动控制。Greenblatt 等[23]评估了低速风洞中小型垂直轴风力机的性能。通过在叶片前缘放置一些合成射流驱动器，垂直轴风力机的整体性能可提高 38%。鉴于合成射流高效的实用性，本节将开展合成射流对半主动式扑翼能量采集性能影响的研究，具体考察射流倾斜角度、相位差和位置的影响。本节选用长短轴比为 8 的椭圆翼型作为扑翼外形，其弦长为 c。

如图 5.42 所示，对于带合成射流对的半主动式扑翼，其运动的控制方程与式（5.2）和式（5.3）相同。由于本节主要关注合成射流对扑翼能量采集性能的影响，俯仰幅值和约化频率分别固定在 $\theta_m=45°$ 和 $f^*=0.2$。此外，选择的优化结构参数组合为 $m^*=1$、$k^*=1$ 和 $b^*=\pi$。同样地，扑翼的俯仰轴位于距离前缘 $c/3$ 处。

本节合成射流驱动器设置与 2.2 节相同，合成射流速度[24]与式（2.7）和式（2.8）相同。

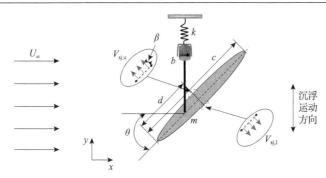

图 5.42　带合成射流对的半主动式扑翼运动示意图

对于带合成射流的半主动式扑翼，其能量系数在一个周期 T 内的平均值与式(5.7)相同，能量采集效率与式(5.8)相同。虽然射流强度会影响扑翼的能量采集性能，但在本节的研究中，设定 $V_m=U_\infty$。此外，本节忽略了驱动两个合成射流所需的能量，因为它比驱动扑翼所需的能量小得多。同样地，本节考虑 $Re=1100$ 的情况，计算域是 $32c \times 24c$ 的矩形区域，其中扑翼周围加密区域的尺寸是 $1.5c \times 2.5c$，加密区域的网格步长 $\Delta h=0.00625c$。

5.5.1　射流参数的影响

1. 射流倾斜角度的影响

为了研究射流倾斜角度 β 的影响，本小节把射流位置固定在 $d=c/2$，相位差取 $\varphi=0°$、120°和240°。图 5.43 给出了不同 φ 下扑翼的平均沉浮能量系数 $\bar{C}_{ph}$、平均俯仰能量系数 $\bar{C}_{p\theta}$、平均总能量系数 $\bar{C}_{op}$ 和能量采集效率 η 随 β 的变化曲线，其中还包括无射流的结果。可以看出，$\bar{C}_{ph}$、$\bar{C}_{p\theta}$、$\bar{C}_{op}$ 和 η 的变化趋势关于 $\beta=90°$ 对称。

如图 5.43(a)所示，随着 β 的增大，$\varphi=0°$ 和 120° 下的 $\bar{C}_{ph}$ 分别小幅上升和下降，而且它们总是大于无射流的结果。不同的是，$\varphi=240°$ 下的 $\bar{C}_{ph}$ 有着明显变化，其最大值大于无射流的结果，最小值小于无射流的结果。如图 5.43(b)所示，当 $\beta<90°$时，$\varphi=0°$ 和 120° 下的 $\bar{C}_{p\theta}$ 分别能单调上升和下降，相应地，它们分别大于和小于无射流的结果。而 $\varphi=240°$ 下的 $\bar{C}_{p\theta}$ 变化过程略显复杂，它先上升再下降，但是总是大于无射流的结果。由于 $\bar{C}_{ph}$ 和 $\bar{C}_{p\theta}$ 的变化趋势不相似，$\bar{C}_{op}$ 的变化趋势不同于 $\bar{C}_{ph}$ 或 $\bar{C}_{p\theta}$，如图 5.43(c)所示。当 $\beta<90°$时，$\varphi=0°$ 下的 $\bar{C}_{op}$ 先减小再增大。因此，除了 $\beta=0°$(和180°)，其他 β 下的 $\bar{C}_{op}$ 总是小于无射流的结果。而 $\varphi=120°$ 和 240° 下的 $\bar{C}_{op}$ 分别单调增大和减小。与无射流结果相比，$\varphi=120°$ 下的 $\bar{C}_{op}$ 总能得到提升，而 $\varphi=240°$ 下的 $\bar{C}_{op}$ 在 $30°\leqslant\beta\leqslant150°$ 的范围内降低了。此外，如图 5.43(d)所

示，η 的变化趋势与 $\overline{C}_{op}$ 类似。

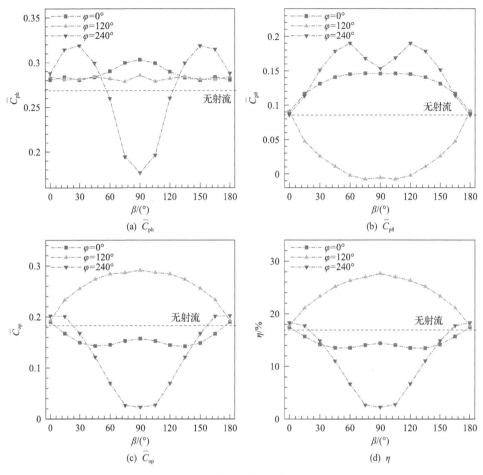

图 5.43　不同 φ 下扑翼的 $\overline{C}_{ph}$、$\overline{C}_{p\theta}$、$\overline{C}_{op}$ 和 η 随 β 的变化曲线

2. 射流相位差的影响

为了研究射流相位差 φ 的影响，本小节仍把射流位置固定在 $d=c/2$，倾斜角度取 $\beta=0°$、$45°$ 和 $90°$。图 5.44 给出了不同 β 下扑翼的 $\overline{C}_{ph}$、$\overline{C}_{p\theta}$、$\overline{C}_{op}$ 和 η 随 φ 的变化曲线，其中依然包括无射流的结果。如图 5.44(a) 所示，$\beta=0°$ 下的 $\overline{C}_{ph}$ 均大于无射流的结果，且随 φ 的增大而略微变化。而 $\beta=45°$ 和 $90°$ 下的 $\overline{C}_{ph}$ 有着明显的上升和下降，且 $\beta=90°$ 下 $\overline{C}_{ph}$ 的峰值高于 $\beta=45°$ 下 $\overline{C}_{ph}$ 的峰值。如图 5.44(b) 所示，$\beta=0°$ 下 $\overline{C}_{p\theta}$ 的变化趋势与 $\overline{C}_{ph}$ 类似，而 $\beta=45°$ 和 $90°$ 下 $\overline{C}_{p\theta}$ 的变化趋势相同。随着 φ 的增大，$\overline{C}_{p\theta}$ 先减小再增大，然后再次减小。

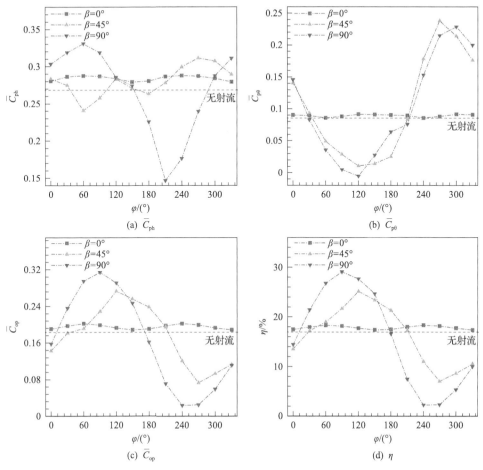

图 5.44　不同 β 下扑翼的 $\bar{C}_{\mathrm{ph}}$、$\bar{C}_{\mathrm{p\theta}}$、$\bar{C}_{\mathrm{op}}$ 和 η 随 φ 的变化曲线

由于 $\bar{C}_{\mathrm{ph}}$ 和 $\bar{C}_{\mathrm{p0}}$ 在 $\beta=0°$ 下随 φ 的变化很小，相应地，$\bar{C}_{\mathrm{op}}$ 的变化也很小，如图 5.44(c) 所示。与 $\bar{C}_{\mathrm{ph}}$ 和 $\bar{C}_{\mathrm{p0}}$ 一样，$\beta=45°$ 和 90° 下 $\bar{C}_{\mathrm{op}}$ 的变化很明显。如图 5.44(d) 所示，η 的变化趋势再次与 $\bar{C}_{\mathrm{op}}$ 类似。其中，$\beta=90°$ 下 η 的最大值和最小值分别为 29.057%($\varphi=90°$) 和 2.245%($\varphi=240°$)。与无射流结果($\eta=16.92\%$)相比，η 的提升最高可达 71.73%。

3. 射流位置的影响

除了射流倾斜角度和相位差，射流位置也是影响扑翼能量采集性能的重要因素。为了研究射流位置 d 的影响，本小节把倾斜角度固定在 $\beta=90°$，取相位差为 $\varphi=0°$、90°、180° 和 270°。图 5.45 给出了不同 φ 下扑翼的 $\bar{C}_{\mathrm{ph}}$、$\bar{C}_{\mathrm{p0}}$、$\bar{C}_{\mathrm{op}}$ 和 η 随 d 的变化曲线，其中也包括无射流的结果。如图 5.45(a) 所示，$\varphi=0°$ 和 90° 下 $\bar{C}_{\mathrm{ph}}$ 的变

化趋势是相似的。随着 d 的增大，$\bar{C}_{ph}$ 大体上逐渐上升。此外，当 $d=3c/4$ 时，$\varphi=0°$ 下的 $\bar{C}_{ph}$ 大于 $\varphi=90°$ 下的 $\bar{C}_{ph}$。相反，随着 d 的增大，$\varphi=180°$ 和 $270°$ 下的 $\bar{C}_{ph}$ 大体上逐渐下降。如图 5.45(b) 所示，$\varphi=0°$ 下的 $\bar{C}_{p\theta}$ 几乎不随 d 的增大而变化，并且均大于无射流的结果。但是，$\varphi=90°$ 和 $180°$ 下的 $\bar{C}_{p\theta}$ 随 d 的增大而大体上逐渐上升，$\varphi=90°$ 下的 $\bar{C}_{p\theta}$ 均小于无射流的结果。而 $\varphi=270°$ 下的 $\bar{C}_{p\theta}$ 随 d 的增大而大体上逐渐下降，并且均大于无射流的结果。

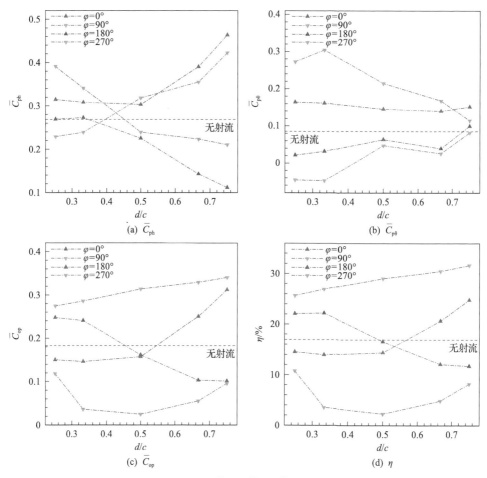

图 5.45　不同 φ 下扑翼的 $\bar{C}_{ph}$、$\bar{C}_{p\theta}$、$\bar{C}_{op}$ 和 η 随 d 的变化曲线

由于不同 φ 下 $\bar{C}_{ph}$ 和 $\bar{C}_{p\theta}$ 的变化趋势不一样，$\bar{C}_{op}$ 的变化趋势比较复杂，如图 5.45(c) 所示。$\varphi=0°$ 下 $\bar{C}_{op}$ 的变化趋势几乎与 $\bar{C}_{ph}$ 一致，而 $\varphi=90°$ 下 $\bar{C}_{op}$ 随 d 的增大而大体上线性上升，且对于给定的 d，此时的 $\bar{C}_{op}$ 大于其他 φ 下的 $\bar{C}_{op}$。$\varphi=180°$ 下的 $\bar{C}_{op}$ 随 d 的增大而单调下降，而 $\varphi=270°$ 下的 $\bar{C}_{op}$ 随 d 的增大而先下降再上升，

且对于给定的 d，此时的 $\overline{C}_{op}$ 小于其他 φ 下的 $\overline{C}_{op}$。如图 5.45(d)所示，η 的变化趋势与 $\overline{C}_{op}$ 类似。其中，η 的最大值为 31.636%($\varphi=90°$，$d=3c/4$)，与无射流结果($\eta=16.92\%$)相比，η 的提升达到了 86.97%。

5.5.2　合成射流的作用机理

为了研究合成射流如何影响扑翼的能量采集性能，需要仔细分析它在运动过程中的受力情况。为此，本小节把射流倾斜角度固定在 $\beta=90°$，选择两组射流相位差和位置的参数组合，即 $\varphi=90°$、$d=3c/4$(对应能量采集效率提升的状态)和 $\varphi=270°$、$d=c/2$(对应能量采集效率下降的状态)，同样选择相同运动参数下未加射流的情况作为参考。由式(5.7)可知，沉浮能量系数 C_{ph} 取决于升力系数 c_l 和无量纲沉浮速度 V_y/U_∞，俯仰能量系数 $C_{p\theta}$ 取决于力矩系数 c_m 和无量纲俯仰速度 $\Omega c/U_\infty$。图 5.46 给出了一个运动周期内扑翼的 c_l、V_y/U_∞、c_m、$\Omega c/U_\infty$、C_{ph} 和 $C_{p\theta}$ 的时间历程曲线。

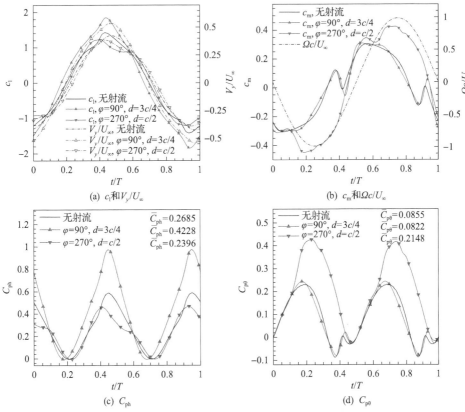

图 5.46　不同 φ 和 d 组合下一个运动周期内扑翼的 c_l、V_y/U_∞、c_m、$\Omega c/U_\infty$、
C_{ph} 和 $C_{p\theta}$ 的时间历程曲线

如图 5.46(a)所示，c_l 和 V_y/U_∞ 之间的同步性很好。因此，虽然 c_l 和 V_y/U_∞ 在一个周期内只有一个正(或负)的峰值，但 C_{ph} 能形成两个正(或负)的峰值，如图 5.46(c)所示。与无射流情况相比，合成射流控制对 c_l 产生了一定程度的影响。在前半周期内，c_l 随着时间的推进而增大。当 $\varphi=90°$ 和 $d=3c/4$ 时，c_l 在 $0.1 \leqslant t/T \leqslant 0.5$ 的范围内大于无射流的结果；当 $\varphi=270°$ 和 $d=c/2$ 时，c_l 在 $0.1 \leqslant t/T \leqslant 0.4$ 的范围内几乎不受射流控制的影响。在后半周期内，c_l 随着时间的推进而减小。当 $\varphi=90°$ 和 $d=3c/4$ 时，c_l 在 $0.6 \leqslant t/T \leqslant 1$ 的范围内小于无射流的结果；当 $\varphi=270°$ 和 $d=c/2$ 时，c_l 在 $0.6 \leqslant t/T \leqslant 0.9$ 的范围内也几乎不受射流控制的影响，但射流控制在 $0.4 \leqslant t/T \leqslant 0.6$ 的范围内减小了 c_l，而在 $0 \leqslant t/T \leqslant 0.1$ 和 $0.9 \leqslant t/T \leqslant 1$ 的范围内增大了 c_l。与 c_l 一样，V_y/U_∞ 也会受到射流控制的影响，其变化趋势大致与 c_l 相似。因此，与无射流结果相比，射流控制使得 $\bar{C}_{ph}$ 分别有明显提升(在 $\varphi=90°$ 和 $d=3c/4$ 下，$\bar{C}_{ph}$ 从 0.2685 增大到 0.4228)和略微下降(在 $\varphi=270°$ 和 $d=c/2$ 下，$\bar{C}_{ph}$ 从 0.2685 减小到 0.2396)，如图 5.46(c)所示。

如图 5.46(b)所示，c_m 和 $\Omega c/U_\infty$ 之间的同步性也很好。与 c_l 一样，合成射流控制也对 c_m 有影响。当 $\varphi=90°$ 和 $d=3c/4$ 时，c_m 受到的影响很小，所以它的变化曲线几乎与无射流的曲线重合。但当 $\varphi=270°$ 和 $d=c/2$ 时，c_m 的量级在一个周期内的大部分区域得到了明显的提升。因此，与 $\bar{C}_{ph}$ 类似，射流控制使得 $\bar{C}_{p\theta}$ 分别有轻微下降(在 $\varphi=90°$ 和 $d=3c/4$ 下，$\bar{C}_{p\theta}$ 从 0.0855 减小到 0.0822)和大幅提升(在 $\varphi=270°$ 和 $d=c/2$ 下，$\bar{C}_{p\theta}$ 从 0.0855 增大到 0.2148)，如图 5.46(d)所示。

参 考 文 献

[1] Zhu Q. Energy harvesting by a purely passive flapping foil from shear flows. Journal of Fluids and Structures, 2012, 34: 157-169.

[2] Cho H, Zhu Q. Performance of a flapping foil flow energy harvester in shear flows. Journal of Fluids and Structures, 2014, 51: 199-210.

[3] Prater R, Lian Y. Aerodynamic response of stationary and flapping wings in oscillatory low Reynolds number flows//The 50th AIAA Aerospace Sciences Meeting Including the New Horizons Forum and Aerospace Exposition, Nashville, 2012: 418.

[4] Nguyen L, Metzger M. Enhanced energy capture by a vertical axis wind turbine during gusty winds in an urban/suburban environment. Journal of Renewable and Sustainable Energy, 2015, 7(5): 053118.

[5] Kinsey T, Dumas G. Parametric study of an oscillating airfoil in a power-extraction regime. AIAA Journal, 2008, 46(6): 1318-1330.

[6] Xiao Q, Zhu Q. A review on flow energy harvesters based on flapping foils. Journal of Fluids and Structures, 2014, 46: 174-191.

[7] Zhu Q, Peng Z. Mode coupling and flow energy harvesting by a flapping foil. Physics of Fluids, 2009, 21: 033601.

[8] Moryossef Y, Levy Y. Effect of oscillations on airfoils in close proximity to the ground. AIAA Journal, 2004, 42(9): 1755-1764.

[9] Gao T, Lu X Y. Insect normal hovering flight in ground effect. Physics of Fluids, 2008, 20: 087101.

[10] Truong T V, Byun D, Kim M J, et al. Aerodynamic forces and flow structures of the leading edge vortex on a flapping wing considering ground effect. Bioinspiration & Biomimetics, 2013, 8: 036007.

[11] Wu T Y. Fish swimming and bird/insect flight. Annual Review of Fluid Mechanics, 2011, 43: 25-58.

[12] Shyy W, Aono H, Chimakurthi S K, et al. Recent progress in flapping wing aerodynamics and aeroelasticity. Progress in Aerospace Sciences, 2010, 46(7): 284-327.

[13] Liu W, Xiao Q, Cheng F. A bio-inspired study on tidal energy extraction with flexible flapping wings. Bioinspiration & Biomimetics, 2013, 8(3): 036011.

[14] Tian F B, Young J, Lai J C S. Improving power-extraction efficiency of a flapping plate: From passive deformation to active control. Journal of Fluids and Structures, 2014, 51: 384-392.

[15] Yin B, Luo H. Effect of wing inertia on hovering performance of flexible flapping wing. Physics of Fluids, 2010, 22: 111902.

[16] Izraelevitz J S, Triantafyllou M S. Adding in-line motion and model-based optimization offers exceptional force control authority in flapping foils. Journal of Fluid Mechanics, 2014, 742: 5-34.

[17] Sane S P, Dickinson M H. The control of flight force by a flapping wing: Lift and drag production. Journal of Experimental Biology, 2001, 204(15): 2607-2626.

[18] Viswanath K, Tafti D K. Effect of stroke deviation on forward flapping flight. AIAA Journal, 2013, 51(1): 145-160.

[19] Lehmann F O, Pick S. The aerodynamic benefit of wing-wing interaction depends on stroke trajectory in flapping insect wings. Journal of Experimental Biology, 2007, 210(8): 1362-1377.

[20] Cattafesta L N, Sheplak M. Actuators for active flow control. Annual Review of Fluid Mechanics, 2011, 43: 247-272.

[21] Kotapati R B, Mittal R, Marxen O, et al. Nonlinear dynamics and synthetic-jet-based control of a canonical separated flow. Journal of Fluid Mechanics, 2010, 654: 65-97.

[22] Monir H E, Tadjfar M, Bakhtian A. Tangential synthetic jets for separation control. Journal of Fluids and Structures, 2014, 45: 50-65.

[23] Greenblatt D, Schulman M, Ben-Harav A. Vertical axis wind turbine performance enhancement using plasma actuators. Renewable Energy, 2012, 37(1): 345-354.

[24] Wang C, Tang H. Enhancement of aerodynamic performance of a heaving airfoil using synthetic-jet based active flow control. Bioinspiration & Biomimetics, 2018, 13: 046005.

第 6 章　多扑翼集群的能量采集系统

6.1　串列双扑翼的能量采集系统

人们经常可以在自然界中观察到尾流效应现象，最典型的例子就是鱼类[1]和鸟类[2]的集群行为。这些动物能够感受到下游尾流中的压力不连续性，所以它们从来流中选择有利的动力学条件[3,4]。因此，为了减小钝体阻力或提高扑翼推力，在工程应用中广泛使用物体间的尾流效应[5-7]。通过对尾迹流场的研究发现，尾流中的物体可以吸收来自上游物体脱落涡的能量[8,9]。

虽然尾流效应已被广泛应用于扑翼推力的改善，但它很少被用于扑翼能量采集系统。因此，本节对旋转辅助翼与半主动式扑翼能量采集系统之间的尾流效应开展研究。双翼按照串列的形式排列，其中辅助翼在前、扑翼在后，具体考察扑翼的运动频率、双翼间距和双翼运动相位差的影响。选用二维 NACA0015 翼型作为扑翼和辅助翼的外形，其弦长分别为 c 和 $0.5c$。

如图 6.1 所示，对于半主动式扑翼，运动控制方程为[10]

$$\theta(t) = \theta_m \cos(2\pi f t) \tag{6.1}$$

$$m\frac{\mathrm{d}^2 h(t)}{\mathrm{d}t^2} + b\frac{\mathrm{d}h(t)}{\mathrm{d}t} + kh(t) = F_y \tag{6.2}$$

式中，$\theta(t)$ 为扑翼的瞬时俯仰角；t 为时间；θ_m 为扑翼的俯仰幅值；f 为扑翼运动的频率；m 为扑翼的质量；b 和 k 分别为阻尼系数和弹簧常数；F_y 为作用在扑翼上的升力。

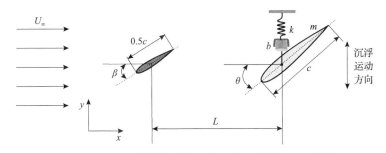

图 6.1　上游有旋转辅助翼的半主动式扑翼运动示意图

在本节的研究中,扑翼的俯仰轴位于距离前缘 $c/3$ 处。定义约化频率为 $f^*=fc/U_\infty$。基于来流速度 U_∞ 和扑翼弦长 c,定义雷诺数为 $Re=\rho_\infty U_\infty c/\mu$,这里 ρ_∞ 为来流密度,μ 为流体的运动黏性系数。定义三个无量纲参数,分别为无量纲质量 m^*、无量纲阻尼系数 b^* 和无量纲弹簧常数 k^*,即

$$\begin{cases} m^* = \dfrac{2m}{\rho_\infty c^2} \\ b^* = \dfrac{2b}{\rho_\infty U_\infty c} \\ k^* = \dfrac{2k}{\rho_\infty U_\infty^2} \end{cases} \tag{6.3}$$

在本节的研究中,使用的优化结构参数组合为 $m^*=1$、$k^*=1$ 和 $b^*=\pi$。此外,辅助翼绕其中心做旋转运动的控制方程为

$$\beta(t) = \beta_m \cos(2\pi ft + \varphi) \tag{6.4}$$

式中,$\beta(t)$ 为辅助翼的瞬时旋转角;β_m 为辅助翼的旋转幅值;φ 为扑翼俯仰运动与辅助翼旋转运动之间的相位差。

在初始状态下,扑翼的俯仰轴与辅助翼的中心位于同一水平线上,它们之间的水平距离为 L。在本研究中,设定 $\beta_m=\theta_m$。

当扑翼处于能量采集状态时,瞬时能量采集是沉浮运动采集的能量 P_h 和俯仰运动消耗的能量 P_θ 之和。此外,为了驱动辅助翼,需要输入能量 P_i[11]。因此,总采集能量(也称净采集能量)P_o 为

$$P_o = F_y \frac{dh(t)}{dt} - M \frac{d\theta(t)}{dt} - \int_{af} \boldsymbol{F}_{af} \cdot \boldsymbol{u}_{af} ds \tag{6.5}$$

式中,M 为对扑翼俯仰轴的力矩;$\boldsymbol{F}_{af}$ 为作用在辅助翼上的局部力;$\boldsymbol{u}_{af}$ 为相应的局部速度;ds 为无量纲弧长(由弦长 c 无量纲化)。

定义总能量系数 C_{op} 为

$$\begin{aligned} C_{op} &= \frac{2P_o(t)}{\rho_\infty U_\infty^3 c} = C_{ph} - C_{p\theta} - C_{pi} \\ &= \frac{1}{U_\infty}\left(c_l \frac{dh(t)}{dt} - c_m \frac{d\theta(t)c}{dt} - \int_{af} c_{af} \cdot \boldsymbol{u}_{af} ds \right) \end{aligned} \tag{6.6}$$

它在一个周期 T 内的平均值为

$$\bar{C}_{op} = \bar{C}_{ph} - \bar{C}_{p\theta} - \bar{C}_{pi}$$

$$= \frac{1}{T} \int_t^{t+T} \left(c_l \frac{V_y(t)}{U_\infty} - c_m \frac{\Omega(t)c}{U_\infty} - \frac{\int_{af} \boldsymbol{c}_{af} \cdot \boldsymbol{u}_{af} \mathrm{d}s}{U_\infty} \right) \mathrm{d}t \qquad (6.7)$$

式中，c_l 和 c_m 分别为升力系数和力矩系数；c_{af} 为局部力系数。

为了评估系统的能量采集效率，可以用一个周期内扑翼采集的能量 $\bar{P}$ 与流过扑翼运动区域所包含的总能量 P_a 的比值来表示[12]，即

$$\eta = \frac{\bar{P}}{P_a} = \frac{2\bar{P}}{\rho_\infty U_\infty^3 d} = \bar{C}_{op} \frac{c}{d} \qquad (6.8)$$

式中，d 为翼型的后缘所到达的最高点与最低点之间的距离。

由于湍流对能量采集性能的影响不大，本节的数值模拟考虑 $Re=1100$ 的层流情况，计算域是 $32c \times 24c$ 的矩形区域，其中每个翼型的加密区域是 $1.5c \times 2.5c$，加密区域网格步长 $\Delta h=0.00625c$。

6.1.1　运动频率的影响

为了研究运动频率的影响，本小节分别取双扑翼间距和相位差为 $L=2c$ 和 $\varphi=90°$，同时俯仰幅值取 $\theta_m=25°$ 和 $50°$。图 6.2 给出了不同 θ_m 下扑翼的平均沉浮能量系数 $\bar{C}_{ph}$、平均俯仰能量系数 $\bar{C}_{p\theta}$、平均辅助翼能量系数 $\bar{C}_{pi}$、平均总能量系数 $\bar{C}_{op}$ 和能量采集效率 η 随约化频率 f^* 的变化曲线，为了做对比，图中还包括相同运动参数下单扑翼的结果。如图 6.2(a) 所示，单扑翼和 $\theta_m=25°$ 下双扑翼的 $\bar{C}_{ph}$（分别记为 $\bar{C}_{ph,s}$ 和 $\bar{C}_{ph,a}$）随着 f^* 的增大均单调上升。但当 $f^* \leqslant 0.2$ 时，$\theta_m=50°$ 下的 $\bar{C}_{ph,a}$ 仅有轻微变化。随着 f^* 继续增大，$\bar{C}_{ph,a}$ 开始上升，并在 $f^*=0.28$ 时达到最大值。在此之后，$\bar{C}_{ph,a}$ 开始下降。这表明上游辅助翼能在高俯仰幅值情况下改变扑翼的能量采集性能。另外，当 $f^* \leqslant 0.22$ 时，$\theta_m=25°$ 下的 $\bar{C}_{ph,a}$ 小于 $\bar{C}_{ph,s}$。但是，对于所有的 f^*，$\theta_m=50°$ 下的 $\bar{C}_{ph,a}$ 均小于 $\bar{C}_{ph,s}$。如图 6.2(b) 所示，单扑翼 $\bar{C}_{p\theta}$（记为 $\bar{C}_{p\theta,s}$）的变化趋势与 $\bar{C}_{ph,s}$ 类似，双扑翼的 $\bar{C}_{p\theta}$（记为 $\bar{C}_{p\theta,a}$）随着 f^* 的增大先上升再下降，最后再上升。此外，对于所有的 f^*，$\theta_m=25°$ 下的 $\bar{C}_{p\theta,a}$ 均小于 $\bar{C}_{p\theta,s}$。而当 $f^* \leqslant 0.22$ 时，$\theta_m=50°$ 下的 $\bar{C}_{p\theta,a}$ 大于 $\bar{C}_{p\theta,s}$。

如图 6.2(c) 所示，随着 f^* 的增大，$\bar{C}_{pi}$ 先上升再下降。同时，与 $\bar{C}_{ph}$ 和 $\bar{C}_{p\theta}$ 相比，$\bar{C}_{pi}$ 的量级更小，表明驱动辅助翼消耗的能量相对比较少。由于 $\bar{C}_{ph}$、$\bar{C}_{p\theta}$ 和 $\bar{C}_{pi}$ 的变化趋势不尽相同，$\bar{C}_{op}$ 的变化趋势比较复杂，如图 6.2(d) 所示。随着 f^* 的增

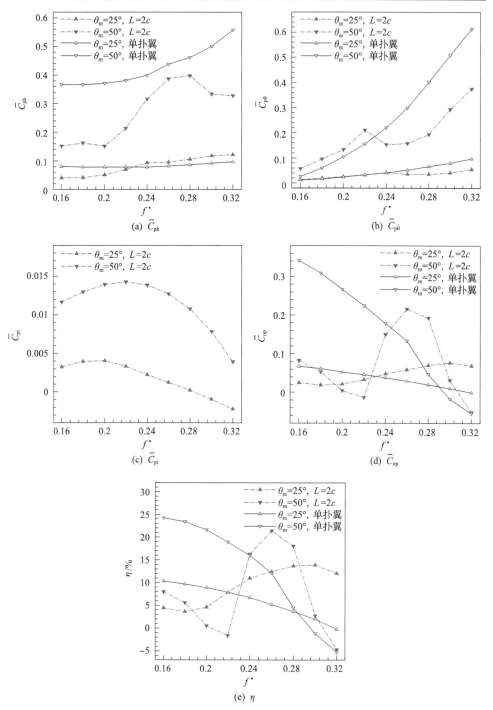

图 6.2　不同 θ_m 下扑翼的 $\bar{C}_{ph}$、$\bar{C}_{p\theta}$、$\bar{C}_{pi}$、$\bar{C}_{op}$ 和 η 随 f^* 的变化曲线

大，单扑翼的 $\bar{C}_{op}$ 单调下降，而双扑翼的 $\bar{C}_{op}$ 则先下降再上升，最后再下降。此外，当 $f^{*} > 0.24$ 时，使用辅助翼能够提升 $\bar{C}_{op}$。如图 6.2(e) 所示，η 的变化趋势与 $\bar{C}_{op}$ 相似。

除了能量采集性能，使用辅助翼也会影响扑翼周围的流场结构。图 6.3 给出了一个运动周期内 $\theta_{m}=50°$ 下 $f^{*}=0.18$、0.24 和 0.32 时扑翼的瞬时涡量云图。当 $t/T=1/4$ 时，扑翼到达俯仰运动的中间位置，且辅助翼的瞬时旋转角最大。对于 $f^{*}=0.18$（见图 6.3(a)），一对从辅助翼上脱落的涡与扑翼的前缘涡相互作用，它们停留在扑翼下方；对于 $f^{*}=0.24$（见图 6.3(b)），从辅助翼上脱落的涡将与扑翼的前缘相互作用；对于 $f^{*}=0.32$（见图 6.3(c)），只有来自辅助翼的顺时针涡位于扑翼上方。

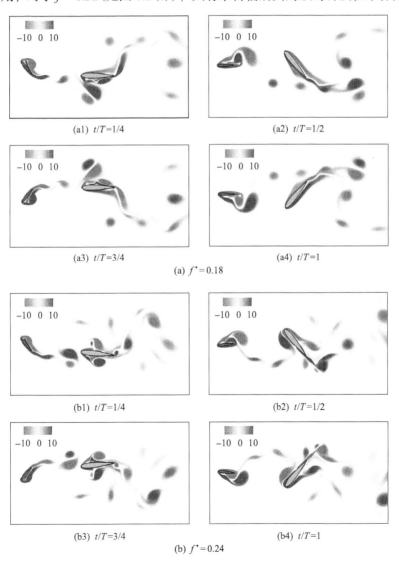

(a1) $t/T=1/4$ (a2) $t/T=1/2$

(a3) $t/T=3/4$ (a4) $t/T=1$

(a) $f^{*}=0.18$

(b1) $t/T=1/4$ (b2) $t/T=1/2$

(b3) $t/T=3/4$ (b4) $t/T=1$

(b) $f^{*}=0.24$

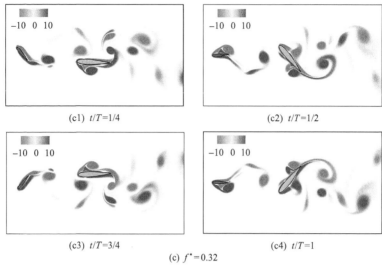

(c1) t/T=1/4　　　　　　　　　　　(c2) t/T=1/2

(c3) t/T=3/4　　　　　　　　　　　(c4) t/T=1

(c) f^*=0.32

图 6.3　不同 f^* 时一个运动周期内扑翼的瞬时涡量云图

当 t/T=1/2 时，扑翼的瞬时俯仰角最大，辅助翼回到中间位置。对于 f^*=0.18，扑翼和辅助翼之间没有明显的涡相互作用；对于 f^*=0.24 时，扑翼和辅助翼之间的涡相互作用已经发生，并且逆时针前缘涡正沿着扑翼的下表面发展；对于 f^*=0.32，一个来自辅助翼的逆时针涡正接近扑翼，而一对后缘涡已经形成。后半周期的流场结构与前半周期的流场结构是对称的，随着 f^* 的增加，可以发现类似的变化趋势。

因此，运动频率对上游有辅助翼的半主动式扑翼的性能有很大的影响。当运动频率较小或较大时，扑翼的能量采集效率较低；当运动频率中等时，扑翼的能量采集效率较高。这些结果是由辅助翼对扑翼的尾流效应引起的。

6.1.2　双扑翼间距的影响

为了研究双扑翼间距的影响，本小节仅考虑 θ_m=50° 的情况，因为在该俯仰幅值下改变约化频率，扑翼的能量采集性能会发生显著变化。同时，相位差仍固定在 φ=90°，三个约化频率仍取 f^*=0.18、0.24 和 0.32。图 6.4 给出了不同 f^* 下扑翼的 $\bar{C}_{ph}$、$\bar{C}_{p0}$、$\bar{C}_{pi}$、$\bar{C}_{op}$ 和 η 随双扑翼间距 L 的变化曲线，其中包括相同运动参数下单扑翼的结果。

如图 6.4(a) 所示，$\bar{C}_{ph}$ 随 L 的变化并不是单调的，表明尾流中的扑翼在不同 L 下或多或少能采集到能量。此外，使用辅助翼会降低不同 f^* 下扑翼的能量采集性能。如图 6.4(b) 所示，$\bar{C}_{p0}$ 的变化趋势与 $\bar{C}_{ph}$ 相似，唯一的区别是辅助翼使得扑翼的 $\bar{C}_{p0}$ 在某些 L 下大于单扑翼的结果。如图 6.4(c) 所示，$\bar{C}_{pi}$ 随 L 的变化很小，其量级也远小于 $\bar{C}_{ph}$ 或 $\bar{C}_{p0}$ 的量级。类似于 $\bar{C}_{ph}$ 和 $\bar{C}_{p0}$，$\bar{C}_{op}$ 和 η 的变化趋势也比较复杂，如图 6.4(d) 和 (e) 所示。另外，在中等距离和约化频率(即 L=2.5c 和 f^*=0.24)

下，$\overline{C}_{op}$ 和 η 都能达到最大值。

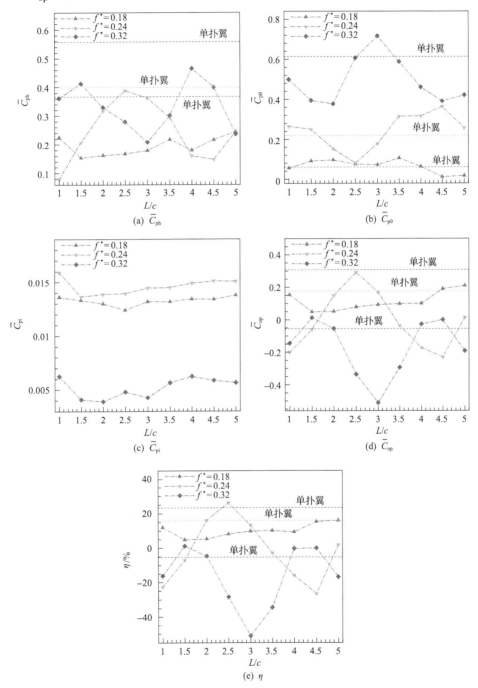

图 6.4　不同 f^* 下扑翼的 $\overline{C}_{ph}$、$\overline{C}_{p\theta}$、$\overline{C}_{pi}$、$\overline{C}_{op}$ 和 η 随 L 的变化曲线

与运动频率的效果类似，改变扑翼与辅助翼之间的距离也会产生不同的流场结构。图 6.5 给出了一个运动周期内 f^*=0.24 下 L=1.5c、2.5c 和 4.5c 时扑翼的瞬时压强系数等值线。

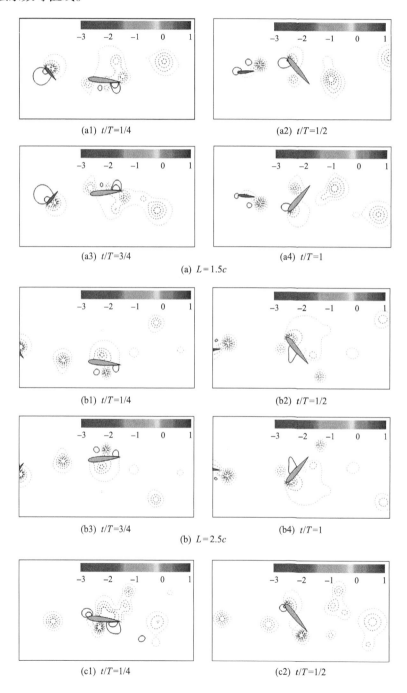

(a1) t/T=1/4　　　　　　　　　　　　　(a2) t/T=1/2

(a3) t/T=3/4　　　　　　　　　　　　　(a4) t/T=1

(a) L=1.5c

(b1) t/T=1/4　　　　　　　　　　　　　(b2) t/T=1/2

(b3) t/T=3/4　　　　　　　　　　　　　(b4) t/T=1

(b) L=2.5c

(c1) t/T=1/4　　　　　　　　　　　　　(c2) t/T=1/2

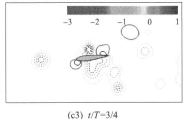 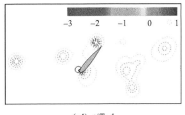

(c3) $t/T=3/4$　　　　　　　　　　　　　　　　(c4) $t/T=1$

(c) $L=4.5c$

图 6.5　不同 L 时一个运动周期内扑翼的瞬时压强系数等值线

对于 $L=1.5c$（见图 6.5（a）），当 $t/T=1/4$ 时，扑翼后缘上表面附近形成了一个低压区。当 L 变为 $2.5c$（见图 6.5（b））时，该低压区向扑翼前缘移动。同时，在扑翼中段的下表面形成了另一个低压区。对于 $L=4.5c$（见图 6.5（c）），两个低压区在一定程度上有所扩大，而在扑翼前缘的上表面周围形成一个高压区。对于 $L=1.5c$ 和 $4.5c$，当俯仰角在 $t/T=1/2$ 达到最大值时，扑翼前缘下表面附近出现了一个高压区；但对于 $L=2.5c$，这个高压区停留在扑翼中段的下表面。另外，对于三个不同的 L，沿着扑翼前缘上表面附近有类似的低压区。在接下来的后半周期内，流场结构与前半周期内的流场结构是对称的。

因此，双扑翼间距对半主动式扑翼的性能也有很大的影响。随着间距的增加，扑翼的能量采集效率既会增加也会降低，这是由沿扑翼表面压强的重新分布引起的。

6.1.3　双扑翼运动相位差的影响

除了运动频率和双扑翼间距外，控制扑翼与辅助翼之间相对运动的相位差也起着重要的作用。为了检验它的影响，本小节分别把俯仰幅值和约化频率固定在 $\theta_m=50°$ 和 $f^*=0.24$，选择三个双扑翼间距，即 $L=1.5c$、$2.5c$ 和 $4.5c$。图 6.6 给出了扑翼的 $\bar{C}_{ph}$、$\bar{C}_{p\theta}$、$\bar{C}_{pi}$、$\bar{C}_{op}$ 和 η 随双扑翼运动相位差 φ 的变化曲线，其中包括相同运动参数下单扑翼的结果。可以看出，与 f^* 和 L 相似，扑翼的能量采集性能对 φ 的变化也不是单调的，它在 $0°\leqslant\varphi\leqslant360°$ 范围内是周期性变化的。如图 6.6（a）所示，对于 $L=1.5c$ 和 $4.5c$，$\bar{C}_{ph}$ 随着 φ 的增大先增大后减小，当俯仰和旋转几乎反相时，$\bar{C}_{ph}$ 达到最大值。但对于 $L=2.5c$ 和 $4.5c$，$\bar{C}_{ph}$ 随 φ 的变化更为复杂。此外，在大部分情况下，辅助翼的 $\bar{C}_{ph}$ 小于单扑翼的 $\bar{C}_{ph}$。如图 6.6（b）所示，$\bar{C}_{p\theta}$ 随 φ 的变化趋势类似于一条谐波曲线，特别是当 $\varphi=180°$ 时，不同 L 下的 $\bar{C}_{p\theta}$ 都与单扑翼的 $\bar{C}_{p\theta}$ 很接近。如图 6.6（c）所示，$\bar{C}_{pi}$ 与 $\bar{C}_{p\theta}$ 的变化趋势相似。此外，$\bar{C}_{pi}$ 的量级仍远小于 $\bar{C}_{ph}$ 和 $\bar{C}_{p\theta}$ 的量级。因此，如图 6.6（d）和（e）所示，$\bar{C}_{op}$ 和 η 的变化趋势主要由 $\bar{C}_{ph}$ 和 $\bar{C}_{p\theta}$ 的组合决定。

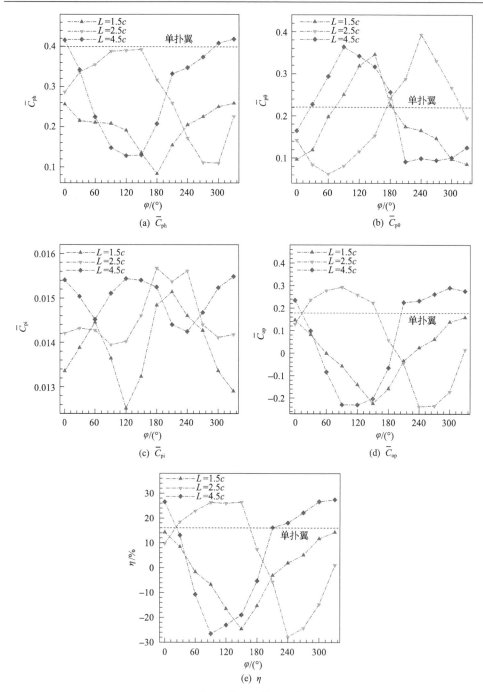

图 6.6 不同 L 下扑翼的 $\bar{C}_{ph}$、$\bar{C}_{p\theta}$、$\bar{C}_{pi}$、$\bar{C}_{op}$ 和 η 随 φ 的变化曲线

对于 $L=1.5c$、$2.5c$ 和 $4.5c$，$\bar{C}_{op}$ 的最大值分别为 0.16、0.293 和 0.291，对应

的 φ 值为 330°、90°和 300°。同时，η 的最大值分别为 14.43%、26.47%和 27.75%，对应的 φ 值分别为 330°、150°和 330°。与单扑翼结果（$\bar{C}_{op}$=0.18 和 η=15.9%）相比，辅助翼使得 $\bar{C}_{op}$ 和 η 在 L=2.5c 和 4.5c 时有所提高。因此，在给定运动频率下，提升扑翼能量采集性能的最佳相位差取决于扑翼和辅助翼之间的距离。

6.1.4　双翼提升能量采集效率的作用机理

为了探索尾流效应改变扑翼能量采集性能的机理，需要对力和力矩特性进行详细的分析。驱动辅助翼所需的能量比扑翼的能量采集和消耗要小得多，因此只需考察扑翼上的升力系数和力矩系数。为此，本小节考虑 θ_m=50°、f^*=0.24 和 L=2.5c 的情况，选择两个相位差，即 φ=150°（对应效率提升的情况）和 240°（对应效率降低的情况），同时考虑相同运动参数下单扑翼的情况作为参考。由式(6.6)可知，沉浮能量系数 C_{ph} 由升力系数 c_l 和无量纲沉浮速度 V_y/U_∞ 决定，而俯仰能量系数 $C_{p\theta}$ 由力矩系数 c_m 和无量纲俯仰速度 $\Omega c/U_\infty$ 决定。图 6.7 给出了一个运动周期内扑翼的 c_l、V_y/U_∞、c_m、$\Omega c/U_\infty$、C_{ph} 和 $C_{p\theta}$ 的时间历程曲线。

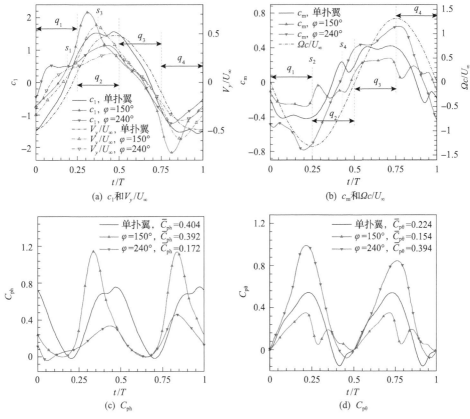

图 6.7　一个运动周期内扑翼的 c_l、V_y/U_∞、c_m、$\Omega c/U_\infty$、C_{ph} 和 $C_{p\theta}$ 的时间历程曲线

如图 6.7(a)所示，c_l 和 V_y/U_∞ 之间具有良好的同步性。因此，尽管 c_l 和 V_y/U_∞ 在一个周期内只有一个正的峰值，但 C_{ph} 有两个正的峰值，如图 6.7(c)所示。与单扑翼相比，上游的辅助翼对 c_l 有明显的影响。在第一个四分之一周期内（图 6.7(a)中记为 q_1），c_l 随着时间的推进而增大。其中，单扑翼的 c_l 几乎为负，而双扑翼的 c_l 在 $\varphi=150°$ 下部分为负，在 $\varphi=240°$ 下大部分为正。此外，单扑翼的 c_l 曲线总是低于双扑翼的 c_l 曲线。在第三个四分之一周期内（记为 q_3），c_l 随着时间的推进而减小，并且由正变负。同时，单扑翼的 c_l 曲线始终高于双扑翼的 c_l 曲线。在第二个四分之一周期内（记为 q_2），c_l 达到正的峰值。特别是在 $\varphi=150°$ 和 $240°$ 下，双扑翼 c_l 的峰值分别高于和低于单扑翼 c_l 的峰值。在第四个四分之一周期内（记为 q_4），c_l 出现了负的峰值。此外，c_l 峰值的分布与 q_2 时相反。与 c_l 类似，V_y/U_∞ 也受到辅助翼使用的影响。在整个运动周期内，V_y/U_∞ 的变化趋势与 c_l 基本一致。另外，使用辅助翼还改变了 c_l 和 V_y/U_∞ 之间的相位差，从而最终影响了 C_{ph}。因此，如图 6.7(c)所示，与单扑翼相比，$\bar{C}_{ph}$ 在 $\varphi=150°$（$\bar{C}_{ph}$ 从 0.404 略微降低到 0.392）和 $\varphi=240°$（$\bar{C}_{ph}$ 从 0.404 大幅降低到 0.172）下都出现了下降。

c_m 和 $\Omega c/U_\infty$ 之间在同步性方面也有很好的表现（见图 6.7(b)），这导致 $C_{p\theta}$ 再次出现两个正的峰值（见图 6.7(d)）。但与 c_l 相比，辅助翼对 $C_{p\theta}$ 的影响有一定的差异。在 q_1 和 q_3 内，$\varphi=150°$ 和 $240°$ 下双扑翼 c_m 的量级分别小于和大于单扑翼 c_m 的量级。而在 q_2 和 q_4 内，辅助翼对 c_m 的影响减弱。因此，如图 6.7(d)所示，与单扑翼相比，$\bar{C}_{p\theta}$ 在 $\varphi=150°$ 下出现了下降（$\bar{C}_{p\theta}$ 从 0.224 减小到 0.154），而在 $\varphi=240°$ 下出现了提升（$\bar{C}_{p\theta}$ 从 0.224 增大到 0.394）。

为了进一步研究 c_l 和 c_m 的变化规律，需要对扑翼周围的流场进行研究。图 6.8～图 6.11 分别给出了前半个运动周期内四个不同时刻（图 6.7(a)和(b)中记为 s_1～s_4）扑翼的瞬时涡量云图和压强系数等值线，图中的虚线表示沉浮运动的中间位置。

当 $t/T=3/16$ 时（即图 6.7(a)中的 s_1），扑翼以较小的沉浮速度离开了下行程的中间位置，同时以较大的角速度顺时针旋转。对于单扑翼（$c_l=0.061$ 和 $V_y/U_\infty=-0.118$），一个逆时针前缘涡沿着扑翼的下表面正在发展（见图 6.8(a)）。此时，几乎相同尺寸的负压区和正压区都出现在扑翼的下表面。同时，扑翼上表面的负压区大于正压区（见图 6.8(b)）。因此，扑翼的升力系数为正且量级小。对于 $\varphi=150°$（$c_l=0.451$ 和 $V_y/U_\infty=0.059$），一对来自辅助翼的涡正在接近扑翼前缘，使得在扑翼前方形成一个明显的负压区。同时，扑翼上表面的正压区尺寸有所减小。因此，由于负压区的抽吸效应，扑翼的升力系数明显增大。同时，抽吸效应还促进了扑翼的向下运动，从而提高了扑翼的沉浮速度。对于 $\varphi=240°$（$c_l=0.501$ 和 $V_y/U_\infty=0.129$），来自辅助翼的涡已经与扑翼的上表面相互作用。因此，上表面的压强减小，且负压区的尺寸扩大。与 $\varphi=150°$ 相同，升力系数也有较大的提高，且沉浮速度也有进一步的提高。同时，扑翼在此刻靠近沉浮运动的中间位置。

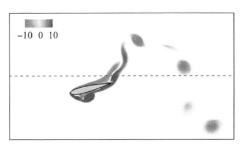

(a1) 单扑翼

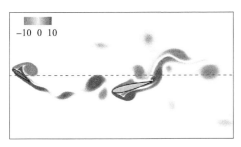

(a2) $\varphi = 150°$

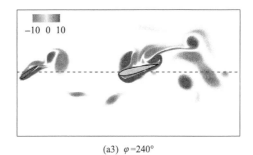

(a3) $\varphi = 240°$

(a) 瞬时涡量云图

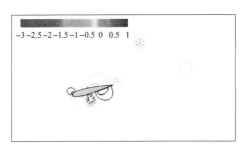

(b1) 单扑翼

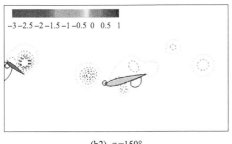

(b2) $\varphi = 150°$

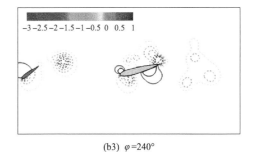

(b3) $\varphi = 240°$

(b) 瞬时压强系数等值线

图 6.8　$t/T = 3/16$ 时刻扑翼的瞬时涡量云图和瞬时压强系数等值线

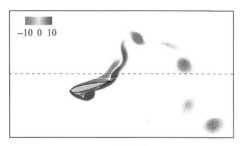

(a1) 单扑翼

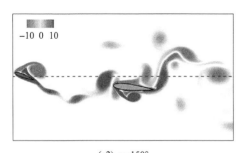

(a2) $\varphi=150°$

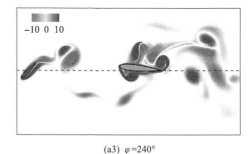

(a3) $\varphi=240°$

(a) 瞬时涡量云图

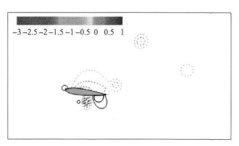

(b1) 单扑翼

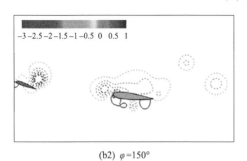

(b2) $\varphi=150°$

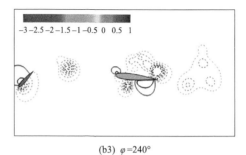

(b3) $\varphi=240°$

(b) 瞬时压强系数等值线

图 6.9　t/T=1/4 时刻扑翼的瞬时涡量云图和瞬时压强系数等值线

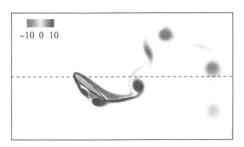

(a1) 单扑翼

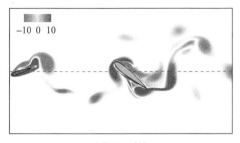

(a2) $\varphi = 150°$

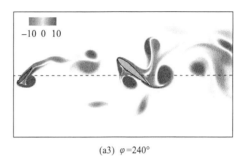

(a3) $\varphi = 240°$

(a) 瞬时涡量云图

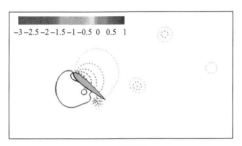

(b1) 单扑翼

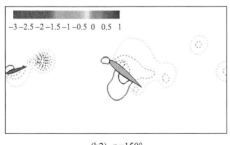

(b2) $\varphi = 150°$

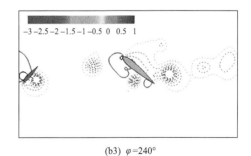

(b3) $\varphi = 240°$

(b) 瞬时压强系数等值线

图 6.10　$t/T = 3/8$ 时刻扑翼的瞬时涡量云图和瞬时压强系数等值线

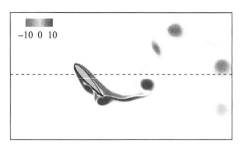

(a1) 单扑翼

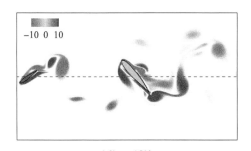

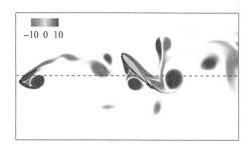

(a2) φ=150°　　　　　　　　　　　　　　　　(a3) φ=240°

(a) 瞬时涡量云图

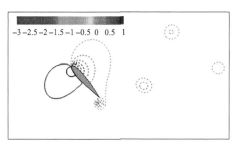

(b1) 单扑翼

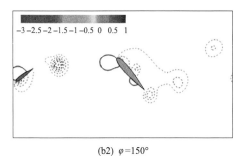

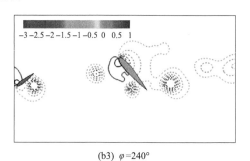

(b2) φ=150°　　　　　　　　　　　　　　　　(b3) φ=240°

(b) 瞬时压强系数等值线

图 6.11　t/T=7/16 时刻扑翼的瞬时涡量云图和瞬时压强系数等值线

当 $t/T=1/4$ 时(即图 6.7(b)中的 s_2),扑翼刚好完成下行程并将向上运动。此时,扑翼的俯仰速度最大($\Omega c/U_\infty=-1.315$)。对于单扑翼($c_m=-0.404$),逆时针前缘涡开始从扑翼的下表面脱落,并试图与扑翼后缘相互作用(见图 6.9(a))。此时,在扑翼前缘上表面和后缘下表面周围分别形成了两个正压区(见图 6.9(b))。同时,扑翼后缘正压区的尺寸大于前缘正压区的尺寸,这意味着扑翼产成了一个逆时针力矩。对于 $\varphi=150°$($c_m=-0.177$),来自辅助翼的顺时针涡正与扑翼前缘相互作用,随后靠近扑翼前缘上表面的正压区移至前缘的下表面,同时在上表面周围形成一个尺寸较大的负压区。因此,扑翼负力矩的量级减小了。对于 $\varphi=240°$($c_m=-0.707$),来自辅助翼的涡正沿着扑翼上表面向后缘移动,同时一个逆时针涡正在离开扑翼后缘。这样,扑翼前缘上表面附近的正压区在一定程度上得到了加强,同时在扑翼后缘上表面周围形成一个负压区。因此,扑翼上负力矩的量级显著增加了。

当 $t/T=3/8$ 时(即图 6.7(a)中的 s_3),扑翼以较大的沉浮速度正向着上行程的中间位置移动,同时以逆时针方向旋转。对于单扑翼($c_l=1.529$ 和 $V_y/U_\infty=0.442$),脱落的逆时针前缘涡正与扑翼后缘相互作用(见图 6.10(a))。同时,扑翼下表面的正压区尺寸大于负压区尺寸,并且扑翼上表面仅有一个负压区(见图 6.10(b))。因此,扑翼上能产生较大的正升力系数。对于 $\varphi=150°$($c_l=1.621$ 和 $V_y/U_\infty=0.577$),来自辅助翼的逆时针涡已经与扑翼前缘完全相互作用,使得扑翼下表面某一段区域内的压强得到了增强。结果表明,扑翼的正升力系数和沉浮速度都有不同程度的提高。对于 $\varphi=240°$($c_l=1.088$ 和 $V_y/U_\infty=0.263$),一对来自辅助翼的新形成的涡正在向扑翼靠近。同时,扑翼下表面形成了一个负压区,从而降低了扑翼的正升力系数和沉浮速度。

当 $t/T=7/16$ 时(即图 6.7(b)中的 s_4),扑翼处于上行程中间位置附近,且俯仰速度相对较小($\Omega c/U_\infty=-0.503$)。对于单扑翼($c_m=0.214$),涡已完成了与扑翼后缘的相互作用(见图 6.11(a))。同时,在扑翼前缘上表面和后缘下表面周围分别形成两个负压区(见图 6.11(b))。因此,扑翼产生了顺时针力矩。对于 $\varphi=150°$($c_m=-0.114$),另一对新的涡刚刚从辅助翼上脱落。同时,两个负压区的强度显著减弱,甚至使得正的力矩变为负的。对于 $\varphi=240°$($c_m=0.11$),这对涡非常接近扑翼。同时,扑翼后缘下表面附近的负压区向前缘微移。结果,扑翼上的正力矩在一定程度上有所减小。

因此,由于在上游使用了辅助翼,由力矩减小导致的能量消耗降低是提高扑翼能量采集效率的关键。

6.2 并列三扑翼的能量采集系统

对于运动物体，如游动的鱼和拍动的鸟/昆虫翅膀，人们经常可以观察到非定常流动分离和旋涡脱落等现象[13,14]。当把一个物体放置在另一个物体的尾流中时，来自主物体的涡可能会与来自次级物体的涡发生相互作用。其中，诱导的涡相互作用有不同的用途。对于钝体绕流，通常采用小圆柱或分流板产生涡的相互作用来抑制钝体的涡脱落或涡激振动[15,16]。除此之外，涡的相互作用也有利于运动的物体，其中一个典型的例子是改进扑翼的推进性能。Webb 等[17]的研究表明，当两条鱼交错排列游动时，它们的能量消耗降低。随后，Bao 等[18]对该问题进行了详细的研究。Gopalkrishnan 等[19]的研究表明，位于振荡 D 形截面圆柱尾迹中的扑翼能消耗更少的能量。此外，当昆虫[20]或鸟类[21]在起飞或靠近地面飞行时，涡相互作用会提高它们的升力。

除应用于扑翼的推进外，涡相互作用还能用于多扑翼采集能量系统中。例如，Kinsey 等[22]指出，在特定的操作参数范围内，上游扑翼和下游扑翼均可以获得比单扑翼更高的能量采集效率。然而，在多扑翼系统中，每个扑翼都用来采集能量，效率提高的潜在机制仍有待探索。此外，虽然使用多个扑翼可以采集到更多的能量，但同时操作多个扑翼采集能量并不容易。其中一个原因是，为了使所有扑翼都能有较高的能量采集效率，扑翼的操作参数就变得非常敏感。因此，为了避免现有的基于多扑翼能量采集系统的局限性，同时应用涡的相互作用，一种可行的方法是放宽对多扑翼的约束。具体是，利用其中的一个扑翼采集能量，而其他扑翼只用来产生涡的相互作用。受此启发，本节对半主动式扑翼能量采集系统中诱导涡相互作用的影响进行研究。两个辅助翼分别放置在扑翼的上方和下方。因此，该系统能够诱导出三翼之间的涡相互作用。与以往的研究工作[22]不同，本节研究中的辅助翼不参与能量采集。由于旋转运动消耗的额外能量相对较少，采用这种运动模式驱动两个辅助翼。另外，为了同时减少额外的能量消耗并产生有效的涡相互作用，辅助翼的尺寸要小于扑翼的尺寸。因此，本节选用二维 NACA0015 翼型作为扑翼和辅助翼的外形，其弦长分别为 c 和 $0.5c$，考察辅助翼间距、俯仰运动频率及旋转运动和俯仰运动相位差的影响。

如图 6.12 所示，对于半主动式扑翼，运动控制方程与式(6.1)和式(6.2)相同。同样地，扑翼的俯仰轴位于距离前缘 $c/3$ 处，使用的优化结构参数组合为 $m^*=1$、$k^*=1$ 和 $b^*=\pi$。辅助翼绕其中心做旋转运动的控制方程与式(6.4)相同。扑翼的俯仰轴与辅助翼的中心在同一垂直线上，两个辅助翼中心之间的距离为 D。在本节的研究中，除非特别说明，同样设定 $\beta_m=\theta_m$。此外，俯仰幅值取 $\theta_m=15°$、$30°$和 $45°$。

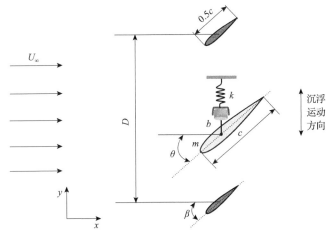

图 6.12　包含上下两个旋转辅助翼的半主动式扑翼运动示意图

扑翼的总能量系数 C_{op} 为

$$
\begin{aligned}
C_{op} &= C_{ph} - C_{p\theta} - C_{pi} \\
&= \frac{1}{U_\infty}\left(c_l \frac{dh(t)}{dt} - c_m \frac{d\theta(t)c}{dt} - \sum_{n=1}^{2}\int_{af} \boldsymbol{c}_{af,n} \cdot \boldsymbol{u}_{af,n} ds\right)
\end{aligned}
\tag{6.9}
$$

它在一个周期 T 内的平均值为

$$
\begin{aligned}
\overline{C}_{op} &= \overline{C}_{ph} - \overline{C}_{p\theta} - \overline{C}_{pi} \\
&= \frac{1}{T}\int_{t}^{t+T}\left(c_l \frac{V_y(t)}{U_\infty} - c_m \frac{\Omega(t)c}{U_\infty} - \frac{\displaystyle\sum_{n=1}^{2}\int_{af}\boldsymbol{c}_{af,n}\cdot\boldsymbol{u}_{af,n}ds}{U_\infty}\right)dt
\end{aligned}
\tag{6.10}
$$

式中，$\overline{C}_{op}$ 为平均总能量系数；$\overline{C}_{ph}$ 为平均沉浮能量系数；$\overline{C}_{p\theta}$ 为平均俯仰能量系数；$\overline{C}_{pi}$ 为平均辅助翼能量系数；c_l 和 c_m 分别为升力系数和力矩系数；$\boldsymbol{c}_{af,n}$ 为某个辅助翼的局部力系数；$\boldsymbol{u}_{af,n}$ 为相应的局部速度。

此外，扑翼的能量采集效率与式 (6.8) 相同。本节考虑 $Re=1100$ 的情况，计算域是 $32c\times24c$ 的矩形区域，其中每个扑翼周围加密区域的尺寸是 $1.5c\times2.5c$，加密区域的网格步长 $\Delta h=0.00625c$。

6.2.1　辅助翼间距的影响

为了研究辅助翼间距的影响，本小节分别取约化频率和相位差为 $f^*=0.18$ 和 $\varphi=90°$。图 6.13 给出了扑翼的平均沉浮能量系数 $\overline{C}_{ph}$、平均俯仰能量系数 $\overline{C}_{p\theta}$、平

均辅助翼能量系数 $\bar{C}_{pi}$ 和能量采集效率 η 随辅助翼间距 D 的变化曲线。为了做对比，图 6.13 中还包括相同运动参数下单扑翼的结果。

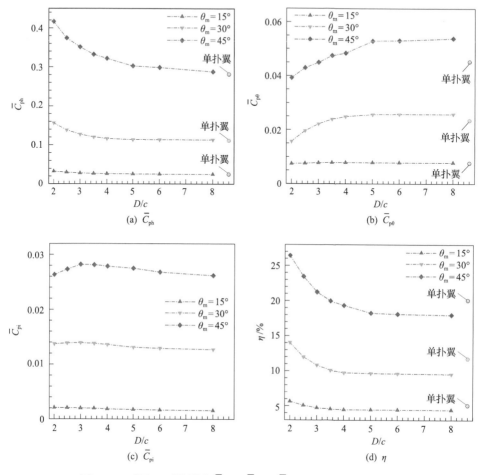

图 6.13　不同 θ_m 下扑翼的 $\bar{C}_{ph}$、$\bar{C}_{p\theta}$、$\bar{C}_{pi}$ 和 η 随 D 的变化曲线

如图 6.13(a)所示，$\bar{C}_{ph}$ 随着 D 的增大单调下降，说明强的涡相互作用会使沉浮运动采集到更多能量。当 $D/c=8$ 时，$\bar{C}_{ph}$ 仍然略大于单扑翼的结果。与 $\bar{C}_{ph}$ 不同，$\bar{C}_{p\theta}$ 随 D 的增大单调上升，如图 6.13(b)所示。这意味着，两个辅助翼靠得越近，扑翼消耗的能量越少。同时，单扑翼的 $\bar{C}_{p\theta}$ 大于 $D/c=2$ 下的 $\bar{C}_{p\theta}$，但小于 $D/c=8$ 下的 $\bar{C}_{p\theta}$。但是，$\bar{C}_{p\theta}$ 的量级远小于 $\bar{C}_{ph}$ 的量级。如图 6.13(c)所示，$\bar{C}_{pi}$ 仅随 D 的增大轻微变化，且它的量级也远小于 $\bar{C}_{ph}$ 的量级。因此，扑翼的总能量采集主要受到沉浮运动的影响，η 的变化趋势与 $\bar{C}_{ph}$ 类似，如图 6.13(d)所示。另外，由于需要能量驱动两个辅助翼，当 $D/c>2$ 时，三扑翼的 η 小于单扑翼的结果。

　　除了能量采集性能，使用两个辅助翼也会影响扑翼周围的流场结构。图 6.14 给出了一个运动周期内 θ_{m}=45° 下 D/c=2、3 和 5 时扑翼的瞬时涡量云图。对于 D/c=2（见图 6.14(a)），从扑翼脱落的涡分别在 t/T=1/4 和 3/4 时刻与上辅助翼和下辅助翼发生剧烈的相互作用。而在 D/c=3 的情况下（见图 6.14(b)），涡的相互作用明显减弱，这也导致扑翼俯仰轴的最大位移减小。对于 D/c=5（见图 6.14(c)，没有显示出两个辅助翼），涡相互作用的影响几乎可以忽略不计，此时扑翼的流场结构与单扑翼的流场结构很接近。

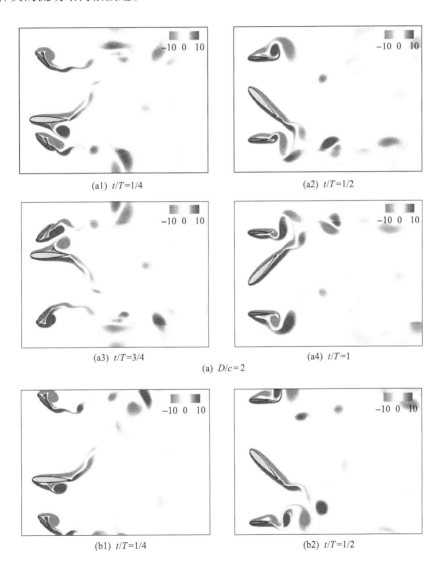

(a1) t/T=1/4　　　　　　　　　(a2) t/T=1/2

(a3) t/T=3/4　　　　　　　　　(a4) t/T=1

(a) D/c=2

(b1) t/T=1/4　　　　　　　　　(b2) t/T=1/2

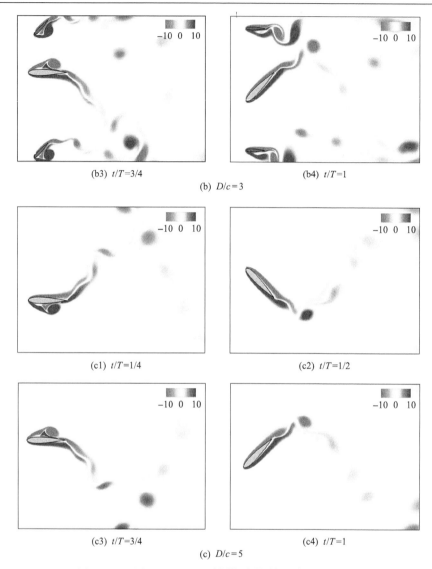

图 6.14　不同 D 时一个运动周期内扑翼的瞬时涡量云图

　　因此，辅助翼间距对半主动式扑翼的能量采集性能有显著的影响。当辅助翼靠近时，扑翼的沉浮能量采集增大，从而提高能量采集效率。其中，扑翼脱落的涡和辅助翼脱落的涡之间很强的相互作用是产生该结果的主要原因。

6.2.2　运动频率的影响

　　为了研究扑翼运动频率的影响，本小节把辅助翼间距固定在 $D/c=2$，这是因为在该间距下扑翼的能量采集性能很高。同时，相位差依然取 $\varphi=90°$。图 6.15 给

出了扑翼的 $\bar{C}_{ph}$、$\bar{C}_{p\theta}$、$\bar{C}_{pi}$ 和 η 随约化频率 f^* 的变化曲线，其中包括相同运动参数下单扑翼的结果。

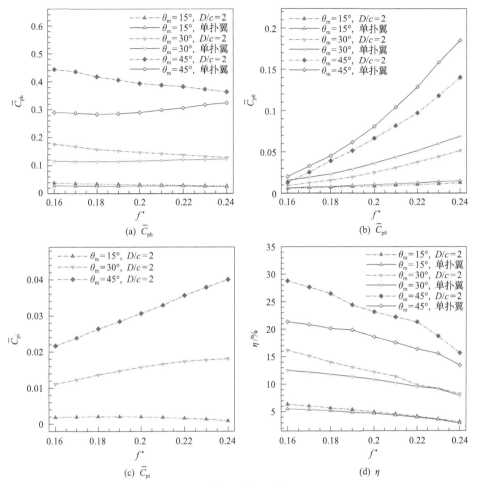

图 6.15　不同 θ_m 下扑翼的 $\bar{C}_{ph}$、$\bar{C}_{p\theta}$、$\bar{C}_{pi}$ 和 η 随 f^* 的变化曲线

如图 6.15(a) 所示，随着 f^* 的增大，三扑翼所有 θ_m 下的 $\bar{C}_{ph}$ 和单扑翼 $\theta_m=15°$ 下的 $\bar{C}_{ph}$ 均单调下降。但对于 $\theta_m=30°$ 和 45°，单扑翼的 $\bar{C}_{ph}$ 在 $f^* \geqslant 0.18$ 时随 f^* 的增大而上升。同时，对于给定的 f^*，三扑翼的 $\bar{C}_{ph}$ 总是大于单扑翼的 $\bar{C}_{ph}$。如图 6.15(b) 所示，随着 f^* 的增大，所有的 $\bar{C}_{p\theta}$ 均单调上升，而且三扑翼的 $\bar{C}_{p\theta}$ 总是小于单扑翼的 $\bar{C}_{p\theta}$。如图 6.15(c) 所示，在 $\theta_m=15°$ 下，$\bar{C}_{pi}$ 仅随 f^* 轻微变化。但在 $\theta_m=30°$ 和 45° 下，$\bar{C}_{pi}$ 随 f^* 的增大而上升。由于 $\bar{C}_{p\theta}$ 和 $\bar{C}_{pi}$ 的量级小于 $\bar{C}_{ph}$ 的量级，η 的变化趋势与 $\bar{C}_{ph}$ 类似，如图 6.15(d) 所示。此外，与单扑翼相比，使用两个辅助翼在 $\theta_m=45°$ 下总能提高扑翼的能量采集效率。

与辅助翼间距的效果类似，改变约化频率也会影响扑翼周围的流场结构。图 6.16 给出了一个运动周期内 $\theta_m=45°$ 下 f^*=0.16、0.2 和 0.24 时扑翼的瞬时压强系数等值线。

当 t/T=1/4 时，扑翼位于下辅助翼附近。对于 f^*=0.16（见图 6.16(a)），扑翼后缘附近形成了一个低压区。当 f^* 变为 0.2 时（见图 6.16(b)），该低压区沿着扑翼的下表面向上游移动。同时，扑翼上表面上方的压强也略有增强。对于 f^*=0.24（见图 6.16(c)），低压区进一步向上游推进，同时上表面压强进一步增强。当 t/T=3/4 时，随着 f^* 的增大，可以看出类似的变化趋势。而当 t/T=1/2 和 1 时，不同 f^* 下扑翼附近的压强场没有明显的变化。

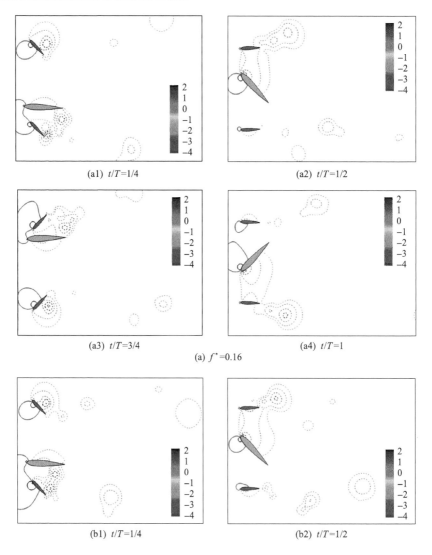

(a1) t/T=1/4   (a2) t/T=1/2

(a3) t/T=3/4   (a4) t/T=1

(a) f^*=0.16

(b1) t/T=1/4   (b2) t/T=1/2

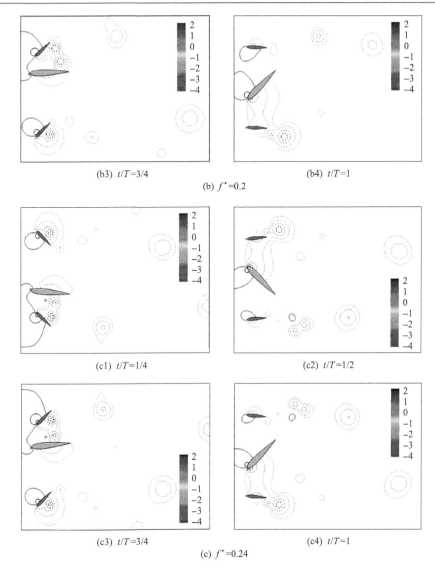

(b3) t/T=3/4　　　　　　　　　　　　(b4) t/T=1

(b) f^*=0.2

(c1) t/T=1/4　　　　　　　　　　　　(c2) t/T=1/2

(c3) t/T=3/4　　　　　　　　　　　　(c4) t/T=1

(c) f^*=0.24

图 6.16　不同 f^* 时一个运动周期内扑翼的瞬时压强系数等值线

　　因此，运动频率对半主动式扑翼的能量采集性能也有很大的影响。当运动频率增大时，扑翼的能量采集效率逐渐降低，这是由于压强沿扑翼表面重新分布。

6.2.3　运动相位差的影响

　　除了辅助翼间距和运动频率，控制扑翼与辅助翼之间相对运动的相位差也在能量采集中起着重要的作用。为了验证其效果，辅助翼间距和约化频率分别固定在 D/c=2 和 f^*=0.2。图 6.17 给出了扑翼的 $\bar{C}_{ph}$、$\bar{C}_{p0}$、$\bar{C}_{pi}$ 和 η 随相位差 φ 的变化曲线，其中包括相同运动参数下单扑翼的结果。

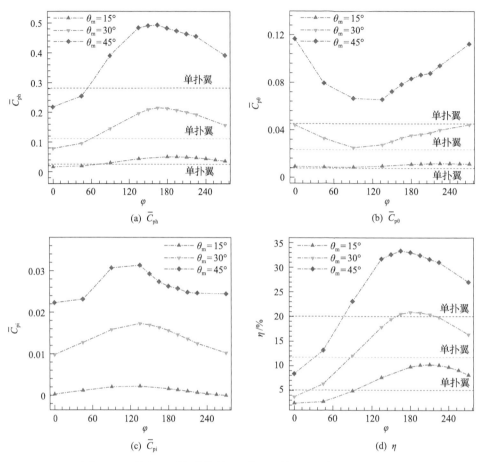

图 6.17　不同 θ_m 下扑翼的 $\overline{C}_{ph}$、$\overline{C}_{p\theta}$、$\overline{C}_{pi}$ 和 η 随 φ 的变化曲线

　　与 D 和 f^* 类似，扑翼的能量采集性能随 φ 的变化也不是单调的，它在 $0° \leqslant \varphi \leqslant 360°$ 的范围内呈现出周期性变化。如图 6.17(a) 所示，$\overline{C}_{ph}$ 随着 φ 的增大先增大后减小，最大值出现在俯仰和旋转接近反相位时。此外，三扑翼的 $\overline{C}_{ph}$ 仅在 $\varphi < 90°$ 下小于单扑翼的 $\overline{C}_{ph}$。相反，如图 6.17(b) 所示，$\overline{C}_{p\theta}$ 随着 φ 的增大先减小后增大，最小值出现在 $\varphi = 90°$ 附近。如图 6.17(c) 所示，$\overline{C}_{pi}$ 与 $\overline{C}_{p\theta}$ 的变化趋势相反。此外，$\overline{C}_{p\theta}$ 和 $\overline{C}_{pi}$ 的量级仍小于 $\overline{C}_{ph}$ 的量级。因此，如图 6.17(d) 所示，η 和 $\overline{C}_{ph}$ 的变化趋势几乎相同。同时，η 在 $\theta_m = 15°$、$30°$ 和 $45°$ 下的最大值分别为 10.35%、21% 和 33.44%，相应的 φ 值分别为 $210°$、$180°$ 和 $165°$。与单扑翼相比，η 分别提高了 120%、93% 和 79%。此外，由数值模拟结果(此处未给出)可知，最佳相位差与扑翼和辅助翼之间的距离无关。

在上述数值模拟中，辅助翼的旋转幅值与扑翼的俯仰幅值相同，即 $\beta_m=\theta_m$。为了进一步研究辅助翼旋转幅值对扑翼能量采集效率的影响，在 $D/c=2$ 和 $f^*=0.2$ 的情况下，本小节进一步模拟 β_m 从 15° 变化到 90° 的情况。同时，俯仰幅值取 $\theta_m=15°$、30° 和 45°，相位差的变化范围为 $0°\leqslant\varphi\leqslant270°$。总体上来说，更大的 β_m 能产生更高的 η。然而当 $\beta_m>60°$ 时，对于某些 φ 的取值，沉浮运动变成非周期性。此外，η 在 $\theta_m=15°$、30° 和 45° 下的最大值分别可进一步提高至 14.21%、28.03% 和 43.07%。

6.2.4　三翼提升能量采集效率的作用机理

为了揭示不同相位差下扑翼能量采集效率产生变化的机理，需要对其受力特性进行细致的分析。由于扑翼和辅助翼消耗的能量比扑翼采集到的能量少得多，只需考察升力系数。为此，本小节考虑 $\theta_m=45°$、$f^*=0.2$ 和 $D/c=2$ 的情况，选择两个相位差，即 $\varphi=180°$（对应效率提升的情况）和 $\varphi=0°$（对应效率降低的情况），同时考虑相同运动参数下单扑翼的情况作为参考。由式（6.9）可知，沉浮能量系数 C_{ph} 由升力系数 c_l 和无量纲沉浮速度 V_y/U_∞ 决定。图 6.18 给出了一个运动周期内扑翼的 c_l、V_y/U_∞ 和 C_{ph} 的时间历程曲线。

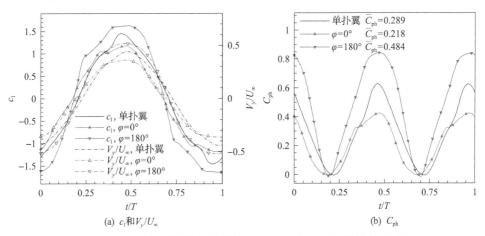

图 6.18　一个运动周期内扑翼的 c_l、V_y/U_∞ 和 C_{ph} 的时间历程曲线

如图 6.18(a)所示，c_l 和 V_y/U_∞ 之间具有良好的同步性，所以尽管 c_l 和 V_y/U_∞ 在一个周期内只有一个正的峰值，但是 C_{ph} 有两个正的峰值，如图 6.18(b)所示。与单扑翼相比，增加两个辅助翼后对 c_l 有明显的影响。在第一个和第四个四分之一周期内，辅助翼能在 $\varphi=0°$ 下产生量级较小的负 c_l，而在 $\varphi=180°$ 下增大负 c_l 的量级。在第二个和第三个四分之一周期内，正 c_l 在 $\varphi=180°$ 下总是大于单扑翼的结果，而大部分正 c_l 在 $\varphi=0°$ 下减小了。因此，与单扑翼相比，$\overline{C_{ph}}$ 在 $\varphi=0°$ 下出现了下降

（$\overline{C}_{ph}$ 从 0.289 减小到 0.218），在 φ=180° 下出现了提升（$\overline{C}_{ph}$ 从 0.289 增大到 0.484）。

　　为了深入研究 c_l 的变化，需要考察扑翼附近的流场。由于 c_l 在一个运动周期内的变化过程几乎是对称的，图 6.19～图 6.22 分别展示了在前半个运动周期内四个不同时刻扑翼的瞬时涡量云图和扑翼表面压强系数分布。

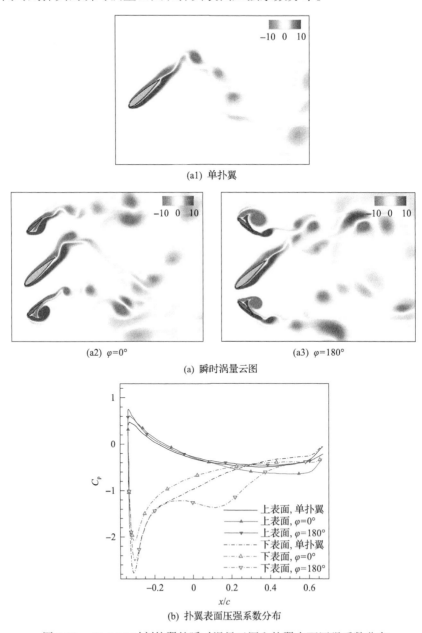

(a1) 单扑翼

(a2) φ=0°　　　　　　　　　(a3) φ=180°

(a) 瞬时涡量云图

(b) 扑翼表面压强系数分布

图 6.19　t/T=1/16 时刻扑翼的瞬时涡量云图和扑翼表面压强系数分布

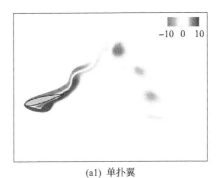

(a1) 单扑翼

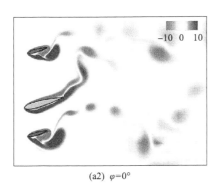

(a2) φ=0°

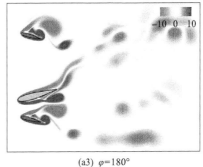

(a3) φ=180°

(a) 瞬时涡量云图

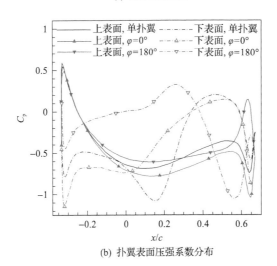

(b) 扑翼表面压强系数分布

图 6.20　t/T=3/16 时刻扑翼的瞬时涡量云图和扑翼表面压强系数分布

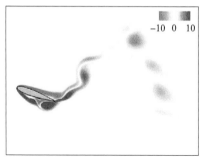

(a1) 单扑翼

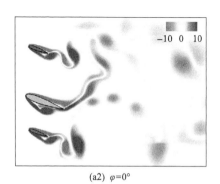

(a2) $\varphi=0°$　　　　　　　　　　　(a3) $\varphi=180°$

(a) 瞬时涡量云图

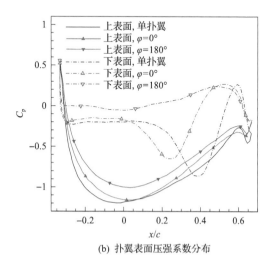

(b) 扑翼表面压强系数分布

图 6.21　$t/T=5/16$ 时刻扑翼的瞬时涡量云图和扑翼表面压强系数分布

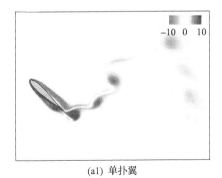

(a1) 单扑翼

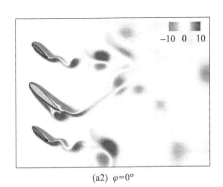

(a2) $\varphi=0°$

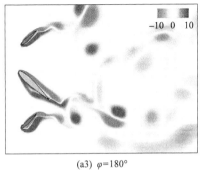

(a3) $\varphi=180°$

(a) 瞬时涡量云图

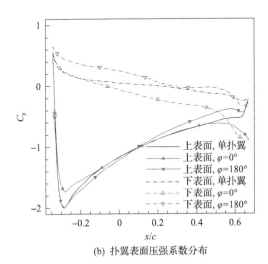

(b) 扑翼表面压强系数分布

图 6.22　$t/T=7/16$ 时刻扑翼的瞬时涡量云图和扑翼表面压强系数分布

当 $t/T=1/16$ 时，扑翼以较高的沉浮速度离开下行程的中间位置，同时以较低的角速度顺时针旋转。此时，一个逆时针前缘涡正沿着扑翼的下表面发展（见图 6.19(a)）。由于扑翼下表面的压强小于上表面的压强（见图 6.19(b)），扑翼产生了负升力。对于 $\varphi=0°$，下方的辅助翼也在顺时针旋转，使得扑翼与下辅助翼之间的相对速度较小，它可以减小扑翼周围的速度梯度，进而使得逆时针前缘涡被压缩了一些。因此，下表面的压强得到了增强。但对于 $\varphi=180°$，由于下辅助翼逆时针旋转，扑翼和下辅助翼之间的相对速度较大，所以扑翼周围的速度梯度也相应增强。接着，逆时针前缘涡在扑翼下表面的中部区域扩展，从而导致下表面压强降低。此外，辅助翼对扑翼上表面压强的影响很小。

当 $t/T=3/16$ 时，扑翼以较低的沉浮速度接近下行程的最低位置，且俯仰角接近于零。此时，逆时针前缘涡仍处于发展过程中（见图 6.20(a)）。扑翼下表面某部分的压强增加，而上表面的压强降低（见图 6.20(b)），这减小了负升力的绝对值并使其接近于零。对于 $\varphi=0°$，下辅助翼与扑翼的同相运动加速了流经扑翼下表面的气流。与单扑翼相比，前缘周围的涡分离被抑制了。因此，前缘下表面附近的压强有所减小。另外，从下辅助翼脱落的顺时针涡也与扑翼的逆时针涡在下表面中段附近相互作用。由于这两个涡方向相反，它们的相互作用是破坏性的。因此，扑翼涡的强度减弱了。相应地，下表面的压强明显增大了。相反地，对于 $\varphi=180°$，下辅助翼与扑翼的反相位运动减缓了流经扑翼下表面的气流。这刺激了前缘涡的分离，进而增大了相应的下表面压强。此外，在扑翼中部的下方出现了强烈的破坏性涡相互作用，这也相应增大了下表面的压强。与 $t/T=1/16$ 的情况类似，辅助翼对扑翼上表面压强的改变相对较小。

在扑翼完成其下行程之后且在 $t/T=5/16$ 开始向上移动时，分离的逆时针前缘涡已经与扑翼后缘发生相互作用（见图 6.21(a)）。此时，压强系数的分布与 $t/T=3/16$ 时的情况大致相反。这意味着扑翼下表面的压强大于上表面的压强，从而扑翼上产生了正升力（见图 6.21(b)）。对于 $\varphi=0°$，扑翼下表面涡分离的延迟仍然存在。因此与单扑翼相比，下表面中段周围的压强减小了。对于 $\varphi=180°$，破坏性的涡相互作用已经发生，一个新的逆时针前缘涡正沿着扑翼下表面前进。由于没有明显的涡分离，下表面压强分布比较光滑。同样地，辅助翼仅轻微地改变扑翼上表面的压强。

当扑翼在 $t/T=7/16$ 接近上行程的中间位置时，逆时针前缘涡与后缘相互作用后已经脱落到尾流中，同时一个新的顺时针前缘涡正在扑翼上表面形成（见图 6.22(a)），此时的压强系数分布与 $t/T=1/16$ 时的情况几乎相反（见图 6.22(b)）。因为扑翼远离了下辅助翼，所以涡的相互作用对扑翼下表面的影响大大减弱。其中，下表面的压强在 $\varphi=0°$ 下仅略有减小，但在 $\varphi=180°$ 下几乎没有变化。在接下来的后半周期内，扑翼上表面也出现了类似的变化趋势。

图 6.19～图 6.22 中的流场演变过程很好地解释了图 6.18(a)中升力的变化趋势。因此，在某些特定的相位差下，由于升力的增加，沉浮能量采集的增多是使用两个辅助翼提高扑翼能量采集效率的关键因素。

参 考 文 献

[1] Parrish J K, Viscido S V, Grunbaum D. Self-organized fish schools: An examination of emergent properties. The Biological Bulletin, 2002, 202(3): 296-305.

[2] Toner J, Tu Y. Flocks, herds, and schools: A quantitative theory of flocking. Physical Review E, 1998, 58(4): 4828-4858.

[3] Hinch S G, Rand P S. Optimal swimming speeds and forward-assisted propulsion: Energy-conserving behaviours of upriver-migrating adult salmon. Canadian Journal of Fisheries and Aquatic Sciences, 2000, 57(12):2470-2478.

[4] Couzin I D, Krause J, Franks N R, et al. Effective leadership and decision-making in animal groups on the move. Nature, 2005, 433: 513-516.

[5] Ristroph L, Zhang J. Anomalous hydrodynamic drafting of interacting flapping flags. Physical Review Letters, 2008, 101(19): 194502.

[6] Kim S, Huang W X, Sung H J. Constructive and destructive interaction modes between two tandem flexible flags in viscous flow. Journal of Fluid Mechanics, 2010, 661: 511-521.

[7] Bao Y, Tao J. Active control of a cylinder wake flow by using a streamwise oscillating foil. Physics of Fluids, 2013, 25: 053601.

[8] Beal D N, Hover F S, Triantafyllou M S, et al. Passive propulsion in vortex wakes. Journal of Fluid Mechanics, 2006, 549: 385-402.

[9] Stewart W J, Tian F B, Akanyeti O, et al. Refusing rainbow trout selectively exploit flows behind tandem cylinders. Journal of Experimental Biology, 2016, 219(14): 2182-2191.

[10] Zhu Q, Peng Z. Mode coupling and flow energy harvesting by a flapping foil. Physics of Fluids, 2009, 21: 033601.

[11] Wu J, Shu C, Zhao N. Numerical study of flow control via the interaction between a circular cylinder and a flexible plate. Journal of Fluids and Structures, 2014, 49: 594-613.

[12] Kinsey T, Dumas G. Parametric study of an oscillating airfoil in a power-extraction regime. AIAA Journal, 2008, 46(6): 1318-1330.

[13] Lighthill M J. Hydromechanics of aquatic animal propulsion. Annual Review of Fluid Mechanics, 1969, 1: 413-446.

[14] Ellington C P, van den Berg C, Willmott A P, et al. Leading-edge vortices in insect flight. Nature, 1996, 384: 626-630.

[15] Roshko A. On the wake and drag of bluff bodies. Journal of Aeronautical Science, 1955, 22 (2):
124-132.

[16] Strykowski P J, Sreenivasan K R. On the formation and suppression of vortex 'shedding' at low
Reynolds numbers. Journal of Fluid Mechanics, 1990, 218: 71-107.

[17] Webb P W, Weihs D. Fish Biomechanics. New York: Praeger Publishers, 1983: 339-371.

[18] Bao Y, Tao J J. Dynamic reactions of a free-pitching foil to the reverse Kármán vortices. Physics
of Fluids, 2014, 26: 031704.

[19] Gopalkrishnan R, Triantafyllou M S, Triantafyllou G S, et al. Active vorticity control in a shear
flow using a flapping foil. Journal of Fluid Mechanics, 1994, 274: 1-21.

[20] Truong T V, Byun D, Kim M J, et al. Aerodynamic forces and flow structures of the leading
edge vortex on a flapping wing considering ground effect. Bioinspiration & Biomimetics, 2013,
8: 036007.

[21] Su J Y, Tang J H, Wang C H, et al. A numerical investigation on the ground effect of a flapping
flying bird. Physics of Fluids, 2013, 25: 093101.

[22] Kinsey T, Dumas G. Optimal tandem configuration for oscillating-foils hydrokinetic turbine.
Journal of Fluids Engineering, 2012, 134 (3): 031103.